高等院校数字艺术精品课程系列教材

Photoshop 核心应用案例教程

Photoshop 2020

全彩慕课版

周建国 主编 / 刘峰 副主编

人民邮电出版社

北京

图书在版编目（CIP）数据

Photoshop核心应用案例教程 : 全彩慕课版 : Photoshop 2020 / 周建国主编. -- 北京 : 人民邮电出版社, 2022.11 （2023.1重印）
高等院校数字艺术精品课程系列教材
ISBN 978-7-115-59377-1

Ⅰ. ①P… Ⅱ. ①周… Ⅲ. ①图像处理软件－高等学校－教材 Ⅳ. ①TP391.413

中国版本图书馆CIP数据核字(2022)第096932号

内 容 提 要

本书全面、系统地介绍Photoshop 2020的基本操作技巧和核心功能，包括初识Photoshop、Photoshop基础知识、常见工具的使用、抠图、修图、调色、合成、特效和商业案例等内容。

本书除第1、2章外，其余章节以课堂案例为主线，每个课堂案例都有详细的操作步骤，学生通过实际操作可以快速熟悉软件功能并掌握设计思路。主要章节的最后还安排了课堂练习和课后习题，可以帮助学生拓展实际应用能力。最后一章的真实商业案例部分可以帮助学生快速地掌握商业图形图像的设计理念和设计流程，顺利达到实战水平。

本书可作为院校数字媒体艺术类专业课程的教材，也可供初学者自学使用。

◆ 主　　编　周建国
　副 主 编　刘　峰
　责任编辑　马　媛
　责任印制　王　郁　焦志炜

◆ 人民邮电出版社出版发行　　北京市丰台区成寿寺路11号
　邮编　100164　　电子邮件　315@ptpress.com.cn
　网址　https://www.ptpress.com.cn
　临西县阅读时光印刷有限公司印刷

◆ 开本：787×1092　1/16
　印张：13.5　　　　2022年11月第1版
　字数：337千字　　　2023年1月河北第2次印刷

定价：69.80元

读者服务热线：(010)81055256　印装质量热线：(010)81055316
反盗版热线：(010)81055315
广告经营许可证：京东市监广登字20170147号

Photoshop

FOREWORD 前言

Photoshop 是 Adobe 公司开发的图形图像处理和编辑软件。它在图像处理、视觉创意、数字绘画、平面设计、包装设计、界面设计、产品设计、效果图处理等领域有广泛的应用。它功能强大、易学易用，深受图形图像处理爱好者和平面设计人员的喜爱。

如何使用本书

Step1：精选基础知识，结合慕课视频，快速上手 Photoshop

Photoshop

Step2：课堂案例 + 软件功能解析，边做边学软件功能，熟悉设计思路

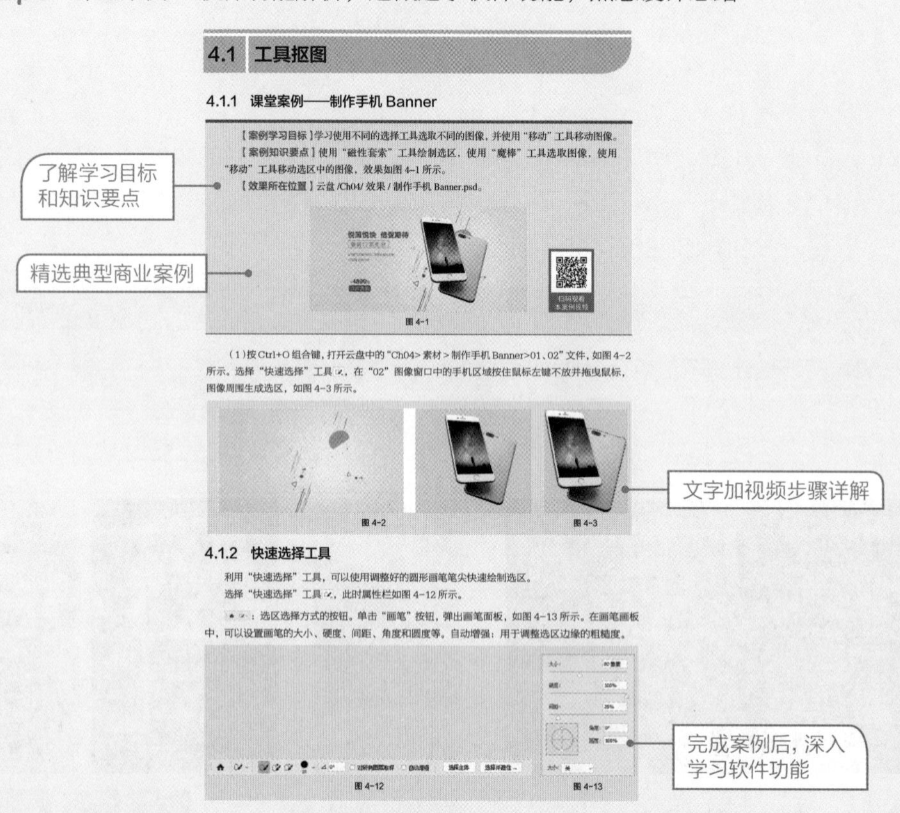

Step3：课堂练习 + 课后习题，拓展应用能力

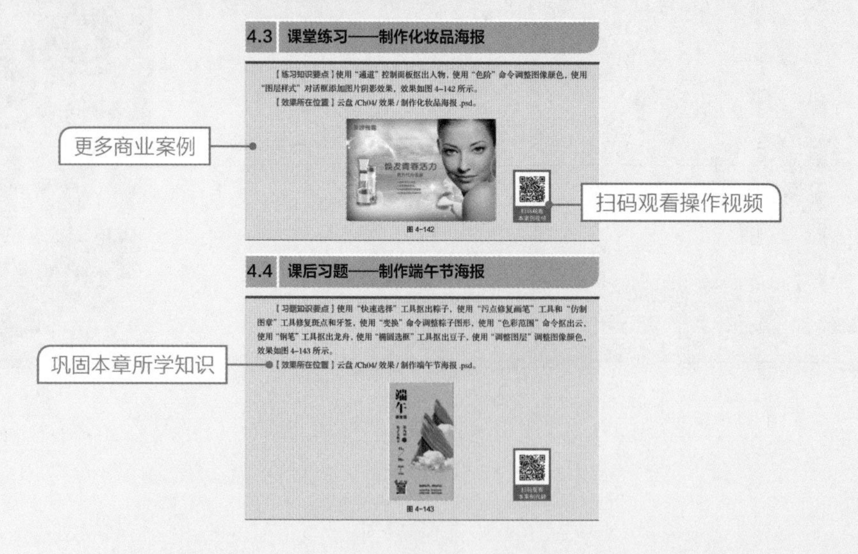

FOREWORD 前言

Step4：综合实战，扩展设计知识，演练真实商业项目制作过程

配套资源及获取方式

- 所有案例的素材及最终效果文件。
- 案例操作视频，扫描书中二维码即可观看。
- 扩展案例操作视频，扫描书中二维码即可观看。
- 商业案例操作视频，扫描书中二维码即可观看。
- 扩展阅读资源，包括设计基础知识和设计应用知识。
- 常用工具速查表、常用快捷键速查表。
- 全书 9 章的 PPT 课件。
- 教学大纲。
- 教学教案。

读者可登录人邮教育社区（www.ryjiaoyu.com），在本书页面中免费下载全书配套资源。

登录人邮学院网站（www.rymooc.com）或扫描封底的二维码，使用手机号码完成注册，在首页右上角选择“学习卡”选项，输入封底刮刮卡中的激活码，即可在线观看慕课视频。也可以使用手机扫描书中二维码观看视频。

教学指导

本书的参考学时为64学时，其中实训环节为34学时，各章的参考学时参见下面的学时分配表。

章	课程内容	学时分配	
		讲授	实训
第1章	初识Photoshop	2	–
第2章	Photoshop基础知识	2	2
第3章	常见工具的使用	2	4
第4章	抠图	4	4
第5章	修图	4	4
第6章	调色	4	4
第7章	合成	4	4
第8章	特效	4	4
第9章	商业案例	4	8
学时总计		30	34

本书约定

本书案例素材所在位置的表示方式为章号 > 素材 > 素材名，如Ch08> 素材 > 制作人物特效图片。

本书案例效果文件所在位置的表示方式为云盘 / 章号 / 效果 / 案例名，如云盘 /Ch08/ 效果 / 制作人物特效图片 .psd。

本书关于颜色设置的表述，如蓝色（232、239、248），括号中的数字分别为R、G、B值。

本书由周建国任主编，刘峰任副主编。由于编者水平有限，书中难免存在不妥之处，敬请广大读者批评指正。

编　者

2022年6月

CONTENTS 目录

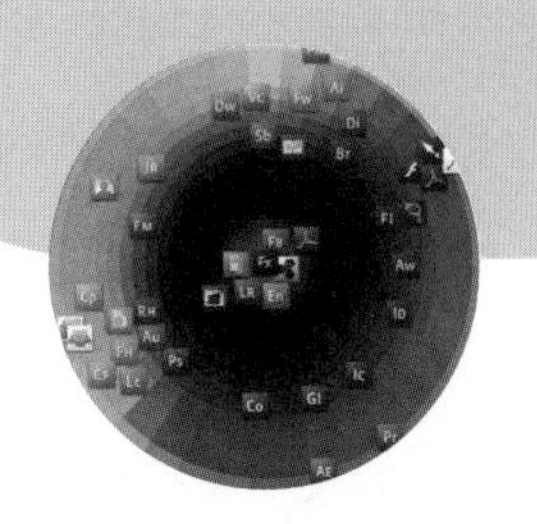

—01—

第1章　初识 Photoshop

—02—

第2章　Photoshop 基础知识

Photoshop

—03—

第 3 章 常见工具的使用

—04—

第 4 章 抠图

CONTENTS 目录

Photoshop

—07—

第 7 章 合成

CONTENTS 目录

—08—

第 8 章 特效

Photoshop

—09—

第9章 商业案例

CONTENTS 目录

扩展知识扫码阅读

设计基础知识

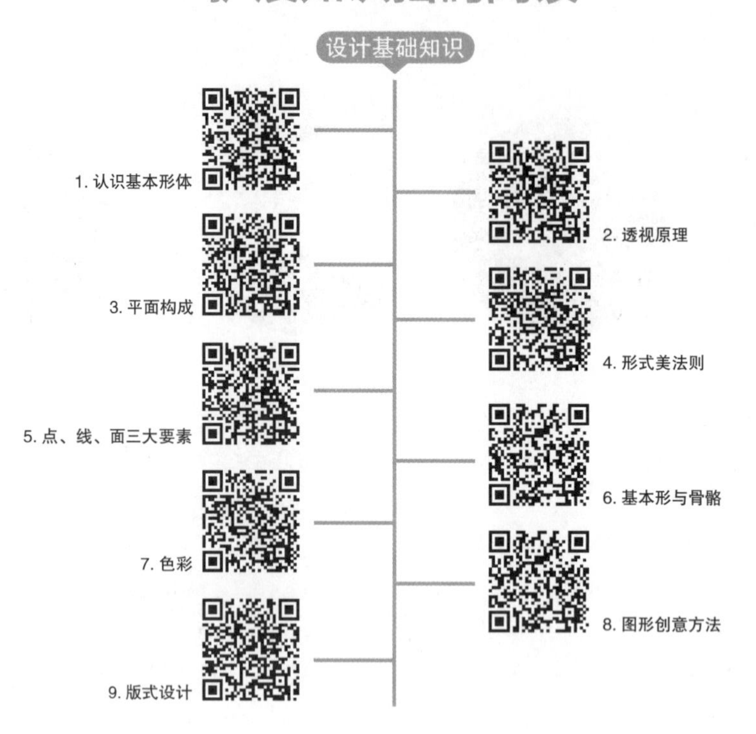

设计应用知识

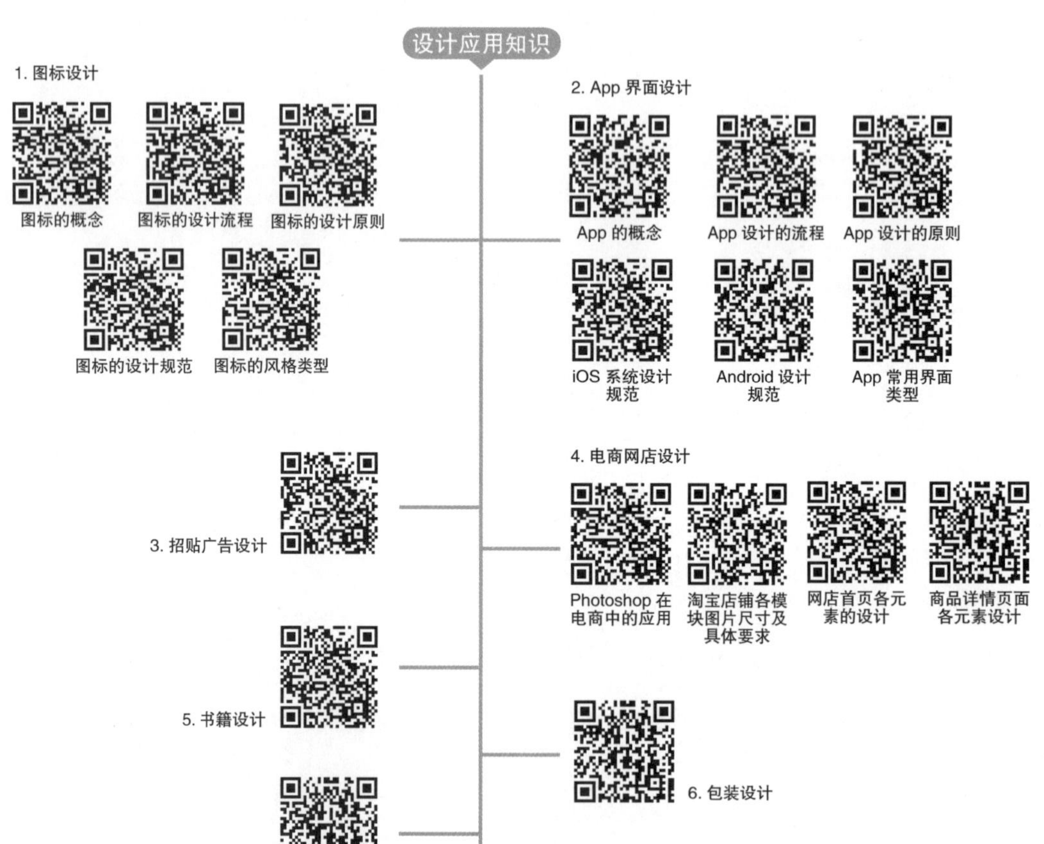

第1章

01

初识 Photoshop

本章介绍

在学习 Photoshop 软件之前，需要先了解 Photoshop 的概述、历史和应用领域。只有认识了 Photoshop 的软件特点和功能特色，才能更有效率地学习和运用 Photoshop，从而为我们的工作和学习带来便利。

学习目标

- 了解 Photoshop 的诞生和发展。
- 熟悉 Photoshop 的应用领域。

技能目标

- 培养设计师的知识结构和专业技能。
- 掌握 Photoshop 的基础知识和功能特色。

素质目标

- 培养创新意识，提高审美和人文素养。

1.1 Photoshop 概述

Photoshop，缩写为 PS，是一款专业的数字图像处理软件，深受创意设计人员和图像处理爱好者的喜爱。Photoshop 拥有强大的绘图和编辑工具，可以对图像、图形、文字、视频等进行编辑，从而完成抠图、修图、调色、合成、特效制作、3D 制作、视频编辑等工作。

Photoshop 是目前最强大的图像处理软件之一，人们常说的“P 图”，就是指用 Photoshop 修图。作为设计师，无论从事哪个行业，如平面设计、网页设计、动画和影视制作等，都需要熟练掌握 Photoshop。

1.2 Photoshop 的历史

1.2.1 Photoshop 的诞生

在启动 Photoshop 时，启动界面中有一个名单，排在第一位的是对 Photoshop 最重要的人 —— 托马斯 · 克诺尔（Thomas Knoll），如图 1–1 所示。

图 1–1

1987 年，Thomas Knoll 是美国密歇根大学的博士生，他在完成毕业论文的时候，发现苹果系统的计算机的黑白位图显示器无法正常显示带灰阶的黑白图像，如图 1–2 所示。于是他动手编写了一个叫 Display 的程序，如图 1–3 所示，可以使黑白位图显示器能正常显示带灰阶的黑白图像，如图 1–4 所示。

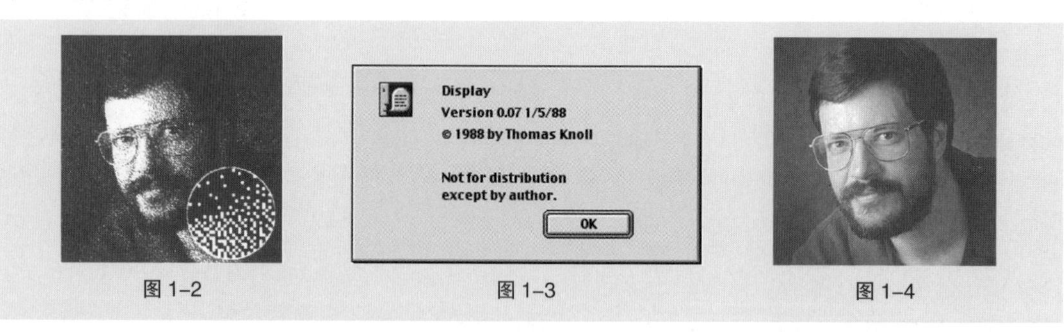

图 1–2　　图 1–3　　图 1–4

后来他又和哥哥约翰·克诺尔（John Knoll）一起在 Display 中增加了色彩调整、羽化等功能，并将 Display 更名为 Photoshop，二人的肖像如图 1-5 所示。后来，Adobe 公司买下 Photoshop。

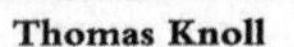

图 1-5

1.2.2 Photoshop 的发展

Adobe 公司于 1990 年推出 Photoshop 1.0，之后不断进行优化。随着版本的升级，Photoshop 的功能越来越强大。Photoshop 的图标也在不断变化，2002 年，Adobe 公司推出 Photoshop 7.0，如图 1-6 所示。

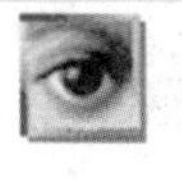

图 1-6

2003 年，Adobe 整合公司旗下的设计软件，推出了 Adobe Creative Suit（Adobe 创意套装），简称 Adobe CS，如图 1-7 所示。Photoshop 被更名为 Photoshop CS。之后 Adobe 公司陆续推出了 Photoshop CS2、Photoshop CS3、Photoshop CS4、Photoshop CS5，在 2012 年推出了 Photoshop CS6，如图 1-8 所示。

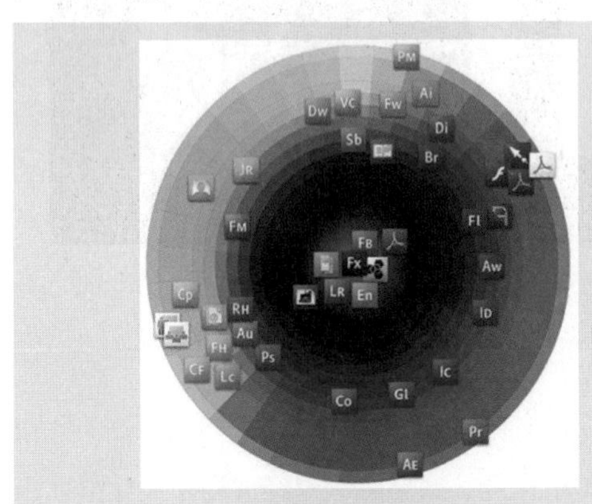

Adobe Creative Cloud

图 1-7

图 1-8

2013 年，Adobe 公司推出了 Adobe Creative Cloud（Adobe 创意云），简称 Adobe CC，如图 1-9 所示。Photoshop CS 又被更名为 Photoshop CC。

Adobe Creative Cloud

图 1-9

扩展： Adobe 公司创建于 1982 年，是世界领先的数字媒体和在线营销方案供应商；Adobe 公司官方网址为 http://www.adobe.com/，Adobe 公司中国官方网址为 http://www.adobe.com/cn/。

1.3 Photoshop 的应用领域

1.3.1 图像处理

Photoshop 具有强大的图片修饰功能，能够很大限度地满足人们对图像优化的追求。利用 Photoshop 的抠图、修图等功能，可以让图像变得更加完美且富有创意，如图 1-10 所示。

图 1-10

1.3.2 视觉创意

Photoshop 为用户提供了无限广阔的创作空间，用户可以根据自己的想象力对图像进行合成、添加特效，以及 3D 创作等操作，从而实现视觉与创意的完美结合，如图 1-11 所示。

图 1-11

1.3.3 数字绘画

Photoshop 提供了丰富的色彩和种类繁多的绘制工具，为数字艺术创作提供了便利条件，让用户在计算机上也可以绘制出风格多样的精美插画和游戏美术作品。数字绘画已经成为新文化群体表达创意和思想的重要途径，绘画作品在日常生活中随处可见，如图 1-12 所示。

图 1-12

1.3.4 平面设计

平面设计是一个广泛应用 Photoshop 的领域。无论是广告、招贴，还是宣传单、海报，这些具有丰富图像的平面印刷品，都可以使用 Photoshop 来完成，如图 1-13 所示。

图 1-13

1.3.5 包装设计

在图书装帧设计和产品包装设计中，Photoshop 对图像元素的处理至关重要，是设计出有创意的包装的“利器”，如图 1-14 所示。

图 1-14

1.3.6 界面设计

随着互联网的不断发展，人们对界面的审美要求在不断提高，Photoshop的应用就显得尤为重要。用它可以美化网页元素、制作出各种质感和特效，如图 1-15 所示。

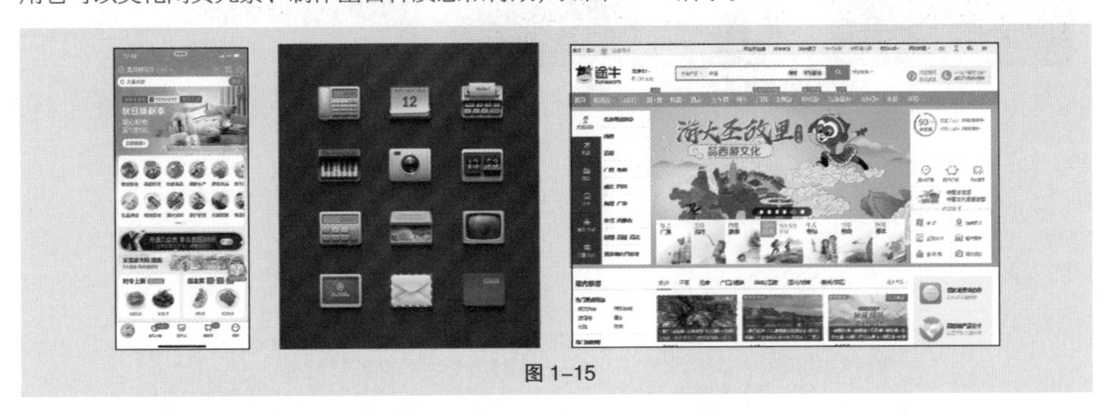

图 1-15

1.3.7 产品设计

在产品设计的效果图表现阶段，经常需要使用 Photoshop 来绘制产品效果图。利用 Photoshop

的强大功能，可以充分表现出产品在功能上的优越性和细节，设计能赢得顾客肯定的产品效果图，如图 1–16 所示。

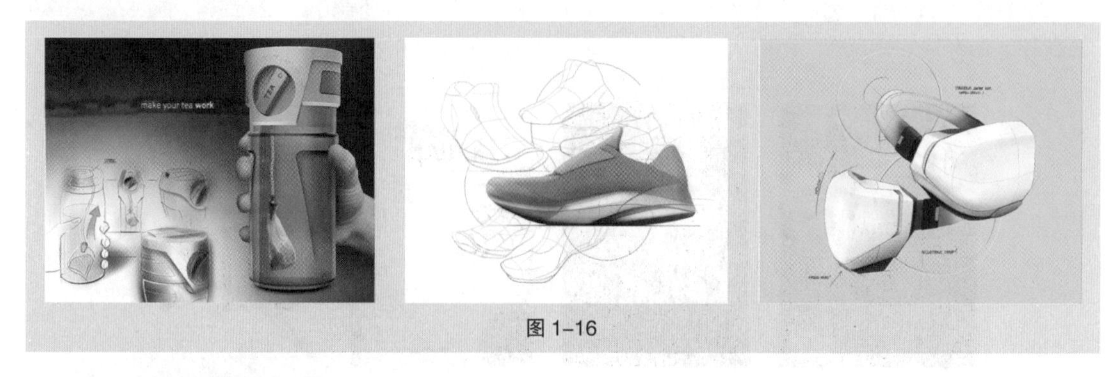

图 1–16

1.3.8 效果图处理

Photoshop 作为强大的图像处理软件，不仅可以对渲染出的室内外效果图进行配景、色调调整等后期处理，还可以绘制精美贴图，将其贴在模型上能够取得好的渲染效果，如图 1–17 所示。

图 1–17

02

第2章 Photoshop基础知识

本章介绍

本章对 Photoshop 的基本功能和图像处理基础知识进行讲解。通过本章的学习，读者可以对 Photoshop 的功能有一个整体的、全方位的了解。这有助于在制作图像的过程中快速定位，运用相应的知识和技能，完成图像的制作任务。

学习目标

- 了解 Photoshop 2020 的工作界面。
- 熟练掌握新建和打开图像的方法。
- 熟练掌握保存和关闭图像的技巧。
- 掌握恢复操作的应用。
- 了解位图、矢量图和图像的分辨率。
- 了解常用的图像色彩模式。
- 了解常用的图像文件格式。

技能目标

- 熟悉 Photoshop 2020 中菜单、工具等的具体含义。
- 能够新建、打开、保存和关闭图像。
- 能够分辨位图和矢量图。
- 熟悉 Photoshop 2020 可用的图像文件格式。

素质目标

- 培养基本素养和运用理论知识进行设计的能力。

2.1 工作界面

本书案例均使用 Photoshop 2020 进行制作。熟悉工作界面是学习 Photoshop 2020 的基础。熟练掌握工作界面的内容，有助于初学者日后得心应手地使用软件。Photoshop 2020 的工作界面主要由菜单栏、属性栏、工具箱、控制面板和状态栏组成，如图 2-1 所示。

图 2-1

菜单栏。菜单栏中共包含 11 个菜单命令。利用菜单命令可以完成编辑图像、调整色彩、添加滤镜效果等操作。

属性栏。属性栏是工具箱中各个工具的功能扩展。在属性栏中设置不同的属性，可以快速完成个性化的操作。

工具箱。工具箱中包含多个工具，利用这些工具可以完成图像的绘制、观察和测量等操作。

控制面板。控制面板是 Photoshop 2020 的重要组成部分，在其中可以完成填充颜色、设置图层、添加样式等操作。

状态栏。状态栏提供了当前文件的显示比例、文档大小、当前工具、暂存盘大小等提示信息。

2.1.1 菜单栏

Photoshop 2020 的菜单栏包含“文件”菜单、“编辑”菜单、“图像”菜单、“图层”菜单、“文字”菜单、“选择”菜单、“滤镜”菜单、“3D”菜单、“视图”菜单、“窗口”菜单及“帮助”菜单，如图 2-2 所示。

文件(F) 编辑(E) 图像(I) 图层(L) 文字(Y) 选择(S) 滤镜(T) 3D(D) 视图(V) 窗口(W) 帮助(H)

图 2-2

“文件”菜单：包含新建、打开、存储、置入等文件操作命令。

“编辑”菜单：包含还原、剪切、复制、填充、描边等编辑命令。

"图像"菜单：包含修改图像模式、调整图像颜色、改变图像大小等编辑图像的命令。

"图层"菜单：包含图层的新建、编辑、调整命令。

"文字"菜单：包含文字的创建、编辑和调整命令。

"选择"菜单：包含选区的创建、选取、修改、存储和载入等命令。

"滤镜"菜单：包含图像的各种艺术化处理命令。

"3D"菜单：包含创建 3D 模型、编辑 3D 属性、调整纹理及编辑光线等命令。

"视图"菜单：包含视图的校样、显示和辅助信息的设置等命令。

"窗口"菜单：包含排列、设置工作区，以及显示或隐藏控制面板的操作命令。

"帮助"菜单：提供各种帮助信息和技术支持。

菜单命令具有不同的状态，有些菜单命令中包含更多相关的菜单命令，包含子菜单的菜单命令右侧会显示黑色的三角形▸，选择带有黑色三角形的菜单命令，就会显示出其子菜单，如图 2-3 所示。当当前状态不满足菜单命令的运行条件时，菜单命令就会显示为灰色，即不可执行状态。例如，在 CMYK 模式下，"滤镜"菜单中的部分菜单命令为灰色，不能使用。当菜单命令后面有居下的三点"…"时，如图 2-4 所示，表示选择此菜单命令，会弹出对话框，可以在对话框中进行相应的设置。

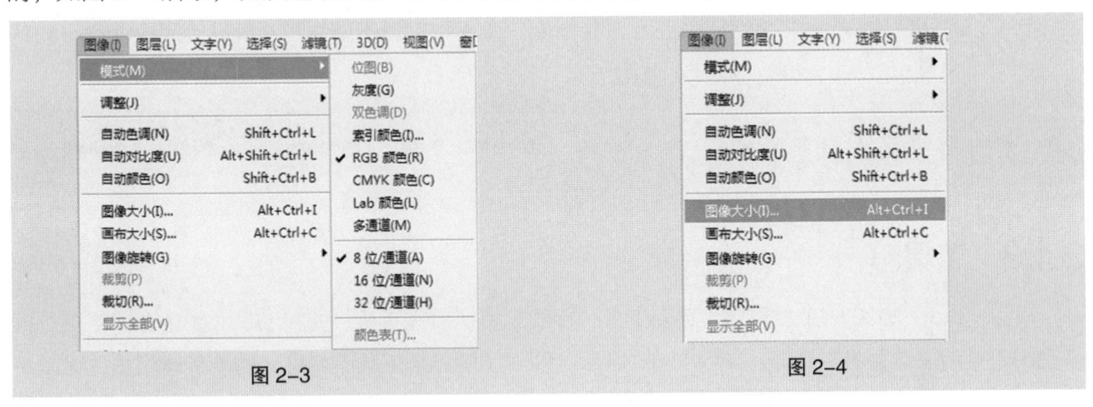

图 2-3

图 2-4

选择"窗口 > 工作区 > 键盘快捷键和菜单"命令，弹出"键盘快捷键和菜单"对话框，如图 2-5 所示。可以根据操作需要隐藏或显示指定的菜单命令，如图 2-6 所示，也可以为不同的菜单命令设置不同的颜色，如图 2-7 所示。还可以自定义和保存键盘快捷键，如图 2-8 所示。

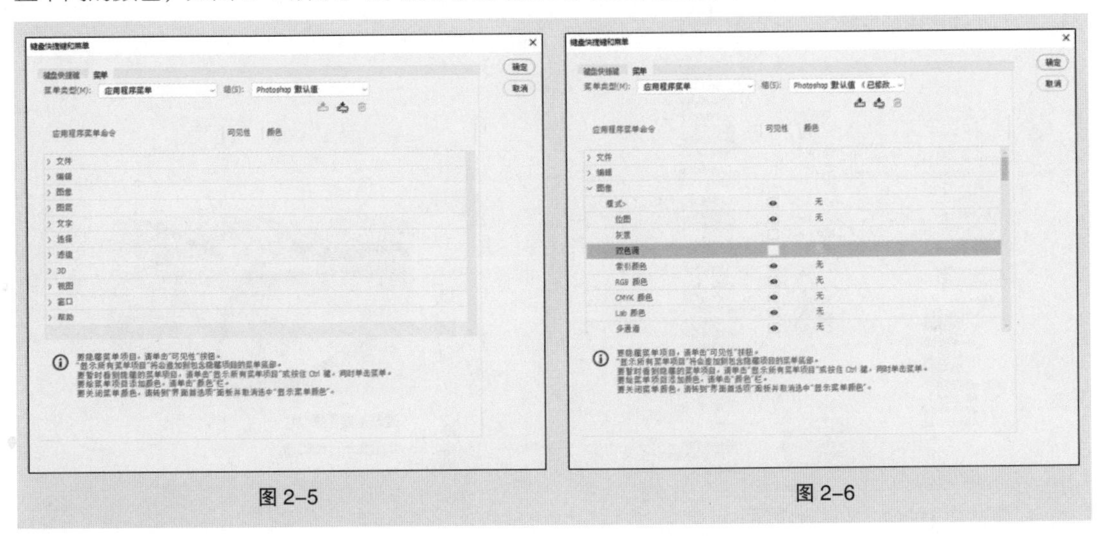
图 2-5

图 2-6

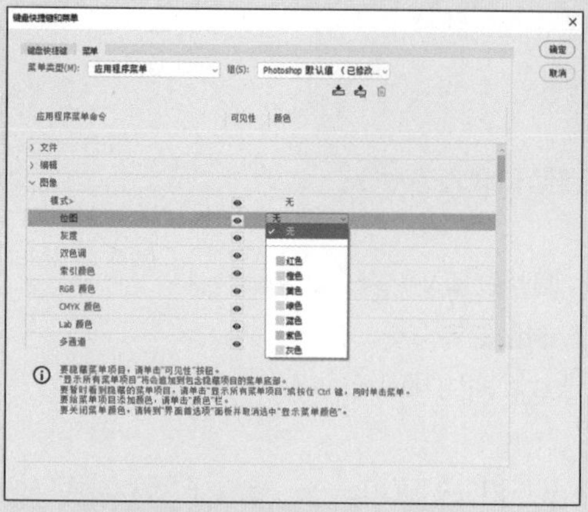

图 2-7 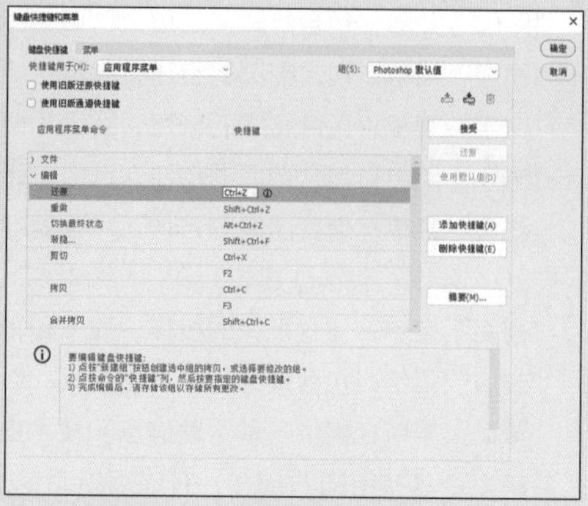　　图 2-8

2.1.2 属性栏

当选择某个工具后，会出现该工具的属性栏，可以通过属性栏对工具进行进一步的设置。例如，当选择“魔棒”工具后，工作界面的上方会出现“魔棒”工具的属性栏，可以应用属性栏中的各个选项对工具做进一步的设置，如图 2-9 所示。

图 2-9

2.1.3 工具箱

Photoshop 2020 的工具箱包含选择工具、绘图工具、填充工具、编辑工具、颜色选择工具、屏幕视图工具和快速蒙版工具等，如图 2-10 所示。要想了解某个工具的名称、功能具体用法，可以将鼠标指针放置在该工具上，此时会出现一个演示框，其中会显示该工具的名称、功能，如图 2-11 所示。工具名称后面的字母代表选择此工具的快捷键，只要在键盘上按下该字母对应的键，就可以快速选择相应的工具。

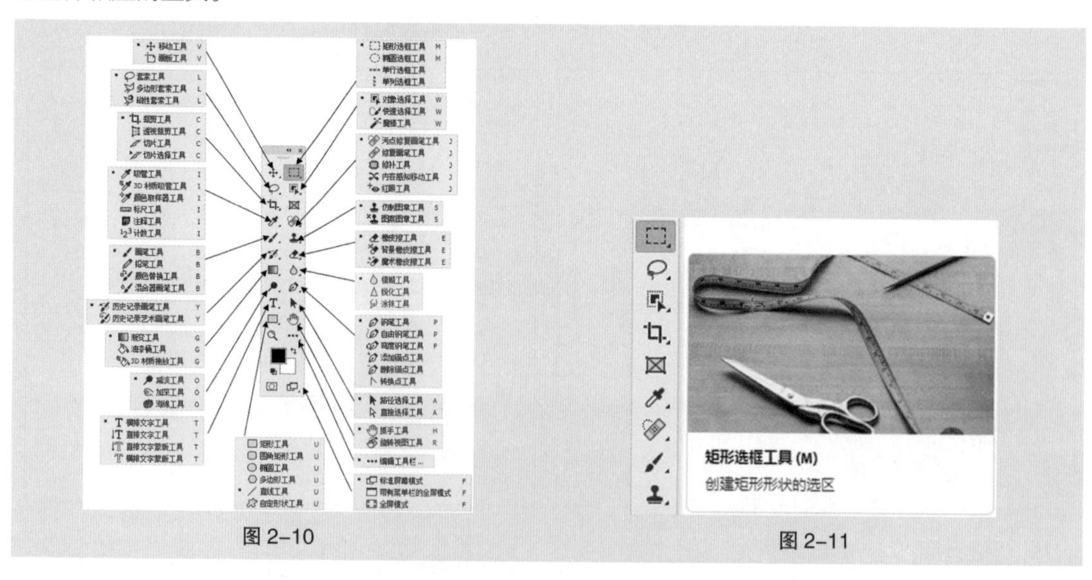

图 2-10　　图 2-11

Photoshop 2020 的工具箱可以根据需要在单栏与双栏之间自由切换。工具箱双栏显示的状态如图 2-12 所示。单击工具箱上方的双箭头图标«，即可将工具箱转换为单栏显示，如图 2-13 所示。

在工具箱中，部分工具图标的右下方有一个黑色的小三角形◢，表示在该工具中还有隐藏的工具。在工具箱中有小三角形的工具图标上单击，并按住鼠标左键不放，弹出工具选项，如图 2-14 所示，将鼠标指针移动到需要的工具选项上单击，即可选择该工具。

图 2-12　　图 2-13

要想恢复工具的默认设置，可以选择该工具，在该工具属性栏最左侧的工具图标上单击鼠标右键，在弹出的菜单中选择“复位工具”命令，如图 2-15 所示。

鼠标指针具有不同的显示状态，当选择工具箱中的工具后，图像窗口中的鼠针指针就变为工具图标。例如，选择“裁剪”工具，图像窗口中的鼠标指针也随之变为“裁剪”工具的图标，如图 2-16 所示。选择“画笔”工具，鼠标指针变为“画笔”工具对应的图标，如图 2-17 所示。按 Caps Lock 键，鼠标指针变为精确的十字形图标，如图 2-18 所示。

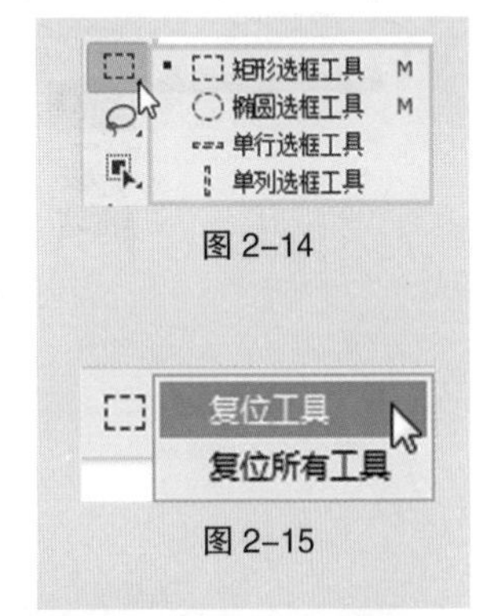

图 2-14

图 2-15

图 2-16　　图 2-17　　图 2-18

2.1.4　状态栏

打开一幅图像时，图像的下方会出现该图像的状态栏，如图 2-19 所示。状态栏的左侧显示当前图像的显示比例。在显示比例区的数值框中输入数值可改变图像的显示比例。状态栏的右侧是图像信息区，其中显示当前图像的信息，单击箭头图标›，在弹出的菜单中可以设置显示当前图像的哪些信息，如图 2-20 所示。

图 2-19　　图 2-20

2.1.5 控制面板

控制面板是处理图像时一个不可或缺的部分。Photoshop 2020 为用户提供了多个控制面板。

控制面板可以根据需要展开或收起。面板的展开状态如图 2-21 所示。单击控制面板上方的双箭头图标 ，可以将控制面板收起，如图 2-22 所示。如果要展开某个控制面板，可以直接选择其选项卡，相应的控制面板会自动弹出，如图 2-23 所示。

图 2-21　　图 2-22　　图 2-23

若需单独拆分出某个控制面板，可选择该控制面板的选项卡并向工作区拖曳，如图 2-24 所示，选择的控制面板将被单独拆分出来，如图 2-25 所示。

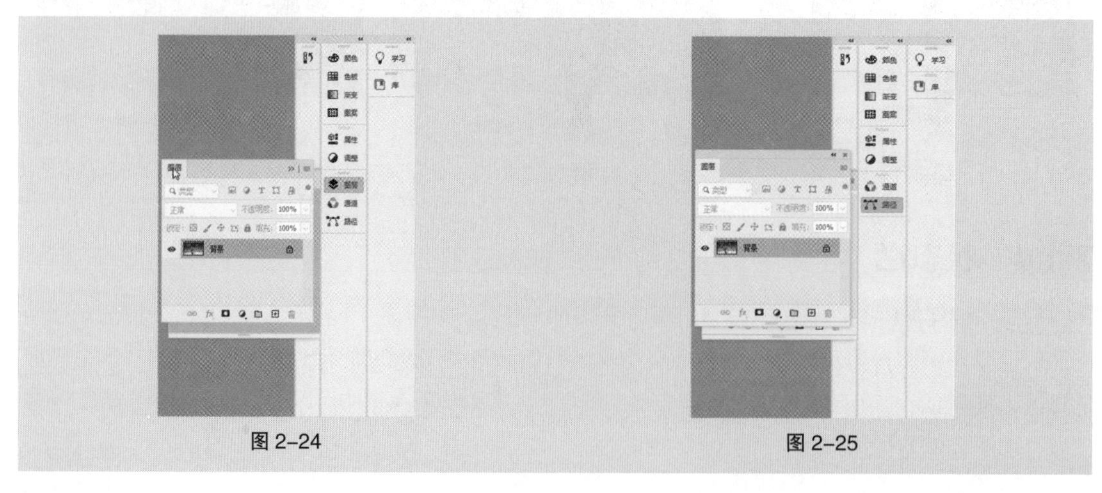

图 2-24　　图 2-25

可以根据需要将两个或多个控制面板组合到一个面板组中，以节省空间。要组合控制面板，可以选择外部控制面板的选项卡，将其拖曳到要组合的面板或面板组中，面板组周围出现蓝色的边框，如图 2–26 所示。此时释放鼠标，选择的控制面板被组合到面板或面板组中，如图 2–27 所示。

单击控制面板右上方的≡图标，弹出控制面板菜单，应用这些命令可以进行相应的操作，如图 2–28 所示。

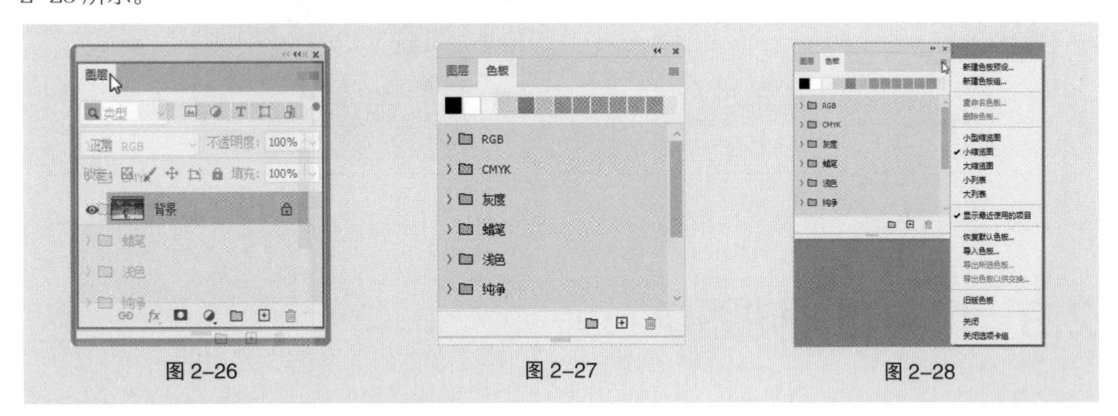

图 2–26　　图 2–27　　图 2–28

按 Tab 键，可以显示或隐藏工具箱和控制面板；按 Shift+Tab 组合键，可以显示或隐藏控制面板。

2.2 新建和打开图像

2.2.1 新建图像

选择“文件 > 新建”命令，或按 Ctrl+N 组合键，弹出“新建文档”对话框，如图 2–29 所示。在对话框中可以设置图像的名称、宽度、高度、分辨率、色彩模式等。单击图像名称右侧的按钮，可以新建文档预设。设置完成后单击“创建”按钮，即可完成新建图像的操作，如图 2–30 所示。

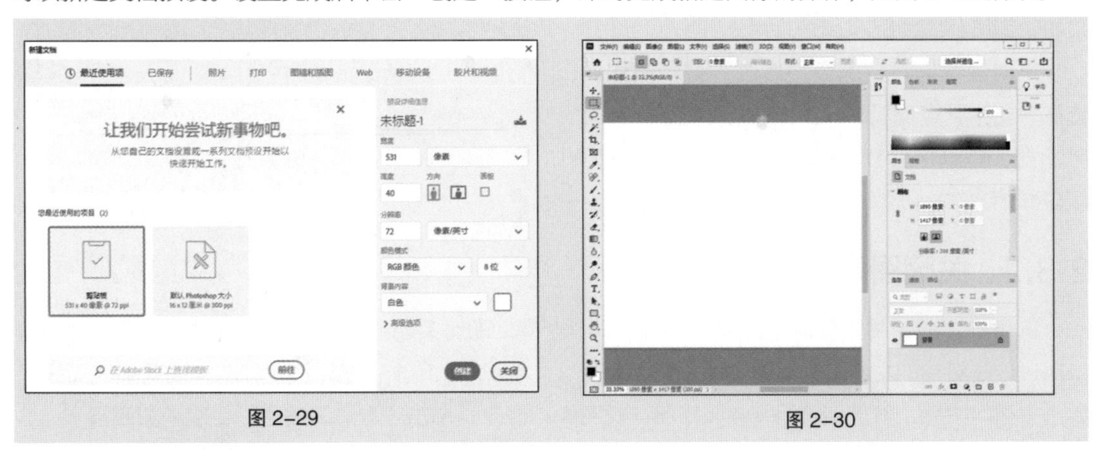

图 2–29　　图 2–30

2.2.2 打开图像

选择“文件 > 打开”命令，或按 Ctrl+O 组合键，弹出“打开”对话框。在对话框中找到要打开的文件，如图 2–31 所示。单击“打开”按钮，或直接双击文件，即可打开指定的图像文件，如图 2–32 所示。

图 2-31　　　　图 2-32

2.3 保存和关闭图像

2.3.1 保存图像

编辑和制作完图像后，需要将图像进行保存。

选择“文件 > 存储”命令，或按 Ctrl+S 组合键，可以存储图像。当图像进行第一次存储时，选择“文件 > 存储”命令，将弹出对话框，单击“保存到云文档”按钮，可将图像保存到云文档中；单击“保存在您的计算机上”按钮，将弹出“另存为”对话框，如图 2-33 所示。在对话框中选择保存路径、输入文件名、选择文件格式后，单击“保存”按钮，即可将图像保存。

图 2-33

当对已存储过的图像文件进行编辑操作后，选择“文件 > 存储”命令，将不会弹出“另存为”对话框，计算机会直接保存最终确认的结果，并覆盖原始文件。

2.3.2 关闭图像

选择“文件 > 关闭”命令，或按 Ctrl+W 组合键，即可关闭图像。关闭图像时，若当前文件被修改过或是新建的文件，则会弹出提示框，如图 2-34 所示。单击“是”按钮，将存储并关闭图像；单击“否”按钮，将直接关闭图像而不保存对图像的修改；单击“取消”按钮，将取消关闭操作。

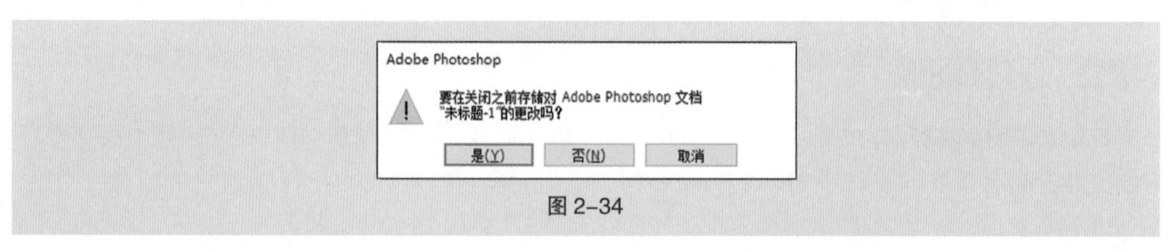

图 2-34

2.4 恢复操作

2.4.1 恢复到上一步的操作

在编辑图像的过程中可以随时将操作返回到上一步，也可以还原图像到恢复前的效果。选择“编辑 > 还原”命令，或按 Ctrl+Z 组合键，可以恢复到对图像进行的上一步操作。如果想还原图像到恢复前的效果，Shift+Ctrl+Z 组合键即可。

2.4.2 中断操作

当 Photoshop 2020 正在进行图像处理时，若想中断正在进行的操作，按 Esc 键即可。

2.4.3 恢复到操作过程中的任意步骤

在“历史记录”控制面板中，可以将进行过多次处理操作的图像恢复到任意操作时的状态，即所谓的“多次恢复”功能。选择“窗口 > 历史记录”命令，弹出“历史记录”控制面板，如图 2-35 所示。

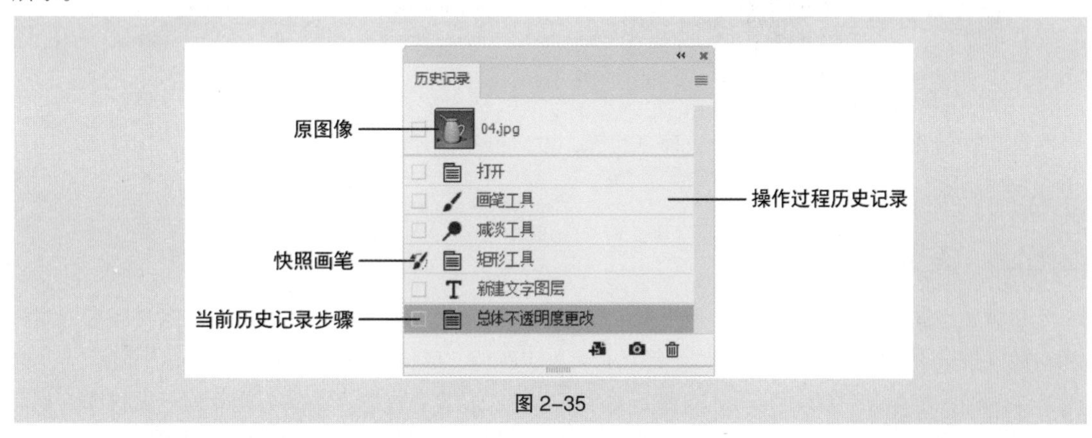

图 2-35

“历史记录”控制面板下方的按钮从左至右依次为“从当前状态创建新文档”按钮、“创建新快照”按钮、“删除当前状态”按钮。

单击“历史记录”控制面板右上方的图标，弹出“历史记录”控制面板菜单，如图 2-36 所示。“前进一步”命令用于将快照画笔向下移动一项；“后退一步”命令用于将快照画笔向上移动一项；“新建快照”命令用于根据当前快照画笔所指的操作记录建立新的快照；“删除”命令用于删除控制面板中快照画笔所指的操作记录；“清除历史记录”命令用于清除控制面板中除最后一条记录外的所有记录；“新建文档”命令用于根据当前状态或者快照建立新的文件；“历史记录选项”命令用于设置“历史记录”控制面板；“关闭”和“关闭选项卡组”命令用于关闭“历史记录”控制面板和该控制面板所在的选项卡组。

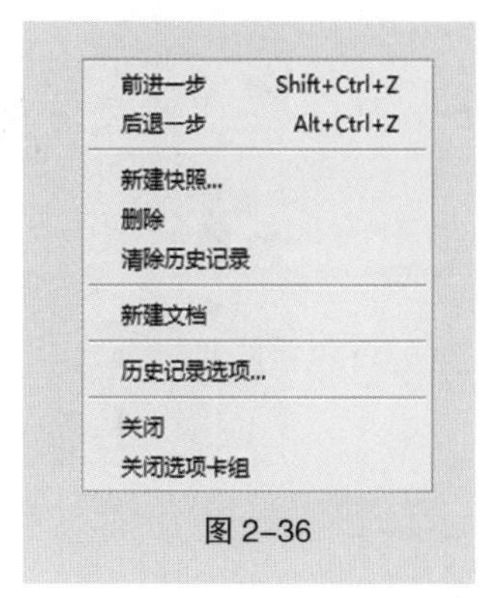

图 2-36

2.5 位图和矢量图

2.5.1 位图

位图也叫点阵图，它是由许多独立的小方块组成的。这些小方块称为像素。每个像素都有特定的位置和颜色值。位图的显示效果与像素是紧密联系在一起的，不同排列顺序和颜色的像素组合在一起构成了各种各样的位图。像素越多，位图的分辨率越高，位图文件也会随之增大。

一幅位图的原始效果如图 2-37 所示。使用“放大”工具将其放大后，可以清晰地看到像素的形状与颜色，如图 2-38 所示。

图 2-37　　图 2-38

如果在屏幕上以较大的倍数放大显示位图，或以低于创建时的分辨率打印位图，图像就会出现锯齿状的边缘，并且会丢失细节。

2.5.2 矢量图

矢量图也叫向量图，它是一种基于图形的几何特性来描述的图像。矢量图中的各种图形元素称为对象。每一个对象都是独立的个体，都具有大小、颜色、形状、轮廓等属性。

矢量图的显示和打印效果与分辨率无关，可以将它设置为任意大小的分辨率显示或打印，其清晰度不会改变，也不会出现锯齿状的边缘。在任何分辨率下显示或打印矢量图，都不会丢失细节。一幅矢量图的原始效果如图 2-39 所示。使用放大工具放大后，其清晰度不变，如图 2-40 所示。

图 2-39　　图 2-40

矢量图所占的空间较小，其缺点是不适合用于制作色调丰富的图像，而且无法像位图那样精确地描绘各种绚丽的景象。

2.6 图像分辨率

在 Photoshop 2020 中，图像中每单位长度上的像素数目称为图像的分辨率，单位为像素 / 英寸或像素 / 厘米（1 英寸≈ 2.54 厘米）。

在相同尺寸的两幅图像中，高分辨率的图像包含的像素比低分辨率的图像包含的像素多。例如，一幅尺寸为 1 英寸 ×1 英寸的图像，其分辨率为 72 像素 / 英寸，这幅图像包含 5184 个像素（72×72=5184）。同样尺寸、分辨率为 10 像素 / 英寸的图像包含 100 个像素。在相同尺寸下，分辨率为 72 像素 / 英寸的图像效果如图 2-41 所示，分辨率为 10 像素 / 英寸的图像效果如图 2-42 所示。由此可见，在相同尺寸下，高分辨率的图像能更清晰地表现图像内容。

图 2-41　　图 2-42

2.7 图像的色彩模式

2.7.1 CMYK 模式

C、M、Y、K 代表印刷中常用的 4 种油墨颜色：C 代表青色，M 代表洋红色，Y 代表黄色，K 代表黑色。CMYK 模式的“颜色”控制面板如图 2-43 所示。

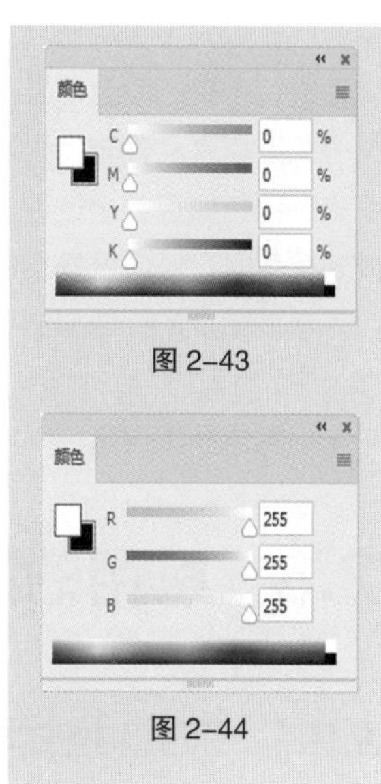

图 2-43

图 2-44

CMYK 模式在印刷时应用了色彩学中的减法混合原理，即减色色彩模式。它是插图等需要印刷的 Photoshop 作品最常用的一种模式。因为在印刷中通常要进行四色分色，出四色胶片，然后再进行印刷。

2.7.2 RGB 模式

与CMYK 模式不同，RGB 模式是一种加色色彩模式。它通过红、绿、蓝 3 种色光叠加而形成更多的颜色。一幅 24 位的 RGB 图像有 3 个色彩通道：红色（R）、绿色（G）和蓝色（B）。RGB 模式的“颜色“控制面板如图 2-44 所示。

每个通道都有 8 位的色彩信息—— 一个 0 ~ 255 的亮度值色域。也就是说，每一种颜色都有 256 个亮度水平级。3 种颜色叠加，可产生 256×256×256=16777216 种颜色。这 1677 多万种颜色足以表现出绚丽多彩的世界。

在 Photoshop 2020 中编辑图像时，RGB 模式是最佳的选择。因为它可以提供全屏幕的多达 24 位的色彩范围，计算机领域的一些色彩专家称 RGB 模式下的显示效果为“True Color”（真色彩）显示。

2.7.3 Lab 模式

Lab 模式是 Photoshop 中的一种国际色彩标准模式，它由 3 个通道组成：一个通道是透明度通道，即 L；其他两个通道是色彩通道（色相和饱和度），分别用 a 和 b 表示。a 通道包括的颜色值从深绿色到灰色，再到亮粉红色；b 通道是从亮蓝色到灰色，再到焦黄色。Lab 模式的“颜色”控制面板如图 2-45 所示。

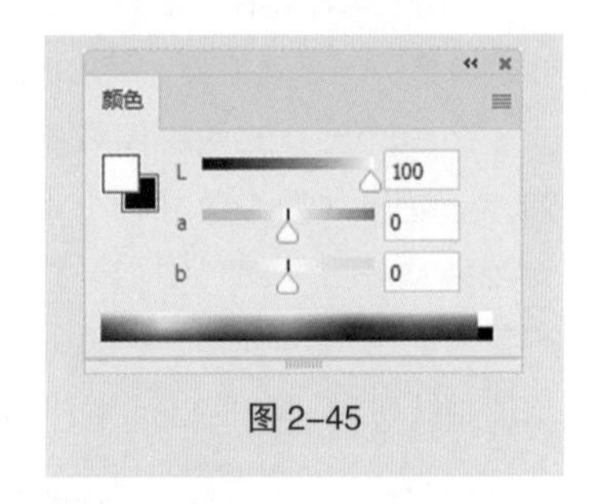

图 2-45

Lab 模式在理论上包括人眼可见的所有色彩，它弥补了 CMYK 模式和 RGB 模式的不足。在这种模式下，图像的处理速度比 CMYK 模式快数倍，与 RGB 模式相差不大。而且在把 Lab 模式转换成 CMYK 模式的过程中，所有的色彩不会丢失或被替换。事实上，在 Photoshop 2020 中将 RGB 模式转换成 CMYK 模式，Lab 模式一直扮演着“中间者”的角色。也就是说，RGB 模式先转换成 Lab 模式，然后再转换成 CMYK 模式。

2.7.4 HSB 模式

HSB 模式只在颜色吸取窗口中出现。H 代表色相，S 代表饱和度，B 代表亮度。色相指的是纯色，即组成可见光谱的单色。饱和度代表色彩的纯度，饱和度为 0 时即为灰色，黑色、白色、灰色 3 种色彩没有饱和度。亮度是色彩的明亮程度，最大亮度是色彩最鲜明的状态，黑色的亮度为 0。HSB 模式的“颜色”控制面板如图 2-46 所示。

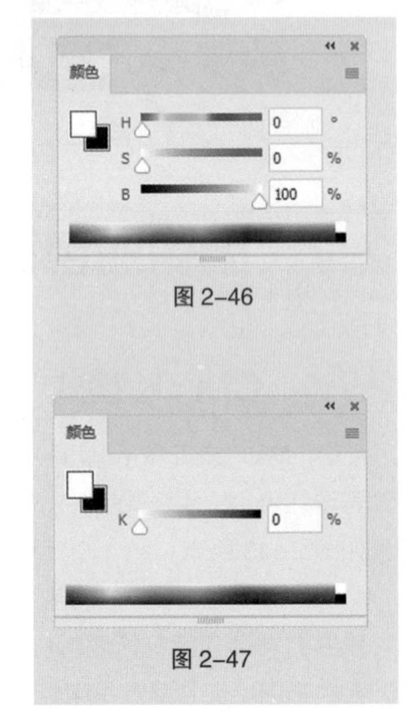

图 2-46

图 2-47

2.7.5 灰度模式

灰度图又叫 8 位深度图。每个像素用 8 个二进制位表示，能产生 2^8（即 256）级灰色调。当一个彩色模式文件被转换为灰度模式文件时，所有的颜色信息都将丢失。尽管 Photoshop 2020 允许将一个灰度模式文件转换为彩色模式文件，但不可能将彩色模式文件原来的颜色信息完全还原。所以，当要将彩色模式文件转换成灰度模式文件时，应先做好备份。

灰度模式的图像只有明暗值，没有色相和饱和度这两种颜色信息。0% 代表白色，100% 代表黑色。灰度模式的“颜色”控制面板如图 2-47 所示，其中的 K 值用于衡量黑色油墨用量。

2.8 常用的图像文件格式

2.8.1 PSD 格式和 PDD 格式

PSD 格式和 PDD 格式是 Photoshop 2020 的专用文件格式，支持从线图到 CMYK 的所有图像类型。但因为在一些图形处理软件中没有得到很好的支持，所以其通用性不强。PSD 格式和 PDD 格式能够保存图像的细节部分，如图层、蒙版、通道等 Photoshop 2020 对图像进行特殊处理的信息。在没有最终决定图像的存储格式前，最好先以这两种格式中的一种存储图像。另外，Photoshop 2020 打开和存储这两种格式的文件比打开和存储其他格式的文件更快。但是这两种格式也有缺点，用它们存储的图像文件较大，占用磁盘空间较多。

2.8.2 TIFF 格式

TIFF 格式是标签图像格式。用 TIFF 格式存储图像时应考虑文件的大小，因为 TIFF 格式的结构要比其他格式更复杂。TIFF 格式支持 24 个通道，能存储多于 4 个通道的图像。可以使用 Photoshop 2020 中的复杂工具和滤镜特效对 TIFF 格式的文件进行处理。TIFF 格式非常适合用于印刷和输出。

2.8.3 GIF 格式

GIF 是 Graphics Interchange Format 的缩写。GIF 格式的图像文件容量比较小，是一种压缩的 8 位图像文件。正因为这样，一般使用这种格式的文件可缩短图像的加载时间。如果在网络中传输图像文件，GIF 格式的图像文件的传输速度比其他格式的图像文件快得多。

2.8.4 JPEG 格式

JPEG 是 Joint Photographic Experts Group 的缩写，中文意思为联合图片专家组。JPEG 格式既是 Photoshop 2020 支持的一种文件格式，也是一种压缩方案。它是苹果计算机常用的图片存储格式。JPEG 格式是压缩格式中的佼佼者，它的压缩比例大，但它使用的有损失压缩方式会导致部分数据丢失。用户可以在存储图像时选择以最高质量进行存储，这样就能控制数据的损失程度。

2.8.5 EPS 格式

EPS 是 Encapsulated Post Script 的缩写。EPS 格式是 Illustrator CC 和 Photoshop 2020 之间可交换的文件格式。使用 Illustrator 制作出来的流动曲线、简单图形和专业图像一般都存储为 EPS 格式。Photoshop 2020 可以处理这种格式的文件。在 Photoshop 2020 中，可以把图形文件存储为 EPS 格式，便于在排版类的 PageMaker 和绘图类的 Illustrator 等软件中使用。

2.8.6 PNG 格式

PNG 格式是用于无损压缩和在 Web 上显示图像的文件格式，是 GIF 格式的无专利替代品。它支持 24 位图像且能产生无锯齿状边缘的背景透明度；还支持无 Alpha 通道的 RGB、索引颜色、灰度模式的图像和位图图像。某些 Web 浏览器不支持 PNG 格式的图像。

2.8.7 选择合适的图像文件格式

可以根据工作任务的需要选择合适的图像文件存储格式，下面根据图像的不同用途介绍可以选择的图像文件存储格式。

用于印刷：TIFF、EPS。

用于出版：PDF。

用于网络图像：GIF、JPEG、PNG。

用于 Photoshop 2020：PSD、PDD、TIFF。

第 3 章

03

常见工具的使用

本章介绍

本章主要介绍 Photoshop 常见工具的使用，包括选择工具组、绘画工具组、文字工具组和绘图工具组的使用技巧。通过本章的学习，读者可以掌握快速选择和绘制规则与不规则的图形，并添加适当文字的方法，在提高工作效率的同时制作出多变的图像效果。

学习目标

- 熟练掌握选择工具组的使用。
- 掌握绘画工具组的使用。
- 掌握文字工具组的使用。
- 熟练掌握绘图工具组的使用。

技能目标

- 掌握运用选择工具组制作不同形状的方法。
- 掌握运用绘画工具组制作图片效果的方法。
- 能够运用文字工具组进行文字排版。
- 掌握运用绘图工具组绘制各种图形的方法。

素质目标

- 培养工具分类、分析的能力，提升效率。
- 提倡和谐、灵活的设计发展观。

3.1 选择工具组

要对图像进行编辑，首先要进行选择图像的操作。能够快速、精准地选择图像是提高图像处理效率的关键。

3.1.1 课堂案例——制作时尚彩妆类电商 Banner

【案例学习目标】学习使用不同的选择工具来选择不同外形的化妆品。

【案例知识要点】使用“矩形选框”工具、“椭圆选框”工具、“多边形套索”工具和“魔棒”工具抠出化妆品，使用“变换”命令调整图像大小，使用“移动”工具合成图像，效果如图 3–1 所示。

【效果所在位置】云盘 /Ch03/ 效果 / 制作时尚彩妆类电商 Banner.psd。

图 3–1

（1）按 Ctrl+O 组合键，打开云盘中的“Ch03> 素材 > 制作时尚彩妆类电商 Banner>02”文件，如图 3–2 所示。选择“矩形选框”工具，在“02”图像窗口中沿着化妆品盒边缘，按住鼠标左键不放拖曳鼠标绘制选区，如图 3–3 所示。

图 3–2　　图 3–3

（2）按 Ctrl+O 组合键，打开云盘中的“Ch03> 素材 > 制作时尚彩妆类电商 Banner>01”文件，如图 3–4 所示。选择“移动”工具，将“02”图像窗口选区中的图像拖曳到“01”图像窗口中的适当位置，如图 3–5 所示。在“图层”控制面板中会生成新的图层，将其重命名为“化妆品 1”。

图 3–4

图 3–5

（3）按 Ctrl+T 组合键，化妆品图像周围出现变换框。将鼠标指针移至变换框的控制手柄外侧，鼠标指针变为旋转图标，拖曳鼠标将图像旋转适当的角度，按 Enter 键确定操作，效果如图 3-6 所示。

图 3-6

（4）选择“椭圆选框”工具，在“02”图像窗口中沿着化妆品边缘，按住鼠标左键不放拖曳鼠标绘制选区，如图 3-7 所示。

（5）选择“移动”工具，将“02”图像窗口选区中的图像拖曳到“01”图像窗口中的适当位置，如图 3-8 所示。在“图层”控制面板中会生成新的图层，将其重命名为“化妆品 2”。

图 3-7　　图 3-8

（6）选择“多边形套索”工具，在“02”图像窗口中沿着化妆品边缘单击绘制选区，如图 3-9 所示。

（7）选择“移动”工具，将“02”图像窗口选区中的图像拖曳到“01”图像窗口中的适当位置，如图 3-10 所示。在“图层”控制面板中会生成新的图层，将其重命名为“化妆品 3”。

图 3-9　　图 3-10

（8）按 Ctrl+O 组合键，打开云盘中的“Ch03> 素材 > 制作时尚彩妆类电商 Banner>03”文件。选择“魔棒”工具，在“03”图像窗口中的白色背景区域单击，图像周围生成选区，如图 3-11 所示。按 Shift+Ctrl+I 组合键，反选选区，如图 3-12 所示。

（9）选择“移动”工具，将“03”图像窗口选区中的图像拖曳到“01”图像窗口中的适当位置，如图 3-13 所示，在“图层”控制面板中会生成新的图层，将其重命名为“化妆品 4”。

SMILE　　SMILE

图 3-11　　图 3-12

（10）按 Ctrl+O 组合键，打开云盘中的“Ch03> 素材 > 制作时尚彩妆类电商 Banner>04、05”文件。选择“移动”工具，将图像分别拖曳到“01”图像窗口中的适当位置，效果如图 3-14 所示。在“图层”控制面板中会分别生成新的图层，将它们重命名为“云 1”和“云 2”。

图 3-13　　图 3-14

（11）选中“云 1”图层，如图 3-15 所示。将其拖曳到“化妆品 1”图层的下方，调整图层顺序，如图 3-16 所示。效果如图 3-17 所示。时尚彩妆类电商 Banner 制作完成。

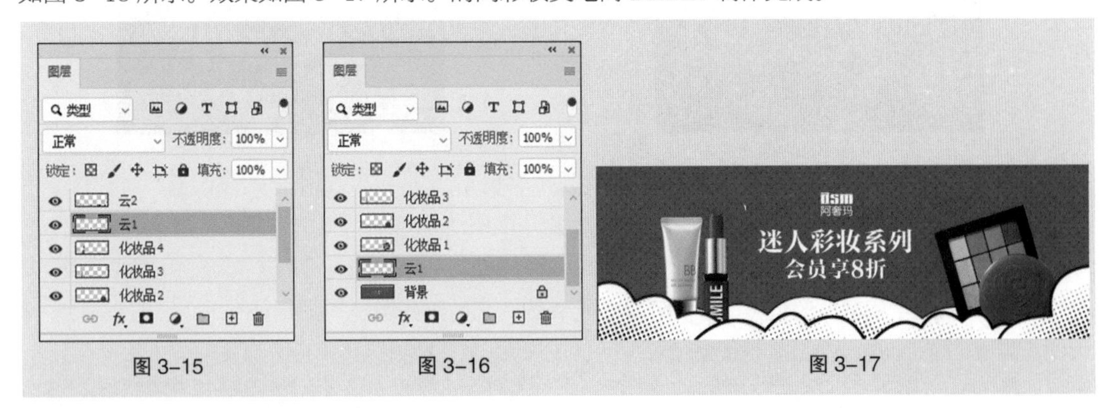

图 3-15　　图 3-16　　图 3-17

3.1.2　移动工具

使用“移动”工具可以将图层中的整幅图像或选区中的图像移动到指定位置。

选择“移动”工具，或按 V 键，此时属性栏如图 3-18 所示。

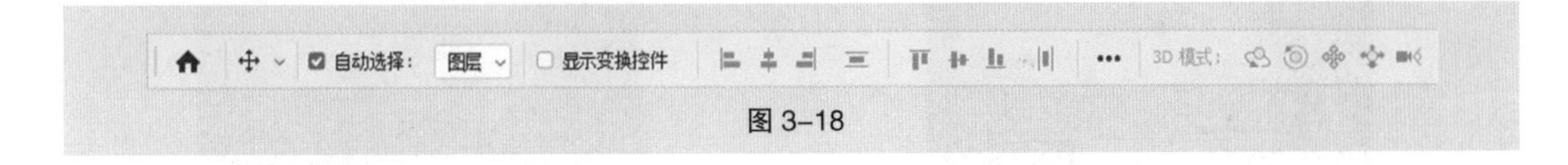

图 3-18

3.1.3　矩形选框工具

选择“矩形选框”工具，或反复按 Shift+M 组合键切换到“矩形选框”工具，此时属性栏如图 3-19 所示。

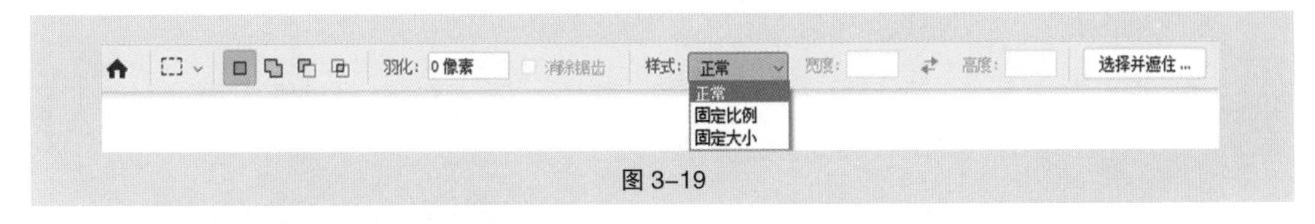

图 3-19

新选区：取消原有选区，绘制新选区。

添加到选区：在原有选区的基础上增加新选区。

从选区减去：在原有选区上减去新选区的部分。

与选区交叉：选择原有选区与新选区重叠的部分。

羽化：用于设定选区边界的羽化程度。

消除锯齿：用于清除选区边缘的锯齿。

样式：用于选择矩形选框的类型。

选择并遮住：用于创建或调整选区。

选择“矩形选框”工具 ，在图像窗口中适当的位置按住鼠标左键不放，向右下方拖曳鼠标绘制选区、释放鼠标，矩形选区绘制完成，如图 3–20 所示。绘制时按住 Shift 键，可以绘制出正方形选区，如图 3–21 所示。

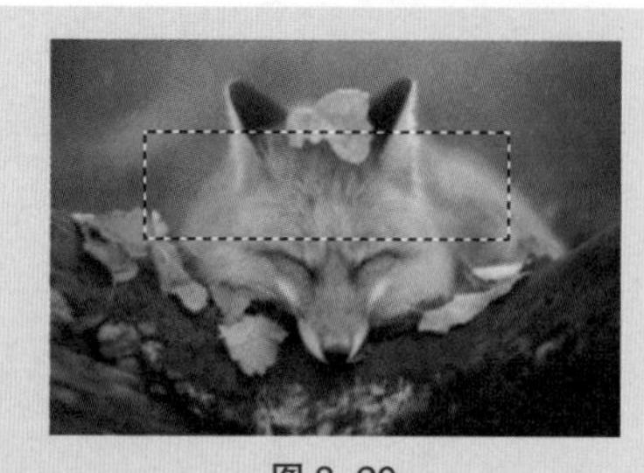
图 3–20

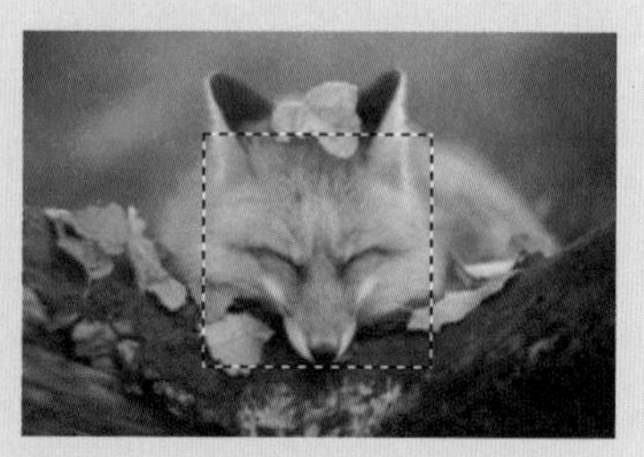
图 3–21

在属性栏的“样式”下拉列表中选择“固定比例”选项，将“宽度”设为“1”、“高度”设为“3”，如图 3–22 所示。在图像中绘制固定比例的选区，效果如图 3–23 所示。单击“高度和宽度互换”按钮 ，可以将高度和宽度的数值互换，互换后绘制的选区效果如图 3–24 所示。

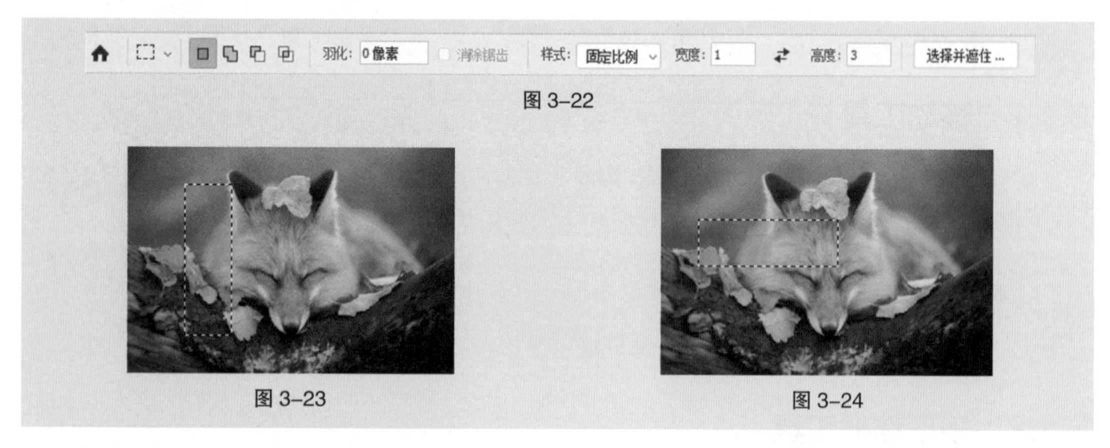

图 3–22

图 3–23

图 3–24

在属性栏的“样式”下拉列表中选择“固定大小”选项，在“宽度”和“高度”数值框中输入数值，如图 3–25 所示。绘制固定大小的选区，效果如图 3–26 所示。单击“高度和宽度互换”按钮 ，可以将高度和宽度的数值互换，互换后绘制的选区效果如图 3–27 所示。

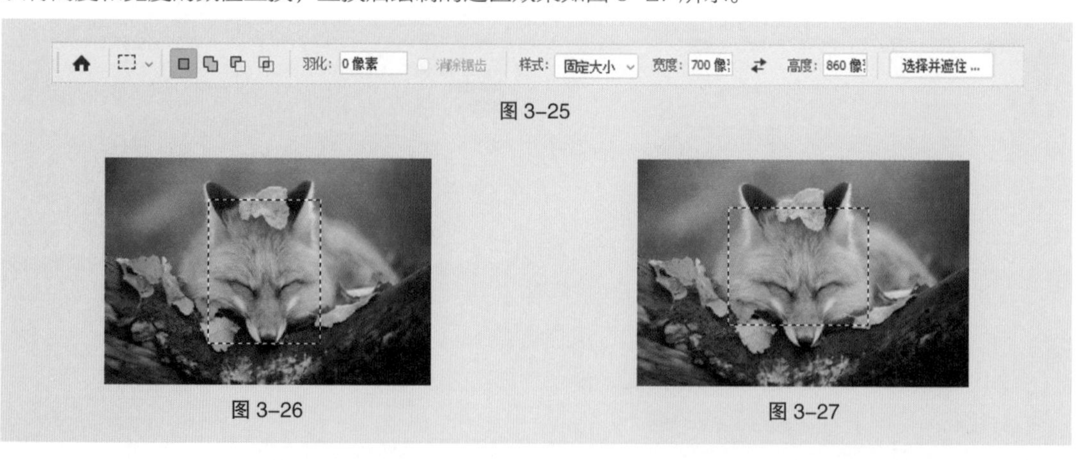

图 3–25

图 3–26

图 3–27

3.1.4 椭圆选框工具

选择“椭圆选框”工具，在图像中适当的位置按住鼠标左键不放，拖曳鼠标绘制出需要的选区，释放鼠标，椭圆选区绘制完成，如图 3-28 所示。绘制时按住 Shift 键，可以绘制出圆形选区，如图 3-29 所示。

图 3-28　　图 3-29

“椭圆选框”工具和“矩形选框”工具的属性栏相同，这里就不再赘述。

3.1.5 套索工具

选择“套索”工具，或反复按 Shift+L 组合键切换到“套索”工具，在图像中适当的位置按住鼠标左键不放，拖曳鼠标进行绘制，如图 3-30 所示。释放鼠标，绘制的区域自动封闭生成选区，效果如图 3-31 所示。

图 3-30　　图 3-31

3.1.6 多边形套索工具

选择“多边形套索”工具，在图像中单击以设置选区的起点，接着单击以设置选区的其他点，如图 3-32 所示。将鼠标指针移回到起点，“多边形套索”工具显示为图标，如图 3-33 所示。单击即可封闭选区，效果如图 3-34 所示。

图 3-32　　图 3-33　　图 3-34

3.1.7 磁性套索工具

选择“磁性套索”工具，此时属性栏如图 3–35 所示。

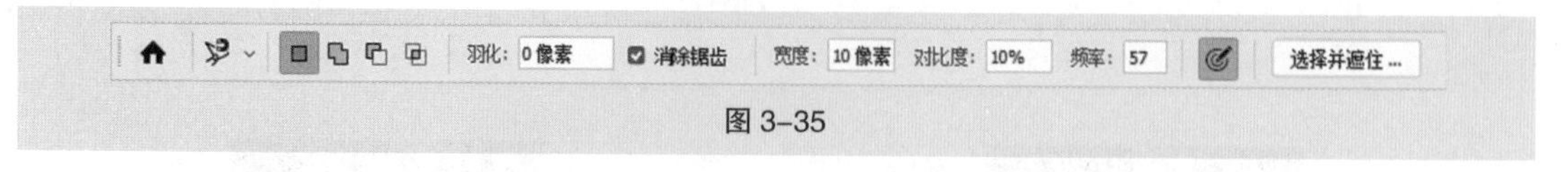

图 3–35

宽度：用于设定套索检测范围，“磁性套索”工具将在这个范围内选取反差最大的边缘。对比度：用于设定选取边缘的灵敏度，数值越大，则要求边缘与背景的反差越大。频率：用于设定标记速率，数值越大，标记速率越快，标记点越多。：用于设定专用绘图板的笔刷压力。

3.2 绘画工具组

3.2.1 课堂案例——制作剪影插画

【案例学习目标】学习使用“填充”工具绘制背景，使用“画笔”工具和“橡皮擦”工具绘制纹理。

【案例知识要点】使用“路径”控制面板和“渐变”工具绘制背景，使用“椭圆选框”工具和“渐变”工具绘制太阳，使用“画笔”工具、“画笔”控制面板和“橡皮擦”工具绘制装饰纹理，效果如图 3–36 所示。

【效果所在位置】云盘 /Ch03/ 效果 / 制作剪影插画 .psd。

扫码观看
本案例视频

扫码观看
扩展案例

图 3–36

（1）按 Ctrl+O 组合键，打开云盘中的“Ch03> 素材 > 制作剪影插画 >01”文件。选择“渐变”工具，单击属性栏中的“点按可编辑渐变”按钮，弹出“渐变编辑器”对话框，将渐变色设为从橘红色（212、80、44）到肤色（255、203、136），如图 3–37 所示，单击“确定”按钮。在按住 Shift 键的同时，在图像窗口中按住鼠标左键不放，由下向上拖曳鼠标填充渐变色，释放鼠标，效果如图 3–38 所示。

（2）选择“窗口 > 路径”命令，弹出“路径”控制面板，选中“路径 1”，如图 3–39 所示。图像窗口显示路径，如图 3–40 所示。返回到“图层”控制面板，按 Ctrl+Enter 组合键，将路径转换为选区，如图 3–41 所示。

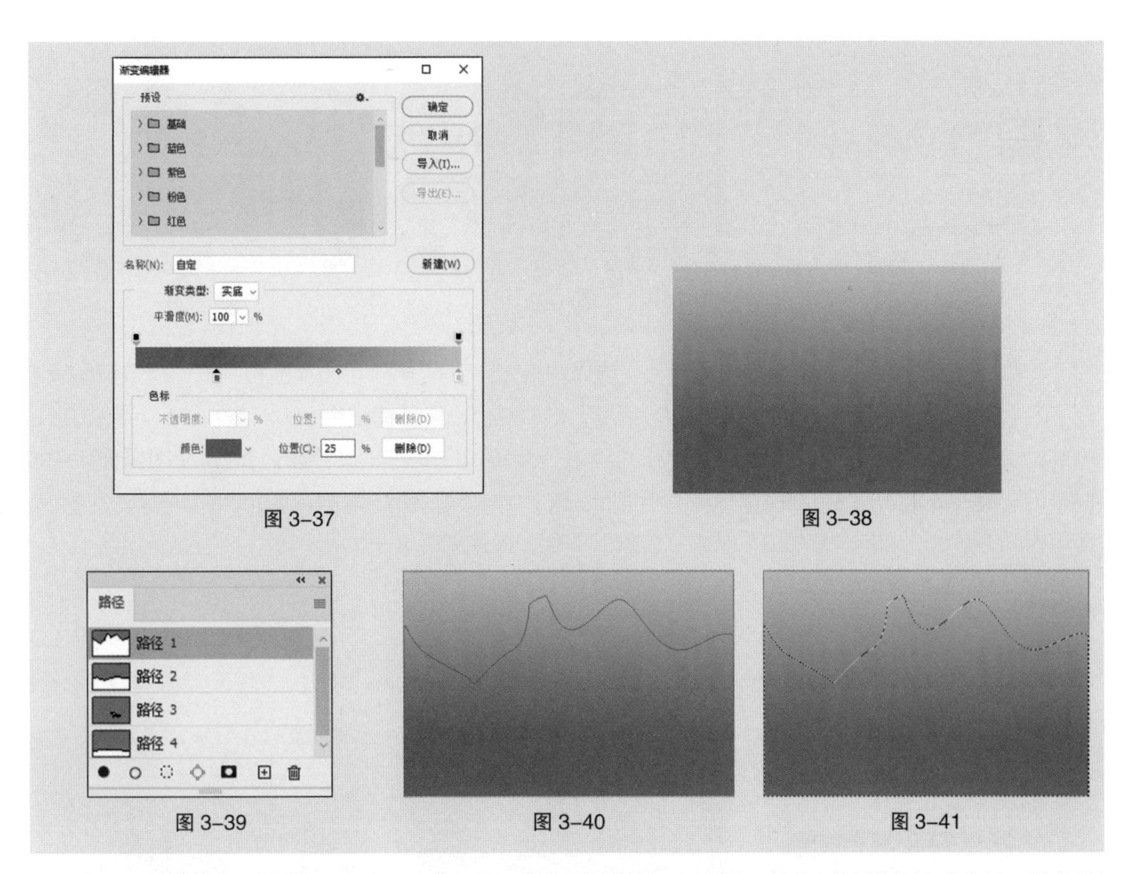

图 3-37　　图 3-38

图 3-39　　图 3-40　　图 3-41

（3）新建图层并将其命名为“山峰 1”。选择“渐变”工具，单击属性栏中的“点按可编辑渐变”按钮，弹出“渐变编辑器”对话框，将渐变色设为从深红色（200、60、31）到肤色（248、204、142），如图 3-42 所示，单击“确定”按钮。在按住 Shift 键的同时，在图像窗口中按住鼠标左键不放，从上至下拖曳鼠标填充渐变色。按 Ctrl+D 组合键，取消选区，效果如图 3-43 所示。使用相同的方法，利用“路径 2”制作“山峰 2”图层，效果如图 3-44 所示。

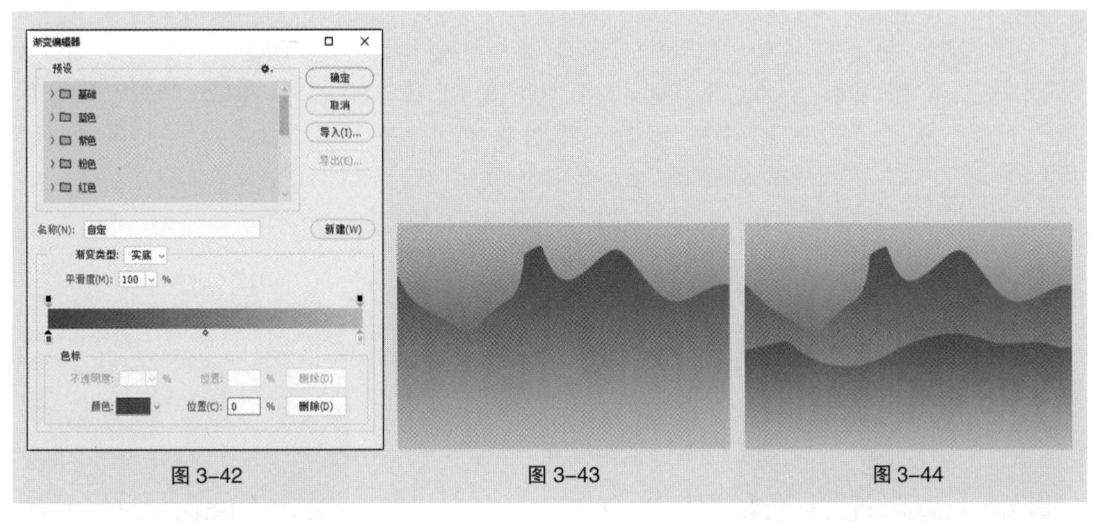

图 3-42　　图 3-43　　图 3-44

（4）在“路径”控制面板中，选中“路径 4”，如图 3-45 所示。图像窗口显示路径，如图 3-46 所示。返回到“图层”控制面板，按 Ctrl+Enter 组合键，将路径转换为选区，效果如图 3-47 所示。

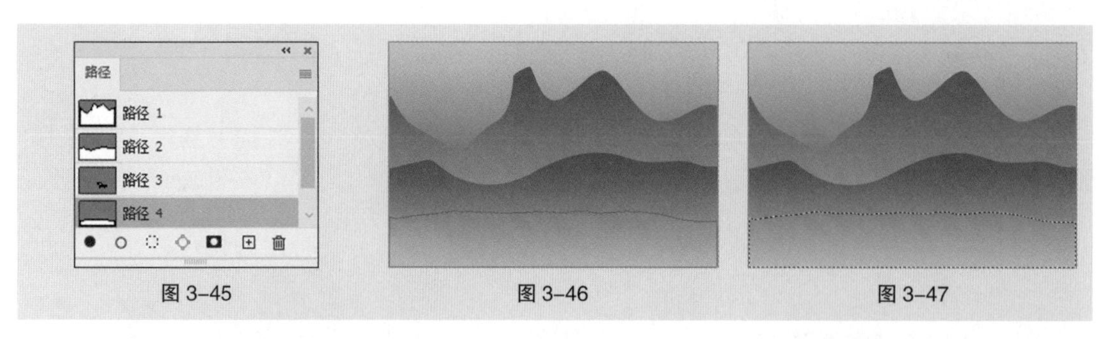

图 3-45　　图 3-46　　图 3-47

（5）新建图层并将其命名为“地面”。选择“渐变”工具，单击属性栏中的“点按可编辑渐变”按钮，弹出“渐变编辑器”对话框，将渐变色设为从棕红色（168、53、34）到铁锈红色（146、29、10），如图 3-48 所示，单击“确定”按钮。在按住 Shift 键的同时，在图像窗口中按住鼠标左键不放，从下向上拖曳鼠标填充渐变色。按 Ctrl+D 组合键，取消选区，效果如图 3-49 所示。使用相同的方法，利用“路径 3”制作“大象”图层，效果如图 3-50 所示。

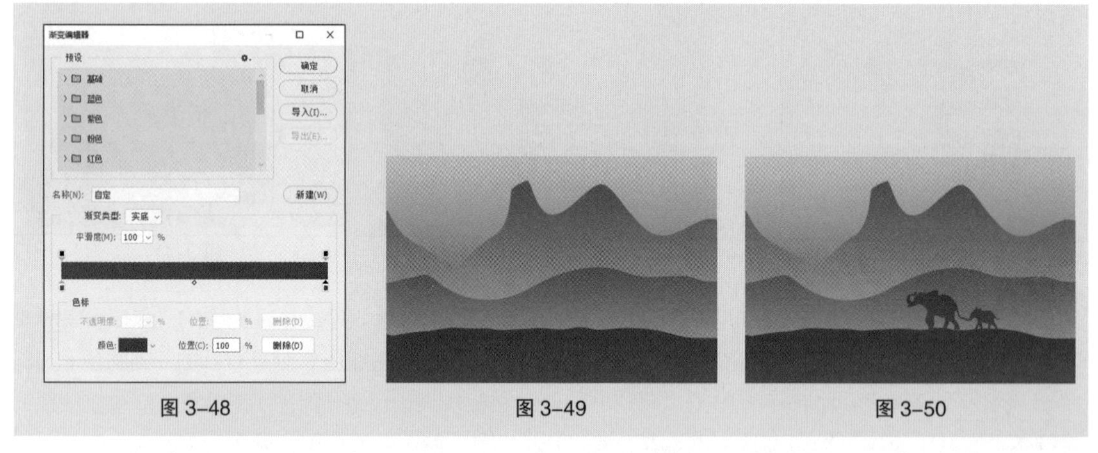

图 3-48　　图 3-49　　图 3-50

（6）新建图层并将其命名为“太阳”。选择“椭圆选框”工具，在按住 Shift 键的同时，在图像窗口中按住鼠标左键不放，拖曳鼠标绘制圆形选区，如图 3-51 所示。

（7）选择“渐变”工具，单击属性栏中的“点按可编辑渐变”按钮，弹出“渐变编辑器”对话框，将渐变色设为从浅黄色（255、223、148）到米白色（255、244、231），如图 3-52 所示，单击“确定”按钮。单击属性栏中的“径向渐变”按钮，在按住 Shift 键的同时，在选区中按住鼠标左键不放，由内向外拖曳鼠标填充渐变色。按 Ctrl+D 组合键，取消选区，效果如图 3-53 所示。

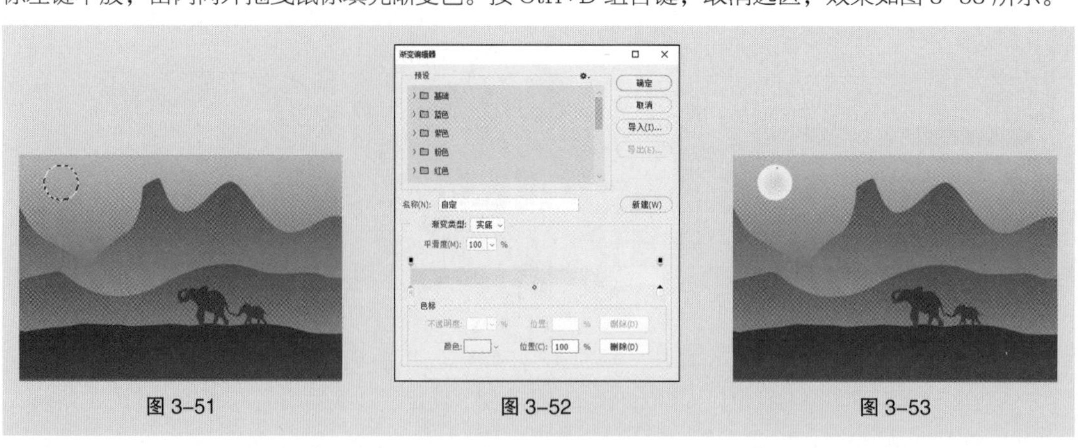

图 3-51　　图 3-52　　图 3-53

（8）新建图层并将其命名为“纹理”。选择“画笔”工具，在属性栏中单击“画笔预设”按钮，弹出画笔选择面板。单击面板右上方的按钮，在弹出的菜单中选择“旧版画笔”命令，弹出提示对话框，单击“确定”按钮。在属性栏中单击“切换画笔设置面板”按钮，弹出“画笔设置”控制面板，设置如图 3-54 所示；勾选“形状动态”“散布”复选框，在散布面板中进行设置，如图 3-55 所示。在图像窗口中按住鼠标左键不放，拖曳鼠标绘制纹理，效果如图 3-56 所示。

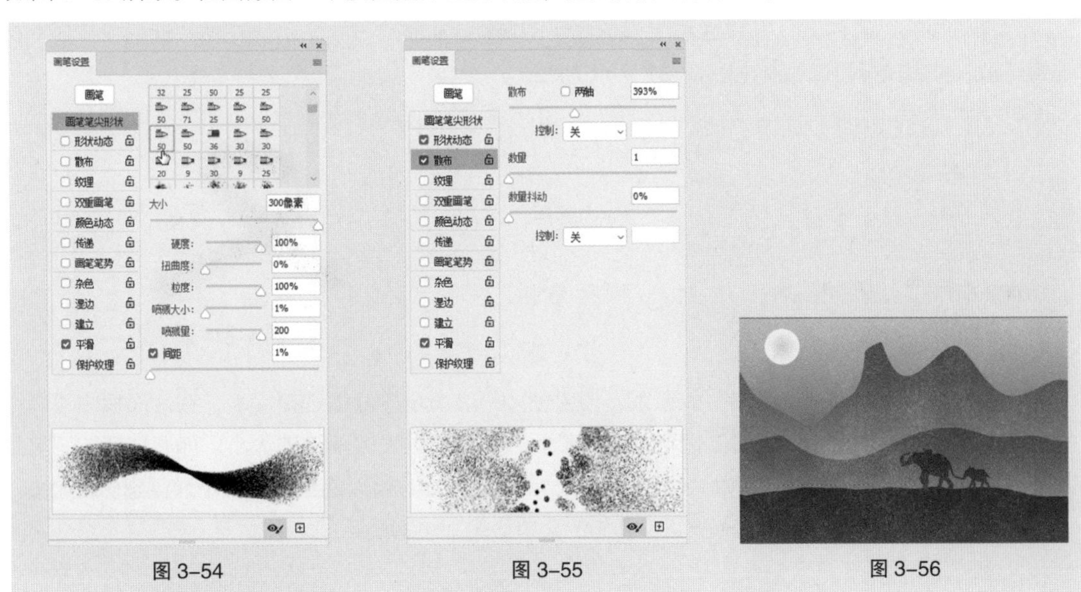

图 3-54　图 3-55　图 3-56

（9）选择“橡皮擦”工具，在属性栏中单击“画笔预设”按钮，在弹出的画笔选择面板中选择需要的画笔形状，设置如图 3-57 所示。在属性栏中将“不透明度”“流量”均设为“50%”，在图像窗口中按住鼠标左键不放，拖曳鼠标擦除不需要的图像，效果如图 3-58 所示。剪影插画制作完成。

图 3-57　图 3-58

3.2.2　画笔工具

“画笔”工具用于模拟真实画笔。

选择“画笔”工具，或反复按 Shift+B 组合键切换到“画笔”工具，此时属性栏如图 3-59 所示。

图 3-59

：用于选择和设置预设的画笔。模式：用于选择绘画颜色与下面现有像素的混合模式。不透明度：用于设定画笔颜色的不透明度。：用于对不透明度使用压力。流量：用于设定喷笔压力，压力越大，颜色越浓。：用于启用喷枪模式。平滑：用于设置画笔边缘的平滑度。：用于设置其他平滑选项。：用于设置画笔的角度。：使用压感笔压力，可以覆盖属性栏中的“不透明度”和画笔选择面板中的“大小”设置。：用于选择绘画的对称选项。

选择“画笔”工具，在属性栏中设置画笔的属性，如图 3-60 所示。在图像窗口中按住鼠标左键不放，拖曳鼠标可以绘制出图 3-61 所示的效果。

图 3-60　　图 3-61

在属性栏中单击“画笔预设”按钮，弹出图 3-62 所示的画笔选择面板，在此面板中可以选择画笔形状。拖曳“大小”下方的滑块或直接输入数值，可以设置画笔的大小。如果选择的画笔是基于样本的，将显示“恢复到原始大小”按钮，单击此按钮，可以使画笔的大小恢复到初始大小。

单击画笔选择面板右上方的按钮，弹出的菜单如图 3-63 所示。

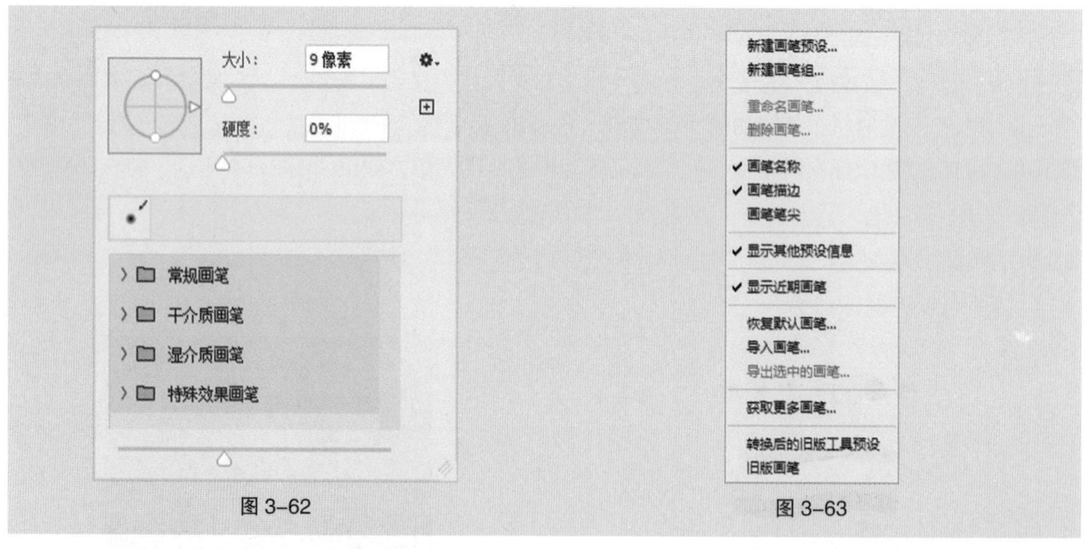

图 3-62　　图 3-63

新建画笔预设：用于建立新画笔。新建画笔组：用于建立新的画笔组。重命名画笔：用于重新命名画笔。删除画笔：用于删除当前选中的画笔。画笔名称：用于在画笔选择面板中显示画笔名称。画笔描边：用于在画笔选择面板中显示画笔描边。画笔笔尖：用于在画笔选择面板中显示画笔笔尖。显示其他预设信息：用于在画笔选择面板中显示其他预设信息。显示近期画笔：用于在画笔选择面板中显示近期使用过的画笔。恢复默认画笔：用于恢复默认状态的画笔。导入画笔：用于将存储的画笔载入画笔选择面板。导出选中的画笔：用于将当前选中的画笔存储并导出。获取更多画笔：用于在官网上获取更多的画笔形状。转换后的旧版工具预设：用于将转换后的旧版工具预设画笔集恢复为画笔预设列表。旧版画笔：用于将旧版的画笔集恢复为画笔预设列表。

在画笔选择面板中单击“创建新画笔”按钮 ⊞ ，弹出图 3-64 所示的“新建画笔”对话框。单击属性栏中的“切换画笔设置面板”按钮 ，弹出图 3-65 所示的“画笔设置”控制面板。

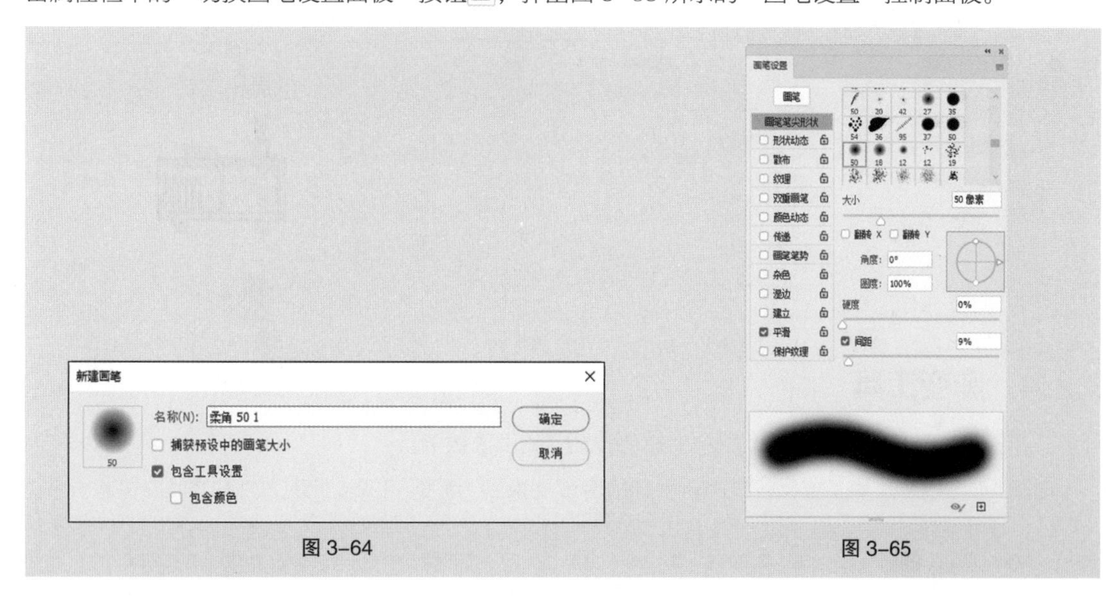

图 3-64　　图 3-65

3.2.3　油漆桶工具

选择“油漆桶”工具 ，或反复按 Shift+G 组合键切换到“油漆桶”工具，此时属性栏如图 3-66 所示。

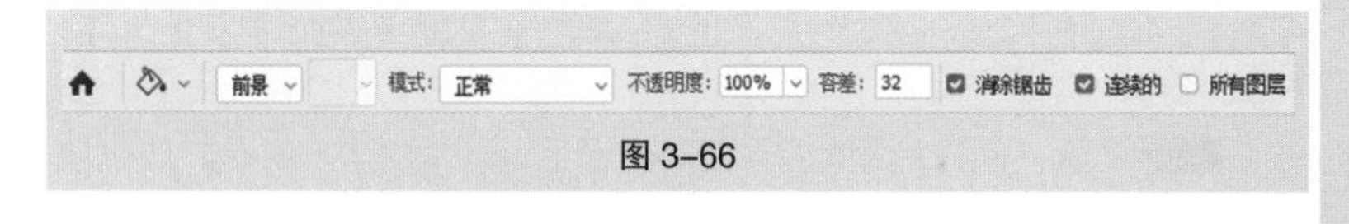

图 3-66

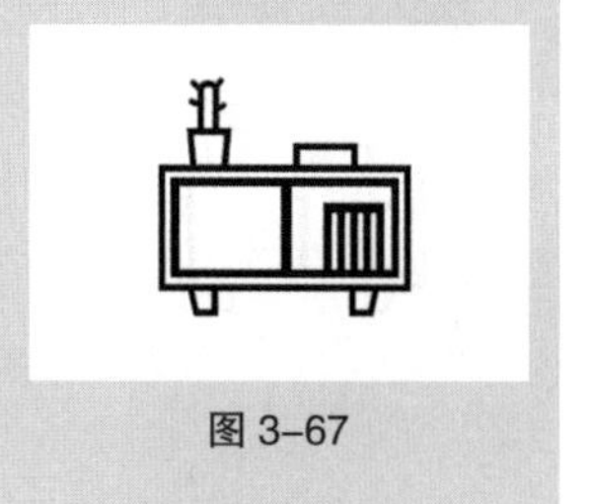

图 3-67

前景 ：在该下拉列表中选择填充前景色还是图案。 ：用于选择定义好的图案。连续的：用于设定填充方式。所有图层：用于设置是否对所有可见图层进行填充。

原图像效果如图 3-67 所示。选择“油漆桶”工具 ，在适当的位置单击，如图 3-68 所示，填充颜色，如图 3-69 所示。在其他位置单击，填充颜色，如图 3-70 所示。在其他位置分别填充图像适当的颜色，如图 3-71 所示。

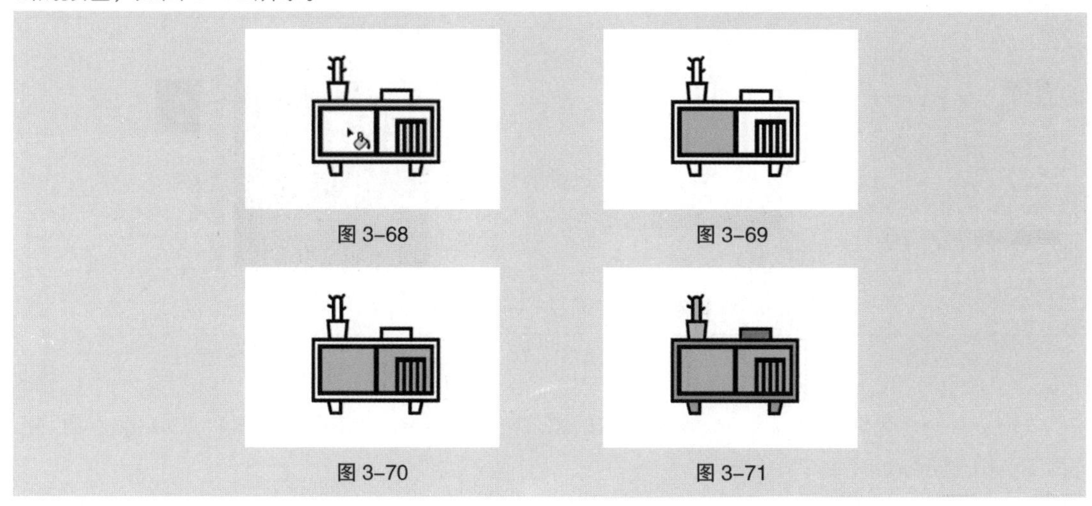

图 3-68　　图 3-69

图 3-70　　图 3-71

在属性栏中设置填充图案，如图 3-72 所示。用“油漆桶”工具在图像窗口中填充图案，效果如图 3-73 所示。

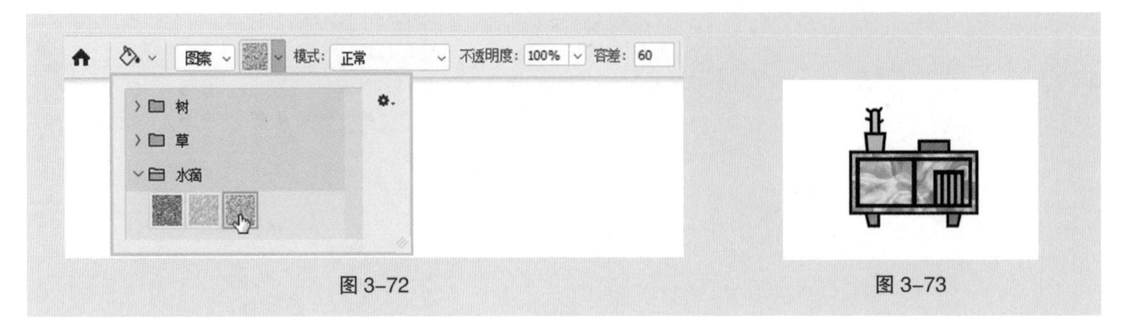

图 3-72　　图 3-73

3.2.4 渐变工具

“渐变”工具用于在图像或图层中生成色彩渐变的图像效果。

选择“渐变”工具，或反复按 Shift+G 组合键切换到“渐变”工具，此时属性栏如图 3-74 所示。

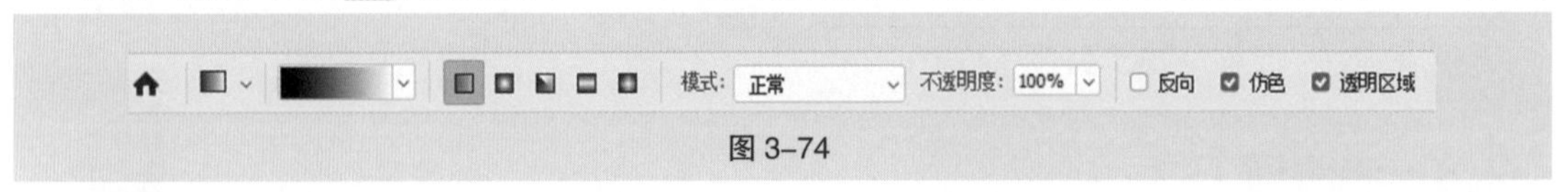

图 3-74

：用于选择和编辑渐变色。：用于选择渐变类型，这些按钮从左到右依次为“线性渐变”“径向渐变”“角度渐变”“对称渐变”“菱形渐变”。模式：用于选择着色的模式。不透明度：用于设定不透明度。反向：用于反向产生色彩渐变的效果。仿色：用于使色彩渐变更平滑。透明区域：用于对渐变填充使用透明蒙版。

单击“点按可编辑渐变”按钮，弹出“渐变编辑器”对话框，如图 3-75 所示。可以使用预设的渐变色，也可以自定义渐变形式和色彩。

在“渐变编辑器”对话框中，在颜色编辑框下方的适当位置单击，可以增加色标，如图 3-76 所示。在其下方的“颜色”下拉列表中选择颜色，或双击刚建立的色标，弹出“拾色器（色标颜色）”对话框，如图 3-77 所示。在对话框中设置颜色，单击“确定”按钮，即可改变色标颜色。在“位置”数值框中输入数值或用鼠标直接拖曳色标，可以调整色标的位置。

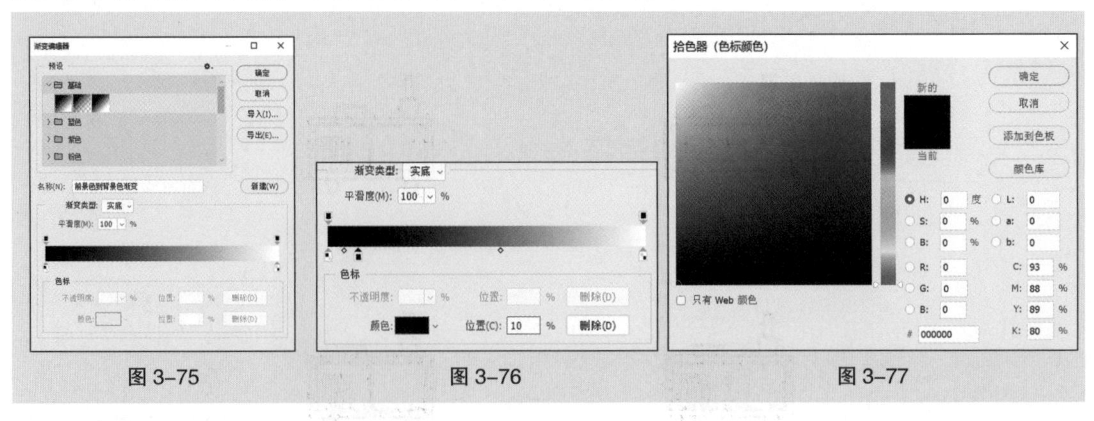

图 3-75　　图 3-76　　图 3-77

任意选择一个色标，如图 3-78 所示。单击窗口下方的 删除(D) 按钮，或按 Delete 键，可以将选择的色标删除，如图 3-79 所示。

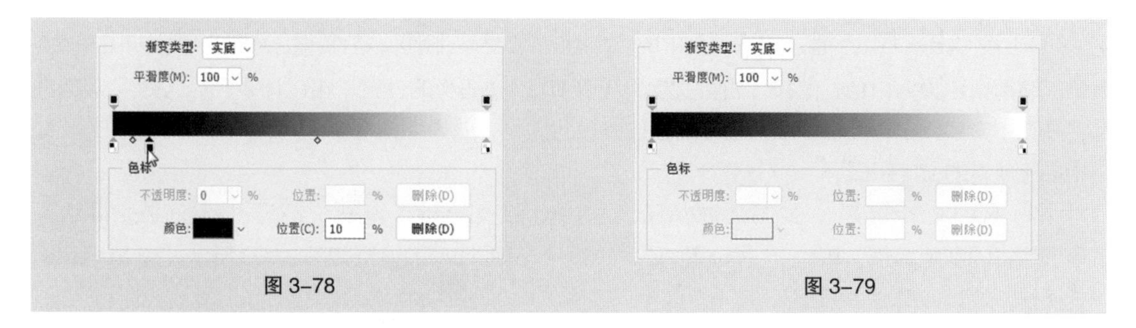

图 3-78　　图 3-79

单击颜色编辑框左上方的黑色色标，如图 3-80 所示。调整“不透明度”的数值，如图 3-81 所示，可以调整从开始颜色到结束颜色的透明效果。

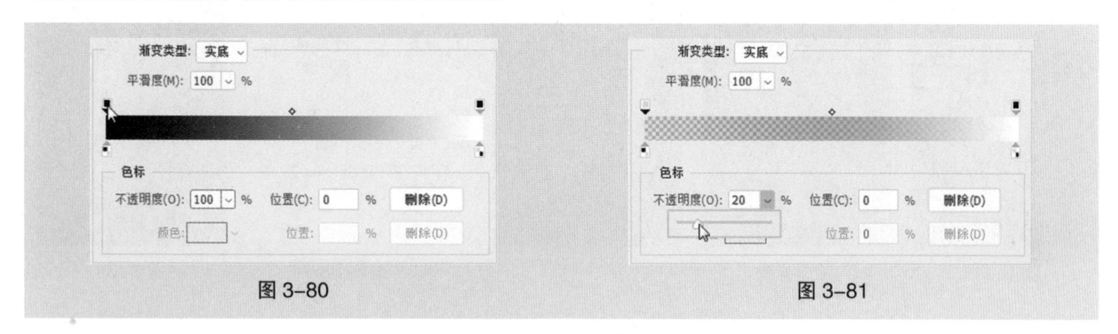

图 3-80　　图 3-81

在颜色编辑框的上方单击，将出现新的色标，如图 3-82 所示。调整“不透明度”的数值，如图 3-83 所示，可以调整从新色标的颜色到两边色标的颜色过渡的透明效果。

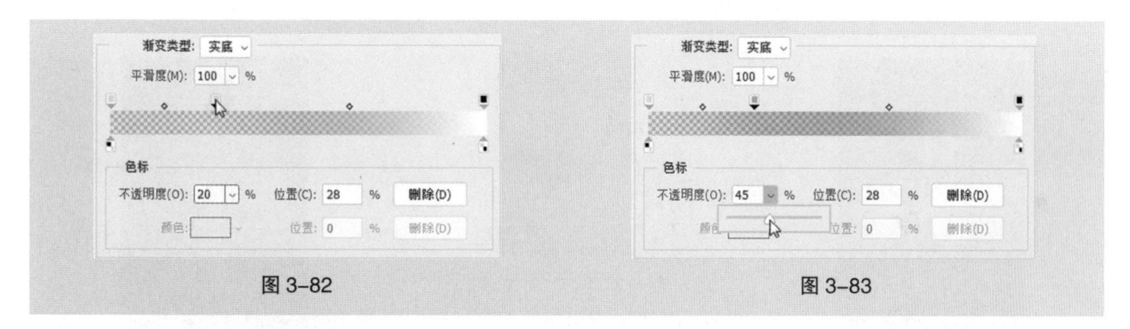

图 3-82　　图 3-83

3.3 文字工具组

3.3.1 课堂案例——制作文字海报

【案例学习目标】学习使用文字工具和“字符”控制面板制作海报。

【案例知识要点】使用“直排文字”工具和“横排文字”工具输入需要的文字，使用“字符”控制面板编辑文字，效果如图 3-84 所示。

【效果所在位置】云盘 /Ch3/ 效果 / 制作文字海报 .psd。

图 3-84

（1）按 Ctrl+O 组合键，打开云盘中的“Ch03> 素材 > 制作文字海报 >01”文件，如图 3-85 所示。将前景色设为白色。选择“直排文字”工具，在适当的位置单击以插入光标，输入需要的文字并选中文字，在属性栏中选择合适的字体并设置大小，效果如图 3-86 所示。在“图层”控制面板中会生成新的文字图层。

（2）选中文字“辞”，如图 3-87 所示。按 Ctrl+T 组合键，弹出“字符”控制面板，将“设置所选字符的字距调整”设置为“-270”，其他选项的设置如图 3-88 所示。按 Enter 键确定操作，效果如图 3-89 所示。

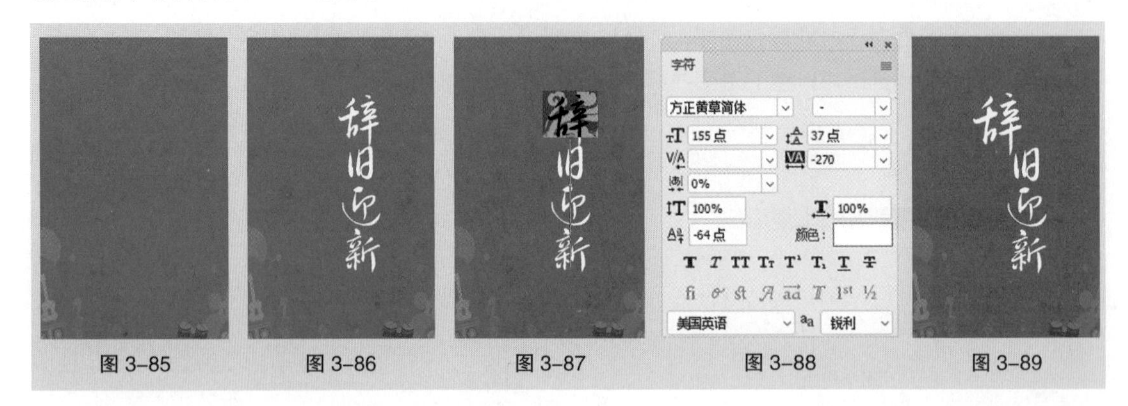
图 3-85　图 3-86　图 3-87　图 3-88　图 3-89

（3）选中文字“迎”，如图 3-90 所示。在“字符”控制面板中，将“设置所选字符的字距调整”设置为“50”，其他选项的设置如图 3-91 所示。按 Enter 键确定操作。使用相同的方法调整其他文字，效果如图 3-92 所示。

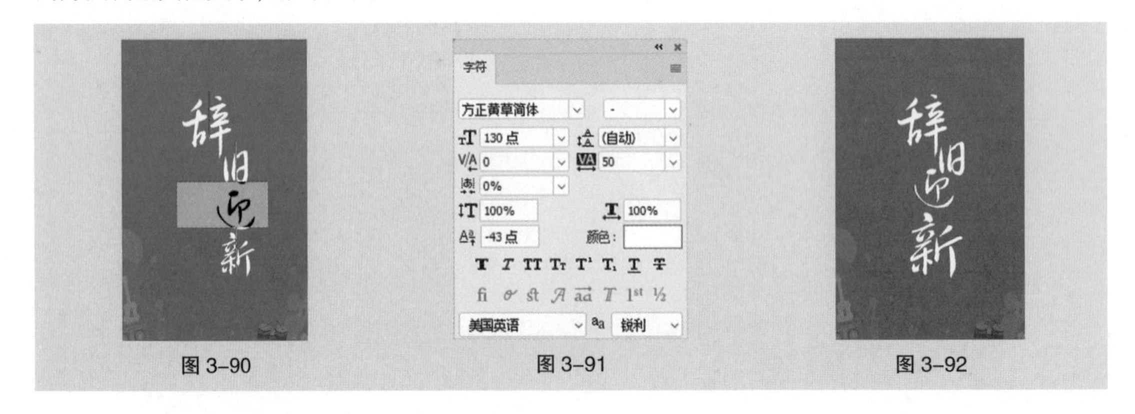
图 3-90　图 3-91　图 3-92

（4）选择“文件 > 置入嵌入对象”命令，弹出“置入嵌入的对象”对话框。选择云盘中的“Ch03> 素材 > 制作文字海报 >02”文件，单击“置入”按钮，将图片置入图像窗口中。将它拖曳到适当的位置，按 Enter 键确定操作，效果如图 3-93 所示。在“图层”控制面板中会生成新的图层，将其重命名为“墨迹”。

（5）选择“直排文字”工具，在适当的位置输入需要的文字并选中文字，在属性栏中选择合适的字体并设置大小，将文本颜色设置为红色（254、71、71），效果如图 3-94 所示。在“图层”控制面板中会生成新的文字图层。

（6）选择“横排文字”工具，在适当的位置输入需要的文字并选中文字，在属性栏中选择合适的字体并设置大小，将文本颜色设置为白色，效果如图 3-95 所示。在“图层”控制面板中会生成新的文字图层。选中需要的文字，在属性栏中选择合适的字体并设置大小，效果如图 3-96 所示。

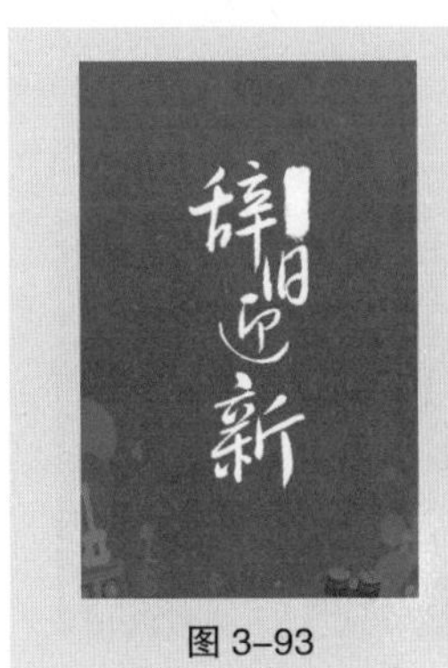
图 3-93

图 3-94

图 3-95

图 3-96

（7）选中需要的文字，在“字符”控制面板中，将“设置行距”设置为“17 点”，其他选项的设置如图 3-97 所示。图像效果如图 3-98 所示。按 Enter 键确定操作，效果如图 3-99 所示。

图 3-97　图 3-98　图 3-99

（8）选择“窗口 > 段落”命令，弹出“段落”控制面板，单击“右对齐文本”按钮，如图 3-100 所示，右对齐文字，效果如图 3-101 所示。

（9）选择“文件 > 置入嵌入对象”命令，弹出“置入嵌入的对象”对话框。分别选择云盘中的“Ch03> 素材 > 制作文字海报 >03、04”文件，单击“置入”按钮，将图片置入图像窗口中。将其拖曳到适当的位置，按 Enter 键确定操作，效果如图 3-102 所示。在“图层”控制面板中会分别生成新的图层，将其重命名为“祥云 1”“祥云 2”。

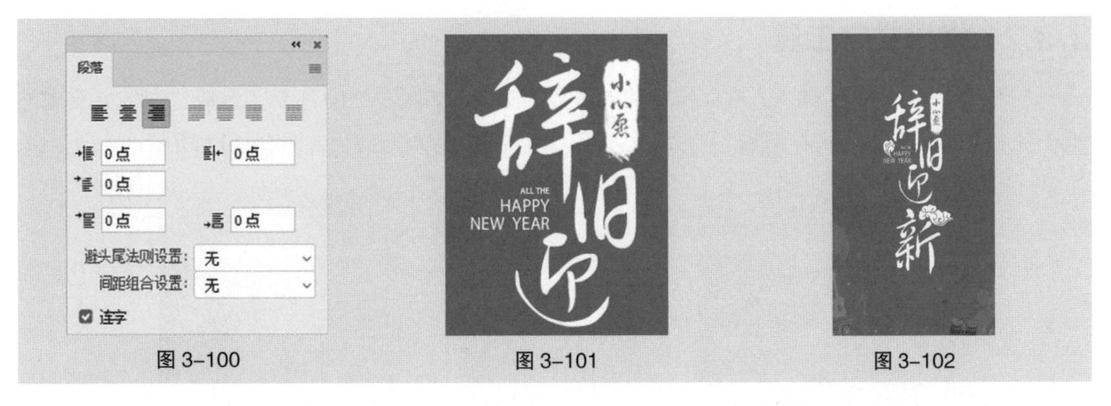

图 3-100　图 3-101　图 3-102

（10）选择“横排文字”工具，在适当的位置输入需要的文字并选中文字，在属性栏中选择合适的字体并设置大小，效果如图 3-103 所示。在“图层”控制面板中会生成新的文字图层。

（11）在“字符”控制面板中，将“设置所选字符的字距调整”设置为“10”，其他选项的设置如图 3-104 所示。按 Enter 键确定操作，效果如图 3-105 所示。

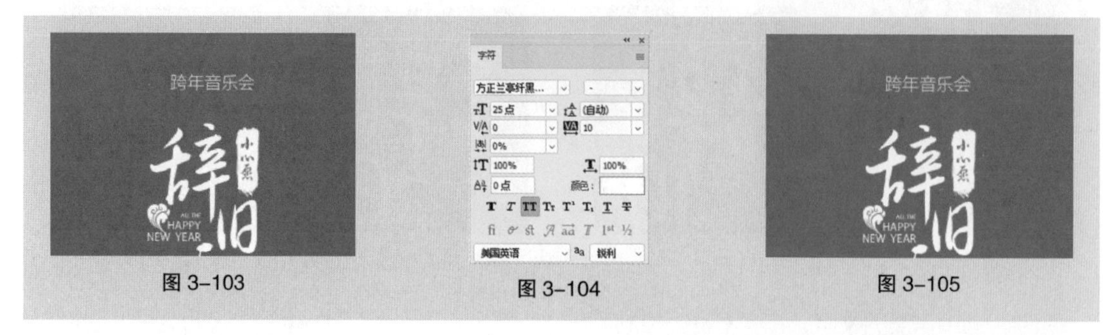

图 3-103　图 3-104　图 3-105

（12）选择“横排文字”工具，在适当的位置输入需要的文字并选中文字，在属性栏中选择合适的字体并设置大小。单击“居中对齐文本”按钮，效果如图 3-106 所示。在“图层”控制面板中会生成新的文字图层。

图 3-106

（13）选中需要的文字，在“字符”控制面板中进行设置，如图 3-107 所示。按 Enter 键确定操作，效果如图 3-108 所示。文字海报制作完成，效果如图 3-109 所示。

图 3-107　图 3-108　图 3-109

3.3.2　横排文字工具

选择“横排文字”工具，在图像中输入需要的文字，如图 3-110 所示。选择“文字 > 文本排列方向 > 竖排”命令，将文字的排列方向从水平方向转换为垂直方向，如图 3-111 所示。

图 3-110　图 3-111

3.3.3 直排文字工具

选择“直排文字”工具 IT，在图像中输入需要的文字，如图 3-112 所示。选择“文字 > 文本排列方向 > 横排”命令，将文字的排列方向从垂直方向转换为水平方向，如图 3-113 所示。

图 3-112

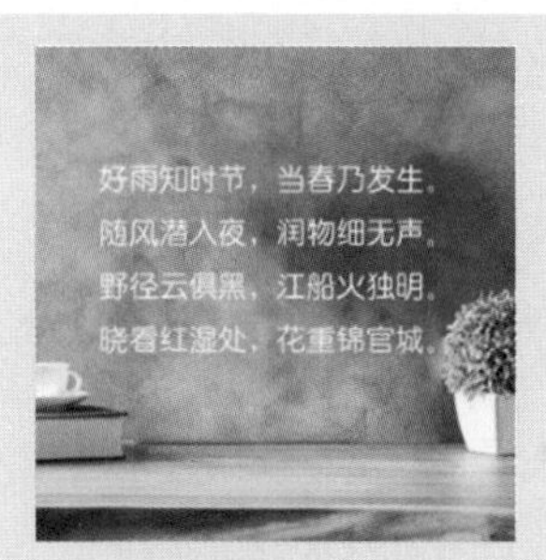

图 3-113

3.4 绘图工具组

3.4.1 课堂案例——绘制卡通图标

【案例学习目标】学习使用不同的绘图工具绘制各种图形，并使用“移动”工具和“复制”命令调整图形的位置。

【案例知识要点】使用“矩形”工具、“直接选择”工具和“复制”命令制作闪光灯，使用“圆角矩形”工具、“变换”命令和“直线”工具绘制机身，使用“椭圆”工具、“自定形状”工具和“多边形”工具绘制镜头，效果如图 3-114 所示。

【效果所在位置】云盘 /Ch03/ 效果 / 绘制卡通图标 .psd。

图 3-114

（1）按 Ctrl+N 组合键，弹出“新建文档”对话框。设置“宽度”为“15”厘米，“高度”为“10”厘米、“分辨率”为“150”像素 / 英寸、“背景内容”为“白色”，单击“创建”按钮，新建一个文件。

（2）选择“矩形”工具 □，在属性栏的“选择工具模式”下拉列表中选择“形状”选项，将“填充”设为黑色，在图像窗口中按住鼠标左键不放，拖曳鼠标绘制矩形，效果如图 3-115 所示。在“图层”控制面板中会生成新的形状图层，将其重命名为“闪光灯 1”。

图 3-115

（3）选择“直接选择”工具，选择矩形左上角的锚点，在按住 Shift 键的同时，水平向右将其拖曳到适当的位置，效果如图 3-116 所示。用相同的方法调整矩形右上角的锚点，效果如图 3-117 所示。

（4）选择“路径选择”工具，选中图形。按 Ctrl+J 组合键，复制图层并将其重命名为“闪光灯 2”。按 Ctrl+T 组合键，图形周围出现变换框，在按住 Alt 键的同时，拖曳右上角的控制手柄等比例缩小图形，并调整其位置，按 Enter 键确定操作。在属性栏中将“填充”设为红色（238、60、40），填充图形，效果如图 3-118 所示。

（5）选择“圆角矩形”工具，在属性栏中将“半径”设为“30 像素”，在图像窗口中按住鼠标左键不放，拖曳鼠标绘制圆角矩形。在属性栏中将“填充”设为黑色，效果如图 3-119 所示。在“图层”控制面板中会生成新的形状图层，将其重命名为“机身 1”。

（6）按 Ctrl+J 组合键，复制图层并将其重命名为“机身 2”。按 Ctrl+T 组合键，图形周围出现变换框，在按住 Alt 键的同时，拖曳右上角的控制手柄等比例缩小图形，按 Enter 键确定操作。在属性栏中将“填充”设为白色，填充图形，效果如图 3-120 所示。

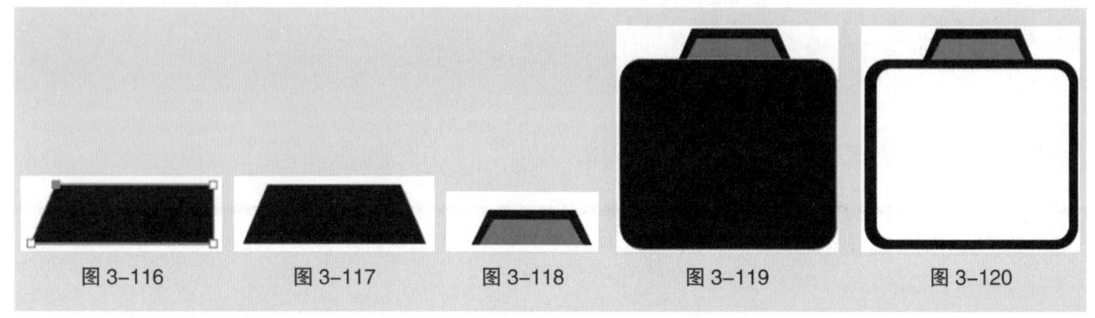

图 3-116　图 3-117　图 3-118　图 3-119　图 3-120

（7）选择“圆角矩形”工具，在图像窗口中按住鼠标左键不放，拖曳鼠标绘制圆角矩形，在属性栏中将“填充”设为黑色，效果如图 3-121 所示，在“图层”控制面板中会生成新的形状图层，将其重命名为“手柄 1”。

（8）按 Ctrl+J 组合键，复制图层并将其重命名为“手柄 2”。按 Ctrl+T 组合键，图形周围出现变换框，在按住 Alt 键的同时，拖曳右上角的控制手柄等比例缩小图形，按 Enter 键确定操作。在属性栏中将“填充”设为白色，填充图形，效果如图 3-122 所示。

（9）选择“圆角矩形”工具，在属性栏中将“半径”设为“20 像素”，在图像窗口中按住鼠标左键不放，拖曳鼠标绘制圆角矩形。在属性栏中将“填充”设为黑色，效果如图 3-123 所示。在“图层”控制面板中会生成新的形状图层，将其重命名为“按钮”。

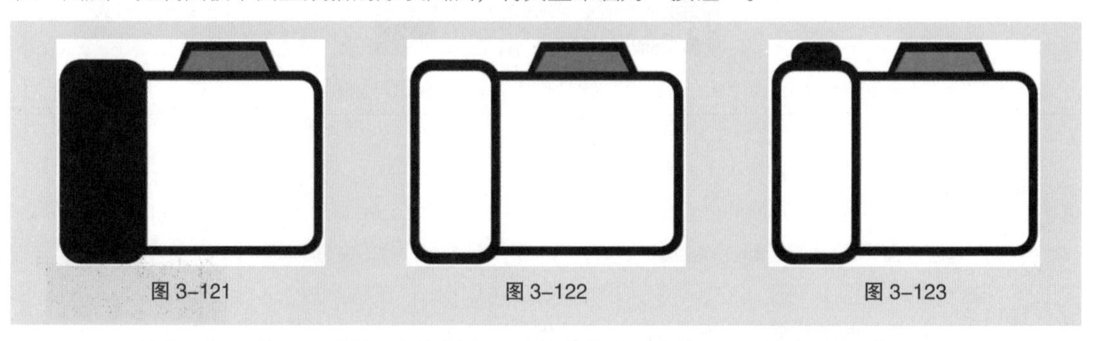

图 3-121　图 3-122　图 3-123

（10）选择“矩形”工具，在图像窗口中按住鼠标左键不放，拖曳鼠标绘制矩形。在属性栏中将“填充”设为黄色（254、253、0），填充图形，效果如图 3-124 所示。在“图层”控制面板中会生成新的形状图层，将其重命名为“色条 1”。

（11）按 Ctrl+J 组合键，复制图层并将其重命名为“色条 2”。按 Ctrl+T 组合键，图形周围出现变换框，在按住 Shift 键的同时，水平向右拖曳图形到适当的位置并调整其大小，按 Enter 键确定操作。在属性栏中将“填充”设为橘黄色（253、212、101），填充图形，效果如图 3-125 所示。

（12）选择“直线”工具，在属性栏中将“粗细”设为“12 像素”，在图像窗口中按住鼠标左键不放，拖曳鼠标绘制直线。在属性栏中将“填充”设为黑色，效果如图 3-126 所示。在“图层”控制面板中会生成新的形状图层，将其重命名为“黑色线”。使用相同的方法绘制其他直线，效果如图 3-127 所示。

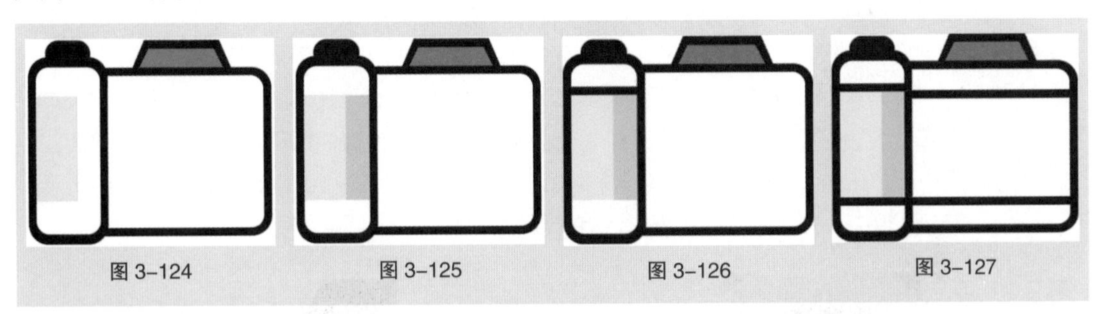

图 3-124　图 3-125　图 3-126　图 3-127

（13）选择“椭圆”工具，在按住 Shift 键的同时，在图像窗口中按住鼠标左键不放，拖曳鼠标绘制圆形。在属性栏中将“填充”设为黑色，效果如图 3-128 所示。在“图层”控制面板中会生成新的形状图层，将其重命名为“镜头 1”。

（14）按 Ctrl+J 组合键，复制图层并将其重命名为“镜头 2”。按 Ctrl+T 组合键，图形周围出现变换框，在按住 Alt 键的同时，拖曳右上角的控制手柄等比例缩小图形，按 Enter 键确定操作。在属性栏中将“填充”设为白色，填充图形，效果如图 3-129 所示。用相同的方法制作“镜头 3”和“镜头 4”图层，效果如图 3-130 所示。

图 3-128　图 3-129　图 3-130

（15）选择“椭圆”工具，在按住 Shift 键的同时，在图像窗口中按住鼠标左键不放，拖曳鼠标绘制圆形。在属性栏中将“填充”设为蓝色（61、222、240），效果如图 3-131 所示。在“图层”控制面板中会生成新的形状图层，将其重命名为“镜头 5”。

（16）选择“窗口 > 形状”命令，弹出“形状”控制面板，单击右上方的图标，弹出菜单，选择“旧版形状及其他”命令，添加“旧版形状及其他”形状包。选择“自定形状”工具，单击“形状”选项右侧的下拉按钮，弹出形状面板，选择“旧版形状及其他 > 所有旧版默认形状 > 形状”中需要的形状，如图 3-132 所示。在图像窗口中按住鼠标左键不放，拖曳鼠标绘制图形。在属性栏中将“填充”设为黄色（253、254、0），效果如图 3-133 所示。在“图层”控制面板中会生成新的形状图层，将其重命名为“镜头 6”。

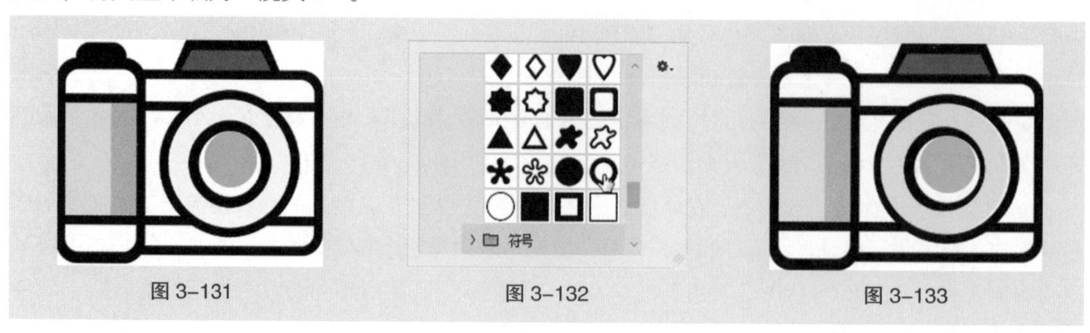

图 3-131　图 3-132　图 3-133

（17）选择“椭圆”工具，在按住 Shift 键的同时，在图像窗口中按住鼠标左键不放，拖曳鼠标绘制圆形。在属性栏中将“填充”设为深蓝色（48、162、241），效果如图 3-134 所示。在“图层”控制面板中会生成新的形状图层，将其重命名为“高光”。

（18）选择“多边形”工具，在按住 Shift 键的同时，在图像窗口中按住鼠标左键不放，拖曳鼠标绘制多边形。在属性栏中将“填充”设为深蓝色（48、162、241），效果如图 3-135 所示。在“图层”控制面板中会生成新的形状图层，将其重命名为“指示灯”。

图 3-134　图 3-135

（19）选择“文件 > 置入嵌入对象”命令，弹出“置入嵌入的对象”对话框。选择云盘中的“Ch03> 素材 > 绘制卡通图标 >01”文件，单击“置入”按钮，将图片置入图像窗口中。将其拖曳到适当的位置，按 Enter 键确定操作，效果如图 3-136 所示。在“图层”控制面板中会生成新的图层，将其重命名为“底图”。按 Shift+Ctrl+[组合键，将该图层置于底层，效果如图 3-137 所示。卡通图标绘制完成。

图 3-136　图 3-137

3.4.2 路径选择工具

“路径选择”工具用于选择一个或几个路径并对其进行移动、组合、对齐、分布和变形等操作。

选择“路径选择”工具，或反复按 Shift+A 组合键切换到“路径选择”工具，此时属性栏如图 3-138 所示。

图 3-138

3.4.3 直接选择工具

“直接选择”工具用于移动路径中的锚点或线段，还可以用于调整手柄和控制点。

路径的原始效果如图 3-139 所示。选择“直接选择”工具，拖曳路径中的锚点来改变路径的形状，如图 3-140 所示。

图 3-139　　图 3-140

3.4.4 矩形工具

选择“矩形”工具，或反复按 Shift+U 组合键切换到“矩形”工具，此时属性栏如图 3-141 所示。

图 3-141

形状：用于选择工具的模式，包括形状、路径和像素 3 种模式。填充、描边、1 像素：用于设置矩形的填充色、描边色、描边宽度和描边类型。W: 160 像素 H: 31 像素：用于设置矩形的宽度和高度。：用于设置路径的组合方式、对齐方式和排列方式。：用于设定所绘制矩形的形状等。对齐边缘：用于将矢量图形边缘与像素网格对齐。

图像原始效果如图 3-142 所示。在图像中绘制矩形，效果如图 3-143 所示，“图层”控制面板如图 3-144 所示。

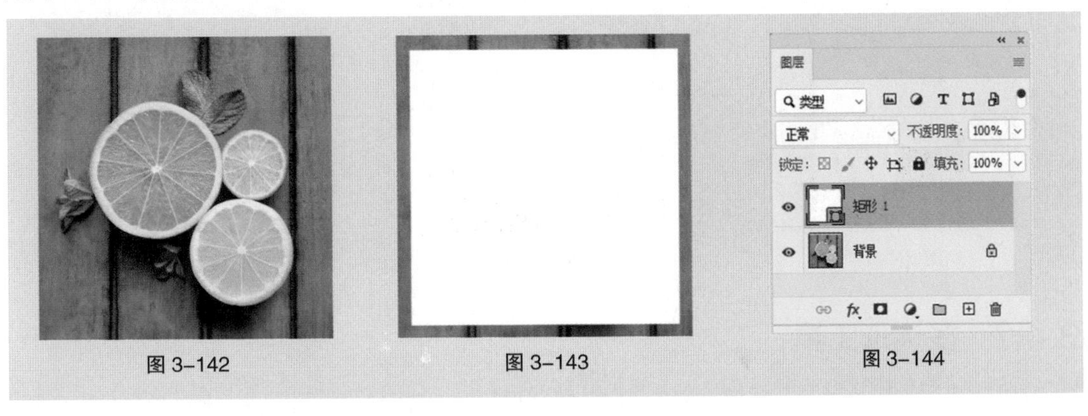

图 3-142　　图 3-143　　图 3-144

3.4.5 圆角矩形工具

选择“圆角矩形”工具▢，或反复按 Shift+U 组合键切换到“圆角矩形”工具，此时属性栏如图 3-145 所示。“圆角矩形”工具属性栏的内容与“矩形”工具属性栏的内容相似，只是增加了“半径”选项。该选项用于设定圆角矩形的圆角半径，数值越大，圆角半径越大。

图 3-145

图像原始效果如图 3-146 所示。将“半径”设为“40 像素”，在图像中绘制圆角矩形，效果如图 3-147 所示，“图层”控制面板如图 3-148 所示。

图 3-146　图 3-147　图 3-148

3.4.6 椭圆工具

选择“椭圆”工具◯，或反复按 Shift+U 组合键切换到“椭圆”工具，此时属性栏如图 3-149 所示。

图 3-149

图像原始效果如图 3-150 所示。在图像中绘制椭圆形，效果如图 3-151 所示，“图层”控制面板如图 3-152 所示。

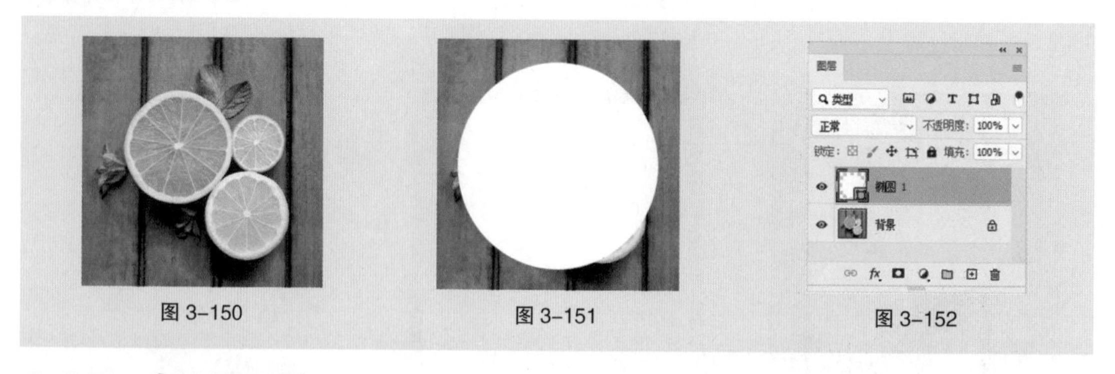

图 3-150　图 3-151　图 3-152

3.4.7 多边形工具

选择“多边形”工具⬡，或反复按 Shift+U 组合键切换到“多边形”工具，此时属性栏如图 3-153 所示。“多边形”工具属性栏的内容与“矩形”工具属性栏的内容相似，只是增加了“边”选项。

该选项用于设定多边形的边数。

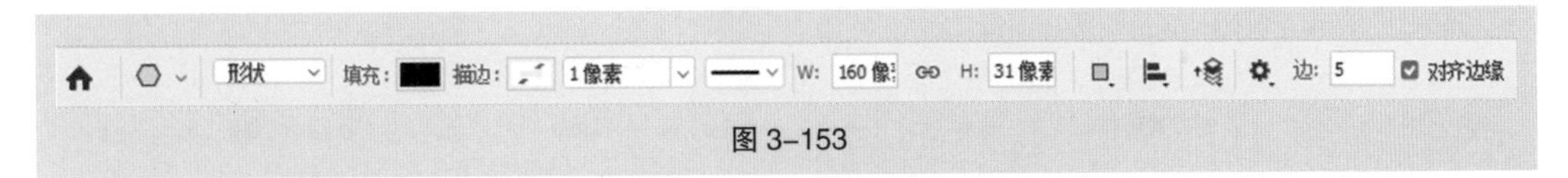

图 3-153

图像原始效果如图 3-154 所示。单击属性栏中的⚙按钮，在弹出的面板中进行设置，如图 3-155 所示。在图像中绘制多边形，效果如图 3-156 所示，“图层”控制面板如图 3-157 所示。

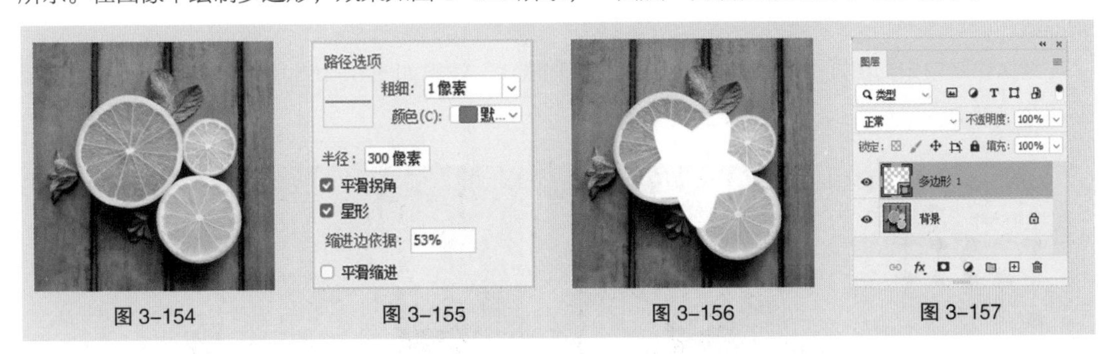

图 3-154　图 3-155　图 3-156　图 3-157

3.4.8　直线工具

选择“直线”工具 ⁄，或反复按 Shift+U 组合键切换到“直线”工具，此时属性栏如图 3-158 所示。“直线”工具属性栏的内容与“矩形”工具属性栏的内容相似，只是增加了“粗细”选项。该选项用于设定直线的宽度。

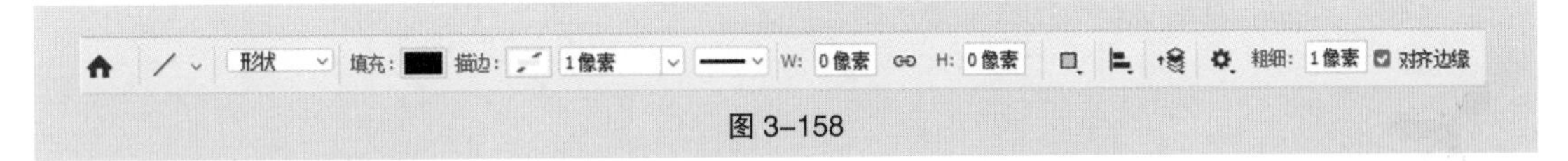

图 3-158

单击属性栏中的⚙按钮，弹出面板，如图 3-159 所示。起点：用于设置位于线段始端的箭头。终点：用于设置位于线段末端的箭头。宽度：用于设定箭头宽度和线段宽度的比值。长度：用于设定箭头长度和线段宽度的比值。凹度：用于设定箭头凹凸的程度。

图像原始效果如图 3-160 所示。在图像中绘制不同效果的直线，如图 3-161 所示，“图层”控制面板如图 3-162 所示。

图 3-159　图 3-160　图 3-161　图 3-162

3.4.9　自定形状工具

选择“自定形状”工具 ，或反复按 Shift+U 组合键切换到“自定形状”工具，此时属性栏如

图 3-163 所示。“自定形状”工具属性栏的内容与“矩形”工具属性栏的内容相似，只是增加了“形状”选项。该选项用于选择所需的形状。

图 3-163

单击“形状”选项右侧的下拉按钮，弹出图 3-164 所示的形状面板，该面板提供了多种不规则形状。

图像原始效果如图 3-165 所示。在图像中绘制形状，效果如图 3-166 所示，“图层”控制面板如图 3-167 所示。

图 3-164　图 3-165　图 3-166　图 3-167

选择“钢笔”工具，在图像窗口中绘制形状，效果如图 3-168 所示。选择“编辑 > 定义自定形状”命令，弹出“形状名称”对话框，在“名称”文本框中输入自定形状的名称，如图 3-169 所示。单击“确定”按钮，在形状面板中将会显示刚才定义的形状，如图 3-170 所示。

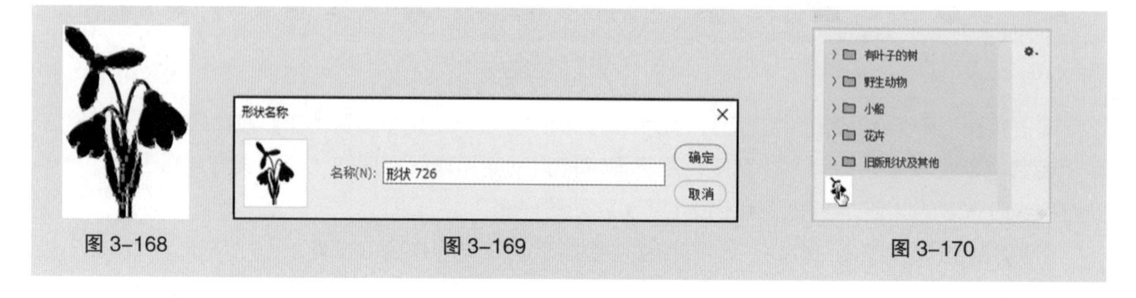

图 3-168　图 3-169　图 3-170

3.5　课堂练习——绘制蝴蝶插画

【练习知识要点】使用“魔棒”工具选取图像，使用“移动”工具移动选区中的图像，使用“水平翻转”命令翻转图像，效果如图 3-171 所示。

【效果所在位置】云盘 /Ch03/ 效果 / 绘制蝴蝶插画 .psd。

图 3-171

3.6 课后习题——制作果汁广告

【习题知识要点】使用“椭圆选区”工具和“羽化”选项制作投影效果，使用“魔棒”工具选取图像，使用“反选”命令反选选区，使用“移动”工具移动选区中的图像，效果如图3-172所示。

【效果所在位置】云盘 /Ch03/ 效果 / 制作果汁广告 .psd。

图 3-172

04

第4章 抠图

本章介绍

抠图是图像处理中的重要步骤，是对图像进行后期处理的准备工作。本章介绍使用工具和命令抠图的方法和技巧，通过对本章的学习，可以学会如何高效地抠取图像，达到事半功倍的效果。

学习目标

- 熟练掌握使用工具抠图的方法。
- 掌握使用命令抠图的技巧。

技能目标

- 掌握运用不同选择工具选取不同图像的方法。
- 能够运用不同命令抠图。

素质目标

- 培养创意表现和艺术表达能力。
- 培养自我学习的能力和习惯。

4.1 工具抠图

4.1.1 课堂案例——制作手机 Banner

【案例学习目标】学习使用不同的选择工具选取不同的图像，并使用“移动”工具移动图像。

【案例知识要点】使用“磁性套索”工具绘制选区，使用“魔棒”工具选取图像，使用“移动”工具移动选区中的图像，效果如图 4-1 所示。

【效果所在位置】云盘 /Ch04/ 效果 / 制作手机 Banner.psd。

图 4-1

（1）按 Ctrl+O 组合键，打开云盘中的“Ch04> 素材 > 制作手机 Banner>01、02”文件，如图 4-2 所示。选择“快速选择”工具，在“02”图像窗口中的手机区域按住鼠标左键不放并拖曳鼠标，图像周围生成选区，如图 4-3 所示。

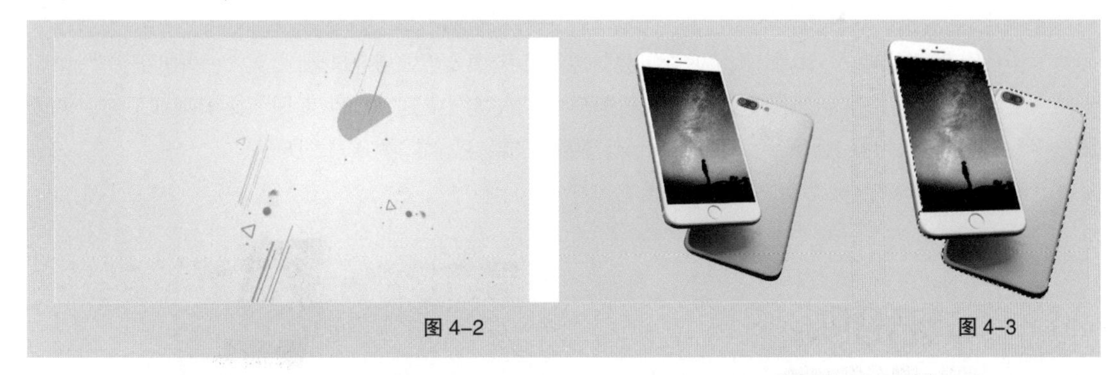

图 4-2　　图 4-3

（2）在属性栏中单击“添加到选区”按钮，在未选中的手机区域按住鼠标左键不放并拖曳鼠标，将其添加到选区，效果如图 4-4 所示。单击“从选区减去”按钮，在多选的区域按住鼠标左键不放并拖曳鼠标，将其从选区中减去，效果如图 4-5 所示。

（3）选择“移动”工具，将选区中的图像拖曳到“01”图像窗口中的适当位置，并调整其大小，效果如图 4-6 所示。在“图层”控制面板中会生成新的图层，将其重命名为“手机”。

（4）将前景色设为深灰色（89、87、87）。选择“横排文字”工具，在适当的位置输入需要的文字并选中文字，在属性栏中选择合适的字体并设置大小，效果如图 4-7 所示。在“图层”控制面板中会生成新的文字图层。选中文字“立即查看”，填充文字为白色，效果如图 4-8 所示。

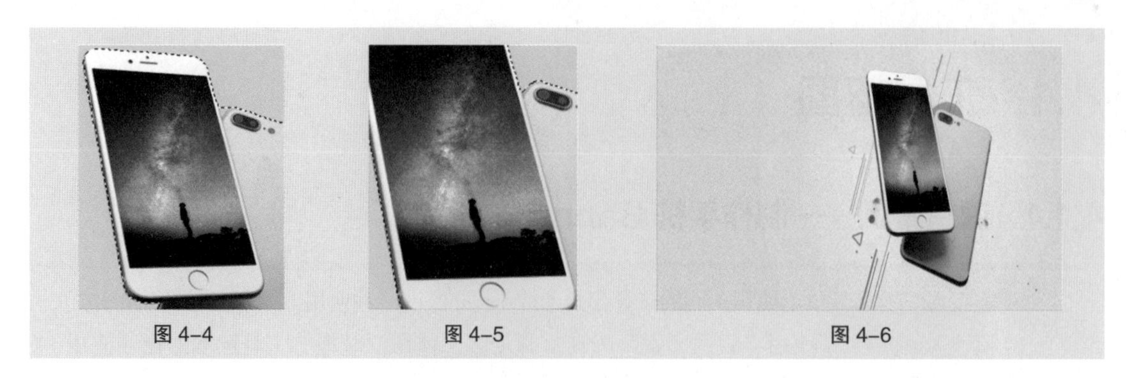

图 4-4　　图 4-5　　图 4-6

（5）选择“矩形”工具▭，在属性栏的“选择工具模式”下拉列表中选择“形状”选项，将“填充”设为“无”，将“描边”设为深灰色（89、87、87），将“描边宽度”设为“1 点”。在图像窗口中按住鼠标左键不放，拖曳鼠标绘制矩形，效果如图 4-9 所示。在“图层”控制面板中会生成新的形状图层“矩形 1”。

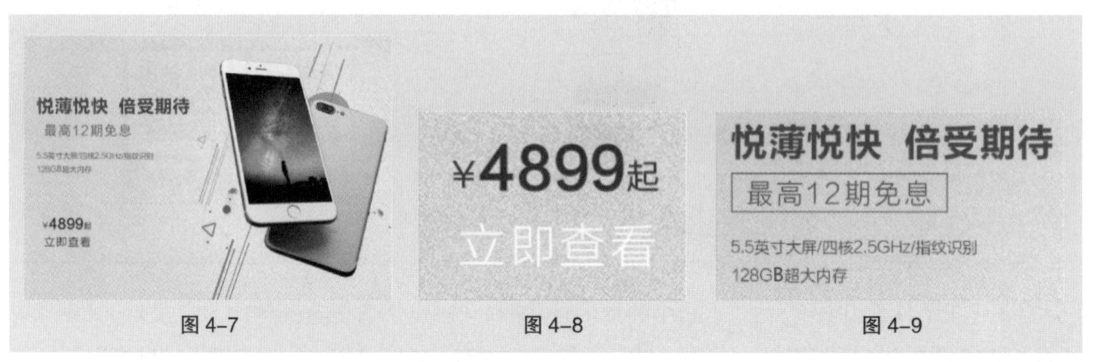

图 4-7　　图 4-8　　图 4-9

（6）选择“圆角矩形”工具▢，在属性栏中将“半径”设为“10 像素”，在图像窗口中按住鼠标左键不放，拖曳鼠标绘制圆角矩形。在属性栏中将“填充”设为红色（255、0、0），将“描边”设为“无”，效果如图 4-10 所示。在“图层”控制面板中会生成新的形状图层“圆角矩形 1”。

（7）在“图层”控制面板中，将“圆角矩形 1”图层拖曳到“立即查看”文字图层下方，调整图层顺序，效果如图 4-10 所示。手机 Banner 制作完成，效果如图 4-11 所示。

图 4-10　　图 4-11

4.1.2 快速选择工具

利用“快速选择”工具，可以使用调整好的圆形画笔笔尖快速绘制选区。

选择“快速选择”工具，此时属性栏如图 4-12 所示。

：选区选择方式的按钮。单击“画笔”按钮，弹出画笔面板，如图 4–13 所示。在画笔画板中，可以设置画笔的大小、硬度、间距、角度和圆度等。自动增强：用于调整选区边缘的粗糙度。

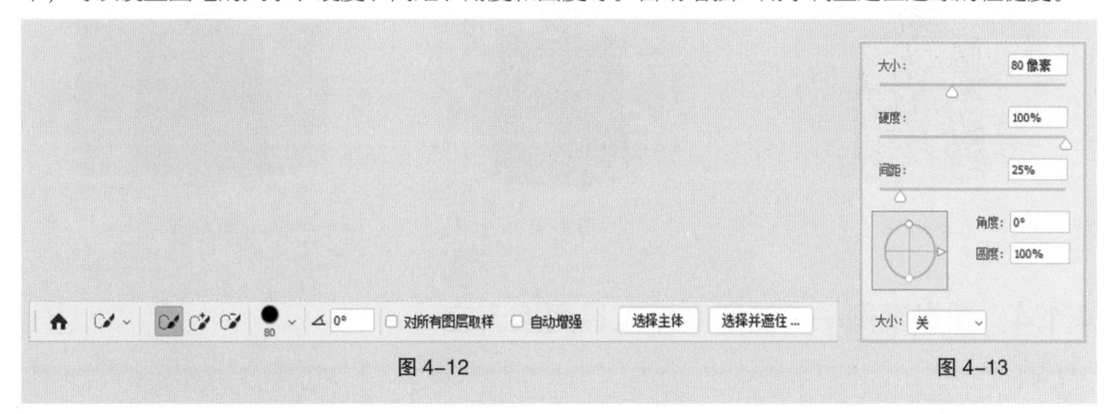

图 4–12　图 4–13

4.1.3 对象选择工具

“对象选择”工具用来在选定的区域内查找并自动选择一个对象。

选择“对象选择”工具，此时属性栏如图 4–14 所示。

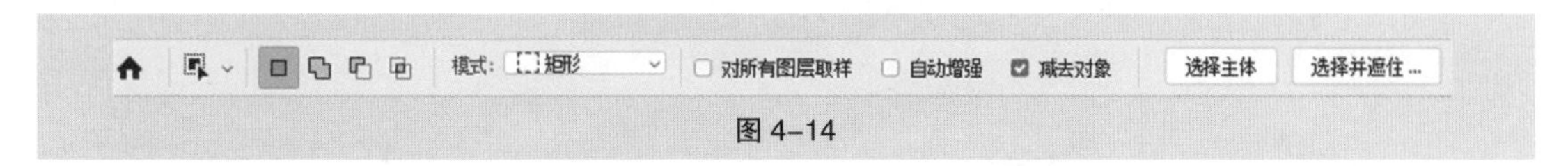

图 4–14

模式：用于选择“矩形”或“套索”选取模式。减去对象：用于在选定的区域内查找并自动减去对象。

打开一张图像，如图 4–15 所示。在主体图像周围绘制选区，如图 4–16 所示。主体图像周围生成选区，如图 4–17 所示。

图 4–15　图 4–16　图 4–17

单击属性栏中的“从选区减去”按钮，保持“减去对象”复选框的勾选状态，在图像中绘制选区，如图 4–18 所示。减去的选区如图 4–19 所示。取消“减去对象”复选框的勾选状态，在图像中绘制选区，减去的选区如图 4–20 所示。

> **提示：**“对象选择”工具不适合用来选取那些边界不清的图像或带有毛发的复杂图像。

图 4–18

图 4–19

图 4–20

4.1.4 课堂案例——使用魔棒工具更换天空

【案例学习目标】学习使用“魔棒”工具选取颜色相同或相近的区域。

【案例知识要点】使用“魔棒”工具更换背景，使用“亮度 / 对比度”命令调整图片亮度，使用横排文字工具添加文字，效果如图 4–21 所示。

【效果所在位置】云盘 /Ch04/ 效果 / 使用魔棒工具更换天空 .psd。

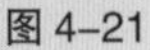
图 4–21

（1）按 Ctrl+O 组合键，打开云盘中的“Ch04> 素材 > 使用魔棒工具更换天空 >01、02”文件，如图 4–22 和图 4–23 所示。

图 4–22

图 4–23

（2）双击“01”图像的“背景”图层，在弹出的对话框中进行设置，如图 4–24 所示。单击“确定”按钮，将“背景”图层转换为普通图层。

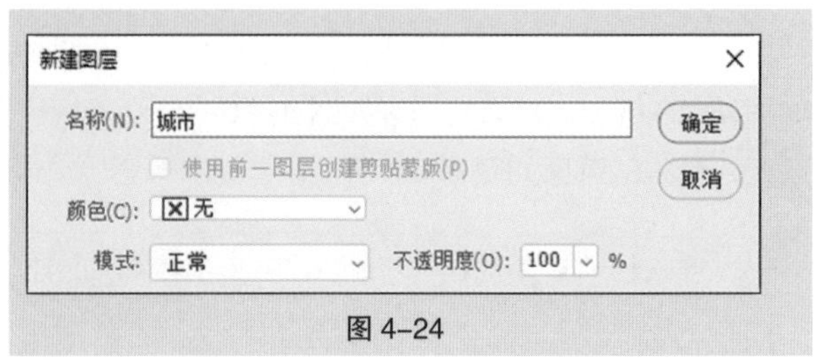

图 4–24

（3）选择“魔棒”工具，在属性栏中将“容差”设为“60”，在图像窗口中的天空区域单击，天空区域生成选区，如图 4-25 所示。按 Delete 键，将所选区域删除，效果如图 4-26 所示。

图 4-25　　图 4-26

（4）选择“移动”工具，将“02”图像拖曳到“01”图像窗口中。在“图层”控制面板中会生成新的图层，将其重命名为“天空”。将“天空”图层拖曳到“城市”图层的下方，如图 4-27 所示。效果如图 4-28 所示。

图 4-27　　图 4-28

（5）选中“城市”图层。选择“图像 > 调整 > 亮度 / 对比度”命令，在弹出的对话框中进行设置，如图 4-29 所示。单击“确定”按钮，效果如图 4-30 所示。

图 4-29　　图 4-30

（6）选择“横排文字”工具，在适当的位置输入需要的文字并选中文字，在属性栏中选择合适的字体并设置大小，将文本颜色设置为白色，效果如图 4-31 所示。在“图层”控制面板中会生成新的文字图层。

（7）新建图层并将其命名为“圆”。将前景色设为白色。选择“椭圆选框”工具，按住 Shift 键，在图像窗口中绘制一个圆形选区，如图 4-32 所示。按 Alt+Delete 组合键，用前景色填充选区。按

Ctrl+D 组合键，取消选区，效果如图 4-33 所示。用相同的方法绘制其他圆形，效果如图 4-34 所示。

图 4-31　图 4-32　图 4-33　图 4-34

（8）选择“移动”工具，选中 3 个圆形，在按住 Alt+Shift 组合键的同时，水平向左将它们拖曳到适当的位置，复制 3 个圆形。按 Ctrl+T 组合键，3 个圆形周围出现变换框，在变换框中单击鼠标右键，在弹出的菜单中选择“旋转 180 度”命令，将 3 个圆形逆时针旋转 180°，按 Enter 键确定操作，效果如图 4-35 所示。使用“魔棒工具”更换天空完成，效果如图 4-36 所示。

图 4-35　图 4-36

4.1.5　魔棒工具

“魔棒”工具可以用来选取图像中的某一点，并将与这一点颜色相同或相近的点加入选区中。

选择“魔棒”工具，或反复按 Shift+W 组合键切换到“魔棒”工具，此时属性栏如图 4-37 所示。

图 4-37

取样大小：用于设置取样范围的大小。容差：用于控制取样色彩的范围，数值越大，容许的色采范围越大。连续：用于对连续的像素取样。对所有图层取样：用于将所有可见图层中容许范围内的色彩加入选区。选择主体：用于在图像中最突出的对象处创建选区。

选择“魔棒”工具，在图像中单击需要选择的颜色区域，生成选区，如图 4-38 所示。调整属性栏中“容差”的值，再次单击需要选择的区域，生成不同的选区，效果如图 4-39 所示。

图 4-38　图 4-39

4.1.6 课堂案例——使用钢笔工具抠出包包

【案例学习目标】学习使用不同的绘制工具绘制并调整路径。

【案例知识要点】使用“钢笔”工具、“添加锚点”工具和“转换点”工具绘制路径，使用转换选区和路径的命令进行转换，使用文字工具添加文字，效果如图 4-40 所示。

【效果所在位置】云盘 /Ch04/ 效果 / 使用钢笔工具抠出包包 .psd。

图 4-40

（1）按 Ctrl+N 组合键，弹出“新建文档”对话框。设置“宽度”为“600”像素、“高度”为“375”像素、“分辨率”为“72”像素 / 英寸、“背景内容”为“白色”，单击“创建”按钮，新建一个文件。新建图层并将其命名为“底色”。将前景色设为蓝色（232、239、248）。按 Alt+Delete 组合键，用前景色填充“底色”图层。

（2）按 Ctrl+O 组合键，打开云盘中的“Ch04> 素材 > 使用钢笔工具抠出包包 >01”文件，如图 4-41 所示。选择“钢笔”工具，在属性栏的“选择工具模式”下拉列表中选择“路径”选项，在图像窗口中沿着包包轮廓绘制路径，如图 4-42 所示。

图 4-41

图 4-42

（3）按住 Ctrl 键，“钢笔”工具转换为“直接选择”工具，如图 4-43 所示。拖曳路径中的锚点调整路径，如图 4-44 所示。

图 4-43

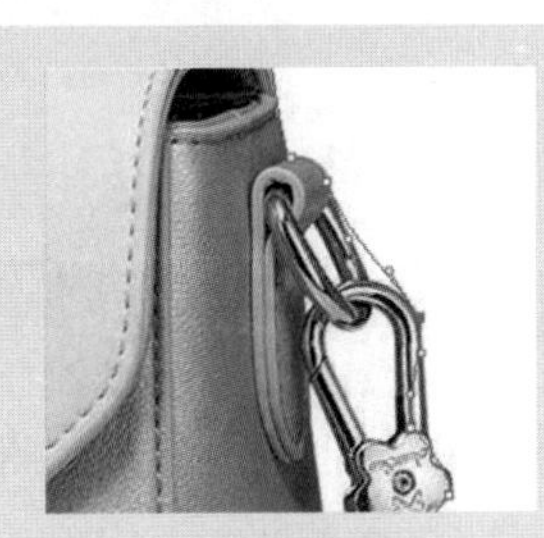

图 4-44

（4）将鼠标指针移动到路径上，“钢笔”工具 转换为“添加锚点”工具 ，如图 4–45 所示。在路径上单击添加锚点，如图 4–46 所示。按住 Ctrl 键，“钢笔”工具 转换为“直接选择”工具 ，拖曳路径中的锚点调整路径，如图 4–47 所示。

图 4–45　图 4–46　图 4–47

（5）用相同的方法继续调整路径，效果如图 4–48 所示。单击属性栏中的“路径操作”按钮 ，在弹出的菜单中选择“排除重叠形状”命令。在适当的位置绘制多条路径，如图 4–49 所示。按 Ctrl+Enter 组合键，将路径转换为选区，如图 4–50 所示。

图 4–48　图 4–49　图 4–50

（6）选择“移动”工具 ，将选区中的图像拖曳到新建的图像窗口中，如图 4–51 所示。在“图层”控制面板中会生成新的图层，将其重命名为“包包”。按 Ctrl+T 组合键，图像周围出现变换框，调整图像的大小和位置，按 Enter 键确定操作，效果如图 4–52 所示。

图 4–51　图 4–52

（7）新建图层并将其命名为“投影”。选择“椭圆选框”工具 ，在属性栏中将“羽化”设为“10 像素”，在图像窗口中按住鼠标左键不放，拖曳鼠标绘制椭圆选区。填充选区为黑色，按 Ctrl+D 组合键，取消选区，效果如图 4–53 所示。在“图层”控制面板中将“投影”图层拖曳到“包包”图层的下方，调整图层顺序，效果如图 4–54 所示。

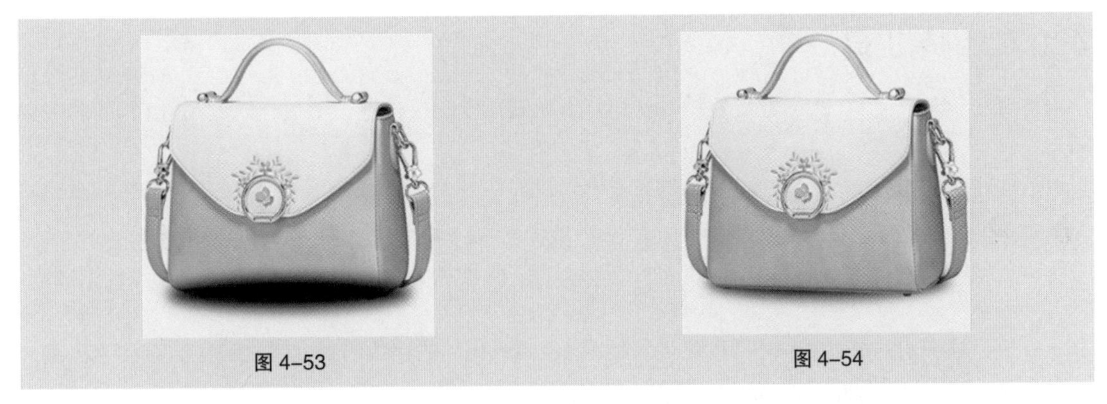
图 4-53　　图 4-54

（8）选择“横排文字”工具 T.，在适当的位置输入需要的文字并选中文字，在属性栏中选择合适的字体并设置大小，将文本颜色设置为粉红色（253、115、138），效果如图 4-55 所示。用相同的方法输入其他文字，并进行设置，效果如图 4-56 所示。在“图层”控制面板中会分别生成新的文字图层。

图 4-55　　图 4-56

（9）选择“椭圆”工具 ○.，在属性栏的“选择工具模式”下拉列表中选择“形状”选项，将“填充”设为黑色。在按住 Shift 键的同时，在图像窗口中按住鼠标左键不放，拖曳鼠标绘制圆形，效果如图 4-57 所示。在“图层”控制面板中会生成新的形状图层“椭圆 1”。

（10）选择“圆角矩形”工具 ▢.，在属性栏中将“半径”设为“16 像素”，在图像窗口中按住鼠标左键不放，拖曳鼠标绘制圆角矩形。在属性栏中将“填充”设为粉红色（253、115、138）。在“图层”控制面板中会生成新的形状图层“圆角矩形 1”。将该图层拖曳到“特价包邮”文字图层下方，效果如图 4-58 所示。使用“钢笔”工具抠出包包完成。

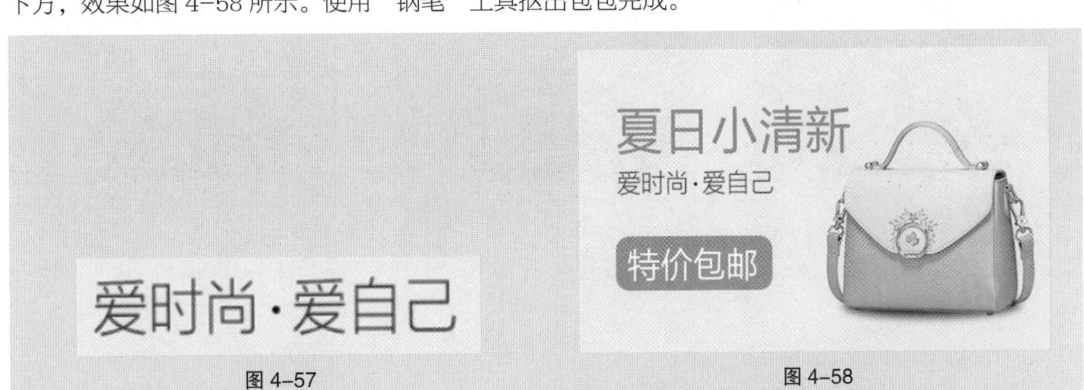

图 4-57　　图 4-58

4.1.7 钢笔工具

选择“钢笔”工具，或反复按Shift+P组合键切换到“铅笔”工具，此时属性栏如图4-59所示。

图4-59

在按创建锚点时住Shift键，系统将强制以45° 或45° 的整数倍角度绘制路径。按住Alt键，当鼠标指针移到锚点上时， “钢笔”工具将转换为“转换点”工具。按住Ctrl键， “钢笔”工具将转换成“直接选择”工具。

选择“钢笔”工具，在图像中任意位置单击，创建第1个锚点，将鼠标指针移动到其他位置单击，创建第2个锚点，两个锚点自动以直线段进行连接，如图4-60所示。再将鼠标指针移动到其他位置并单击，创建第3个锚点，系统将在第2个和第3个锚点之间生成一条新的直线段，如图4-61所示。将鼠标指针移至第2个锚点上，鼠标指针变成“删除锚点”工具的形状，如图4-62所示。单击即可将第2个锚点删除，如图4-63所示。

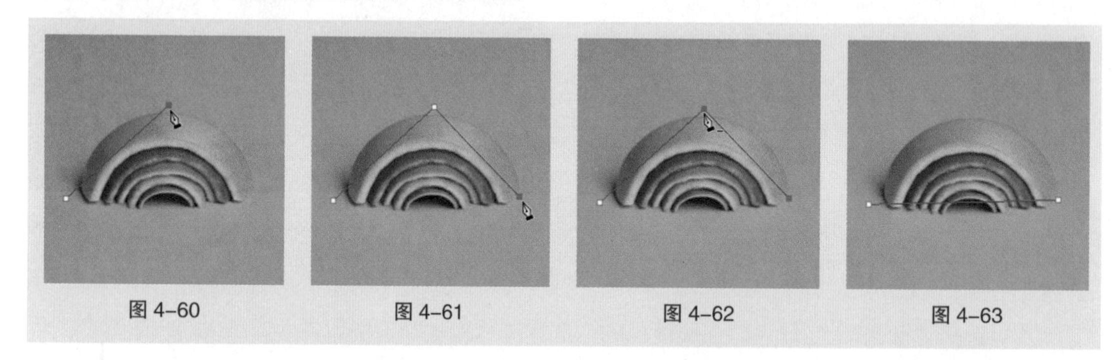

图4-60　图4-61　图4-62　图4-63

选择“钢笔”工具，单击创建新的锚点并按住鼠标左键不放拖曳鼠标，创建曲线段和曲线锚点，如图4-64所示。释放鼠标，在按住Alt键的同时，单击刚创建的曲线锚点，如图4-65所示，将其转换为直线锚点。在其他位置再次单击创建下一个新的锚点，可在曲线段后绘制出直线段，如图4-66所示。

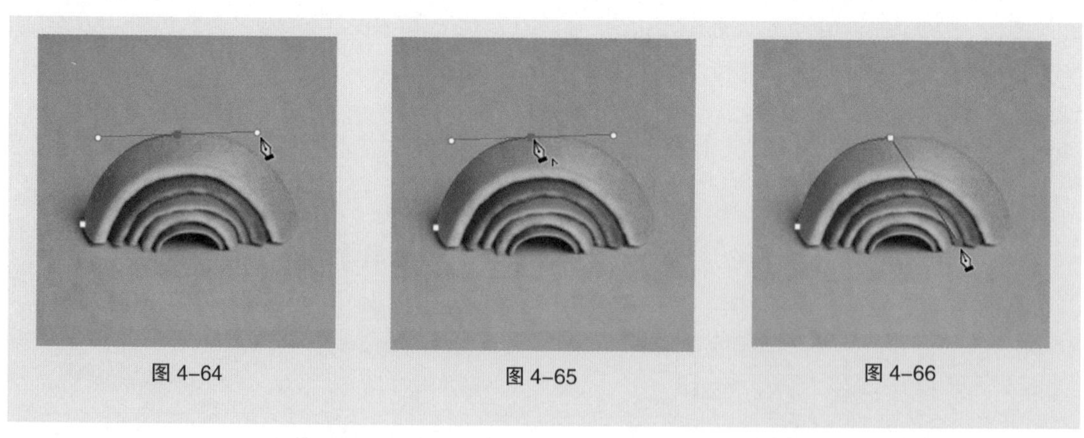

图4-64　图4-65　图4-66

4.2 命令抠图

4.2.1 课堂案例——制作装饰画

【案例学习目标】学习使用“色彩范围”命令制作装饰画。

【案例知识要点】使用“图层样式”对话框制作图案底图，使用矩形工具和剪贴蒙版制作装饰画，使用“色彩范围”命令抠出自行车剪影，效果如图 4–67 所示。

【效果所在位置】云盘 /Ch04/ 效果 / 制作装饰画 .psd。

图 4–67

（1）按 Ctrl+N 组合键，弹出“新建文档”对话框。设置“宽度”为“15”厘米、“高度”为“15”厘米、“分辨率”为“150”像素 / 英寸、“背景内容”为“白色”，单击“创建”按钮，新建一个文件。

（2）双击“背景”图层，在弹出的对话框中进行设置，如图 4–68 所示。单击“确定”按钮，将“背景”图层转换为普通图层，如图 4–69 所示。

图 4–68

图 4–69

（3）单击“图层”控制面板下方的“添加图层样式”按钮 fx.，在弹出的菜单中选择“图案叠加”命令，弹出“图层样式”对话框。单击“图案”选项右侧的下拉按钮，弹出图案下拉列表，在下拉列表中选择需要的图案，如图 4–70 所示。其他设置如图 4–71 所示。单击“确定”按钮，效果如图 4–72 所示。

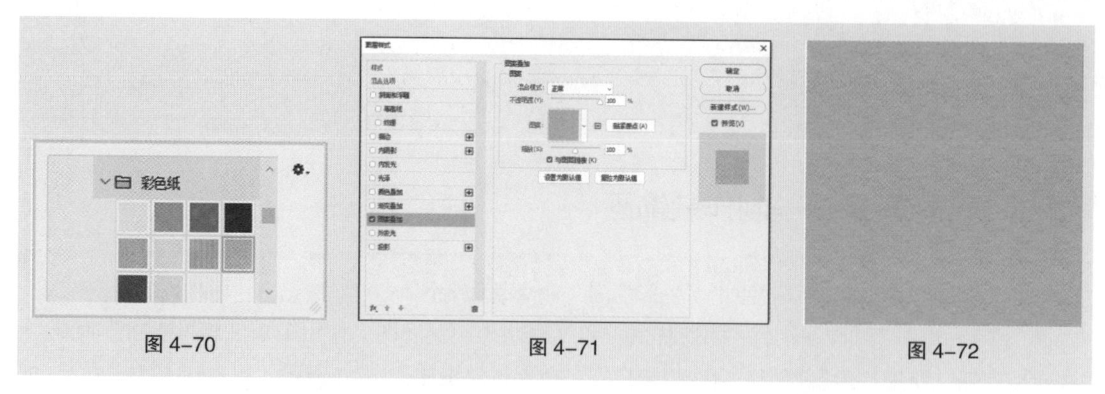
图 4-70　　图 4-71　　图 4-72

（4）选择“文件 > 置入嵌入对象”命令，弹出“置入嵌入的对象”对话框。选择云盘中的“Ch04> 素材 > 制作装饰画 >01”文件，单击“置入”按钮，将图片置入图像窗口中。将其拖曳到适当的位置，按 Enter 键确定操作，效果如图 4-73 所示。在“图层”控制面板中会生成新的图层，将其重命名为“相框”。

（5）单击“图层”控制面板下方的“添加图层样式”按钮 fx.，在弹出的菜单中选择“投影”命令，在弹出的对话框中进行设置，如图 4-74 所示。单击“确定”按钮，效果如图 4-75 所示。

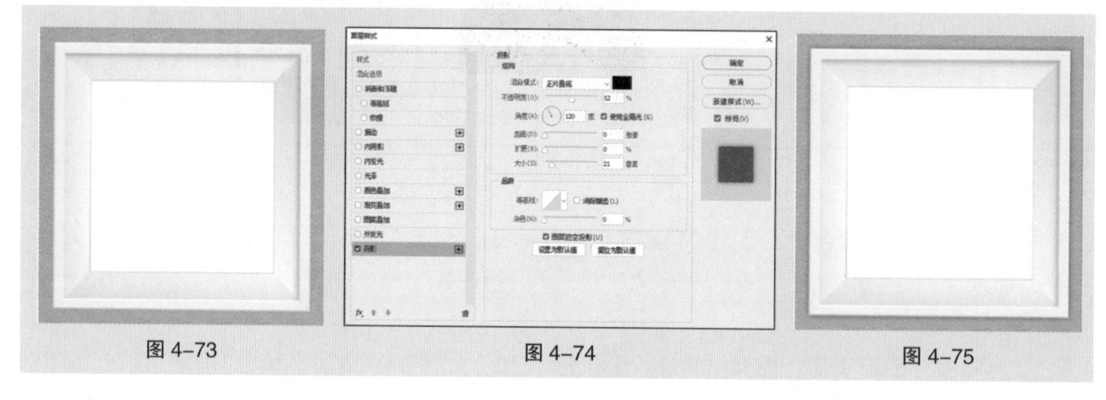
图 4-73　　图 4-74　　图 4-75

（6）选择“矩形”工具 ，在属性栏的“选择工具模式”下拉列表中选择“形状”选项，将“填充”设为黑色，在图像窗口中绘制矩形，效果如图 4-76 所示。在“图层”控制面板中会生成新的形状图层，将其重命名为“矩形 1”。

（7）选择“文件 > 置入嵌入对象”命令，弹出“置入嵌入的对象”对话框。选择云盘中的“Ch04> 素材 > 制作装饰画 >02”文件，单击“置入”按钮，将图片置入图像窗口中。将其拖曳到适当的位置，按 Enter 键确定操作，效果如图 4-77 所示。在“图层”控制面板中会生成新的图层，将其重命名为“底图”。

图 4-76　　图 4-77

（8）在“图层”控制面板中，在按住 Alt 键的同时，将鼠标指针放在“底图”图层与“矩形 1”图层的中间，如图 4-78 所示。单击，为“底层”图层创建剪贴蒙版，效果如图 4-79 所示。

图 4-78

图 4-79

（9）按 Ctrl+O 组合键，打开云盘中的“Ch04> 素材 > 制作装饰画 >03”文件，如图 4-80 所示。选择“选择 > 色彩范围”命令，弹出“色彩范围”对话框，在预览窗口中的适当位置单击以吸取颜色，其他设置如图 4-81 所示。单击“确定”按钮，生成选区，效果如图 4-82 所示。

图 4-80

图 4-81

图 4-82

（10）选择“移动”工具 ，将选区中的图像拖曳到新建的图像窗口中，效果如图 4-83 所示。在“图层”控制面板中会生成新的图层，将其重命名为“自行车剪影”。

（11）在“图层”控制面板中，在按住 Alt 键的同时，将鼠标指针放在“自行车剪影”图层与“底图”图层的中间，如图 4-84 所示。单击，为“自行车剪影”图层创建剪贴蒙版，效果如图 4-85 所示。装饰画制作完成。

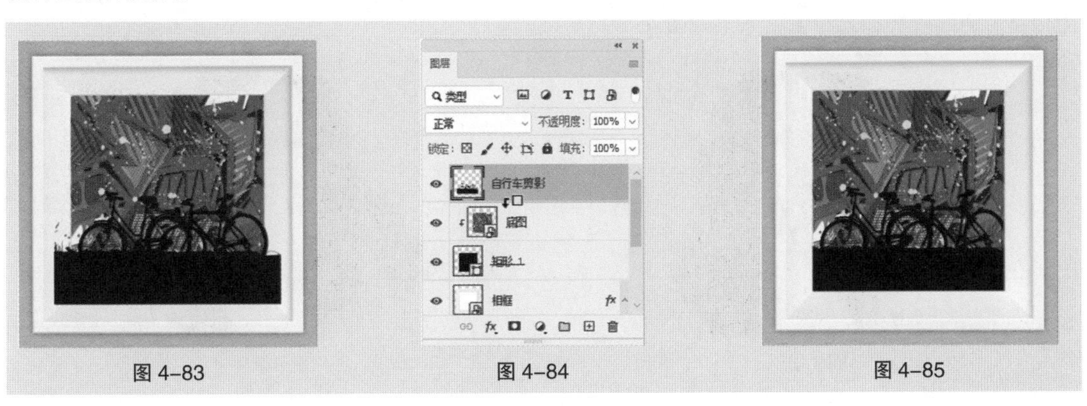

图 4-83

图 4-84

图 4-85

4.2.2 色彩范围命令

选择“选择 > 色彩范围”命令，弹出“色彩范围”对话框，如图 4–86 所示。可以根据选区内或整个图像中的颜色差异更加精确地创建不规则选区。

选择：可以选择选区的取样方式。检测人脸：勾选此复选框，可以更准确地选择肤色对应的区域。本地化颜色簇：勾选此复选框，将显示最大取样范围。颜色容差：可以调整选定颜色的取样范围。选区预览：可以选择图像窗口中选区的预览方式。

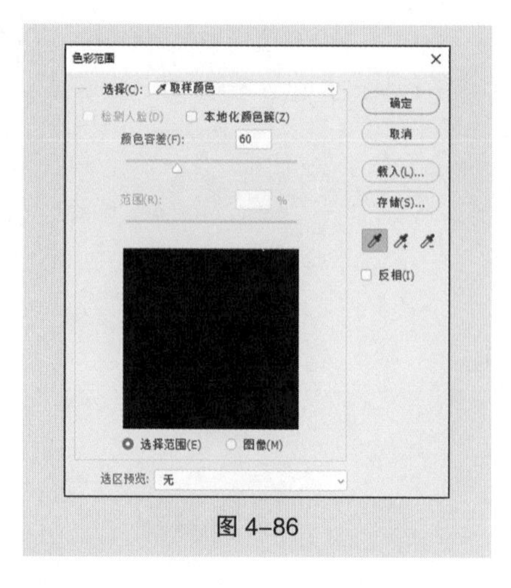

图 4–86

4.2.3 课堂案例——使用选择并遮住命令抠出头发

【案例学习目标】学习使用“选择并遮住”命令抠图。

【案例知识要点】使用“钢笔”工具绘制人物图像选区，使用“选择并遮住”命令修饰选区边缘，使用“移动”工具移动图片位置，效果如图 4–87 所示。

【效果所在位置】云盘 /Ch04/ 效果 / 使用选择并遮住命令抠出头发 .psd。

图 4–87

（1）按 Ctrl+O 组合键，打开云盘中的“Ch04> 素材 > 使用选择并遮住命令抠出头发 >01”文件，如图 4–88 所示。选择“钢笔”工具，抠出人物图像，将头发大致抠出即可。按 Ctrl+Enter 组合键，将路径转换为选区，效果如图 4–89 所示。

图 4–88

图 4–89

（2）选择“选择 > 选择并遮住”命令，弹出“属性”控制面板。单击“视图”选项右侧的下拉按钮，在弹出的下拉列表中选择“叠加”选项，如图 4-90 所示。图像窗口中显示“叠加”视图模式，如图 4-91 所示。选择“调整边缘画笔”工具，在属性栏中将“大小”设为“350 像素”，在人物图像中涂抹头发边缘，将头发与背景分离，效果如图 4-92 所示。

图 4-90　　图 4-91　　图 4-92

（3）“属性”控制面板中的其他设置如图 4-93 所示。单击“确定”按钮，在“图层”控制面板中会生成蒙版图层，如图 4-94 所示。效果如图 4-95 所示。

图 4-93　　图 4-94　　图 4-95

（4）按 Ctrl+O 组合键，打开云盘中的“Ch04> 素材 > 使用选择并遮住命令抠出头发 >02”文件。选择“移动”工具 ，将“02”图像拖曳到“01”图像窗口中，生成新的图层，将其重命名为“底图”。将“底层”图层拖曳到“背景 拷贝”图层的下方，效果如图 4–96 所示。用相同的方法打开“03”文件，将其拖曳到“01”图像窗口中适当的位置，并将生成的新图层重命名为“装饰”，效果如图 4–97 所示。使用“选择并遮住”命令抠出头发完成。

图 4–96　　图 4–97

4.2.4　选择并遮住命令

在图像中绘制选区，如图 4–98 所示。选择“选择 > 选择并遮住”命令，弹出“属性”控制面板，如图 4–99 所示。

视图：用于选择选区图像的显示方式。显示边缘：用于设置是否在发生边缘调整的位置显示选区边框。显示原稿：用于设置是否显示原始选区。智能半径：用于设置是否使半径自动适应图像边缘。半径：设置调整区域的大小。平滑：用于设置是否使选区边缘变平滑。羽化：用于设置是否柔化选区边缘。对比度：用于设置是否增加选区边缘的对比度。移动边缘：用于设置是否收缩或扩展选区。净化颜色 / 数量：用于设置从图像中移去的彩色边数量。输出到：用于设置是否选择选区的输出方式。记住设置：用于设置是否存储当前的设置。

在“属性”控制面板中进行图 4–100 所示的设置，单击“确定”按钮，图像效果如图 4–101 所示。

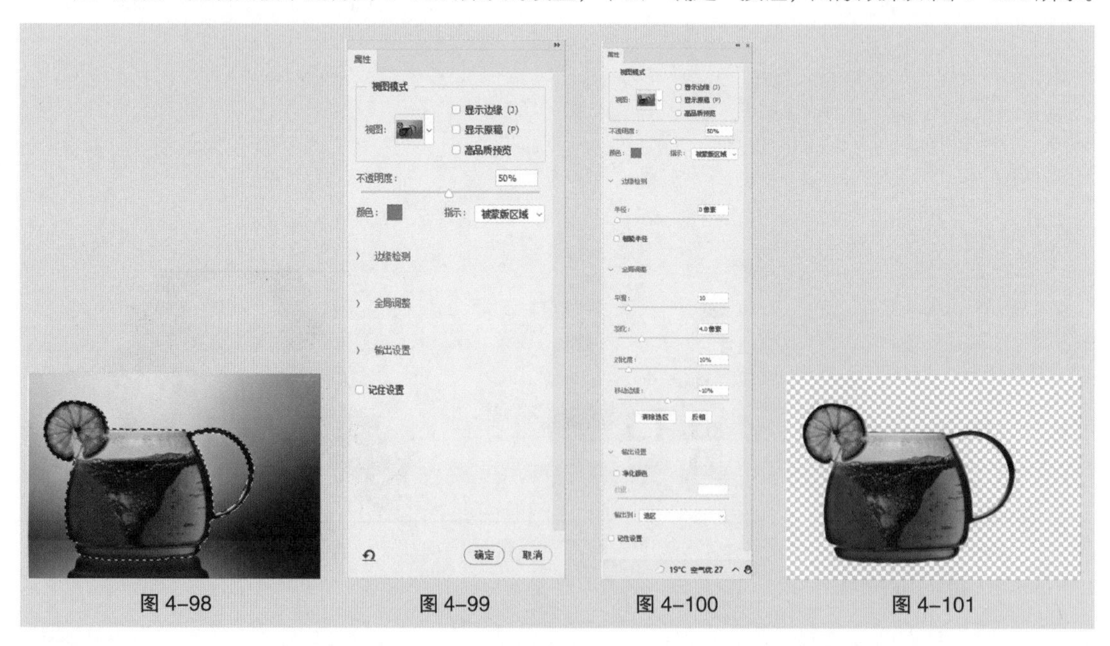

图 4–98　　图 4–99　　图 4–100　　图 4–101

4.2.5 课堂案例——使用通道控制面板抠出婚纱

【案例学习目标】学习使用“通道”控制面板抠图。

【案例知识要点】使用“钢笔”工具绘制选区，使用“通道”控制面板抠出婚纱，使用“色阶”命令调整图片，使用“横排文字”工具添加文字，使用“移动”工具调整图像位置，效果如图 4-102 所示。

【效果所在位置】云盘 /Ch04/ 效果 / 使用通道控制面板抠出婚纱 .psd。

扫码观看
本案例视频

扫码观看
扩展案例

图 4-102

（1）按 Ctrl+O 组合键，打开云盘中的“Ch04> 素材 > 使用通道控制面板抠出婚纱 >01”文件，如图 4-103 所示。

（2）选择“钢笔”工具，在属性栏的“选择工具模式”下拉列表中选择“路径”选项。沿着人物的轮廓绘制路径，绘制时要避开半透明的婚纱，如图 4-104 所示。

图 4-103

图 4-104

（3）按 Ctrl+Enter 组合键，将路径转换为选区，效果如图 4-105 所示。单击“通道”控制面板下方的“将选区存储为通道”按钮，将选区存储为通道，如图 4-106 所示。

（4）将“红”通道拖曳到“通道”控制面板下方的“创建新通道”按钮上，复制“红”

图 4-105

图 4-106

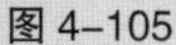

通道，如图 4-107 所示。选择“钢笔”工具，在图像窗口中沿着婚纱边缘绘制路径，如图 4-108 所示。按 Ctrl+Enter 组合键，将路径转换为选区，效果如图 4-109 所示。

图 4-107　图 4-108　图 4-109

（5）按 Shift+Ctrl+I 组合键，反选选区，如图 4-110 所示。将前景色设为黑色。按 Alt+Delete 组合键，用前景色填充选区。按 Ctrl+D 组合键，取消选区，效果如图 4-111 所示。选择“图像 > 计算”命令，在弹出的对话框中进行设置，如图 4-112 所示。单击“确定”按钮，得到新的通道图像，效果如图 4-113 所示。

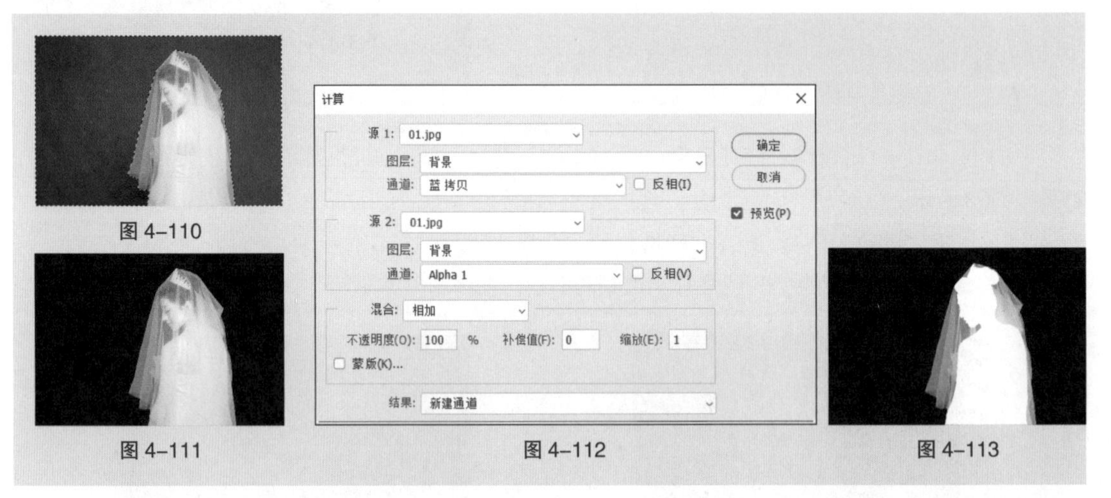

图 4-110　图 4-111　图 4-112　图 4-113

（6）选择“图像 > 调整 > 色阶”命令，在弹出的对话框中进行设置，如图 4-114 所示。单击“确定”按钮，调整图像，效果如图 4-115 所示。在按住 Ctrl 键的同时，单击“Alpha2”通道的缩览图，如图 4-116 所示。载入婚纱和人物选区，效果如图 4-117 所示。

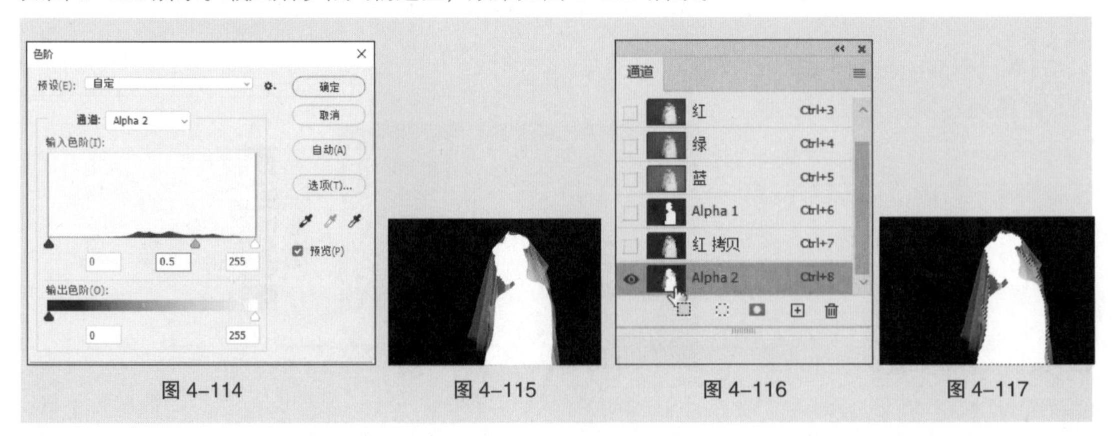

图 4-114　图 4-115　图 4-116　图 4-117

（7）单击“RGB”通道，显示彩色图像。单击“图层”控制面板下方的“添加图层蒙版”按钮，添加图层蒙版，如图 4-118 所示。抠出婚纱和人物图像，效果如图 4-119 所示。按 Ctrl+N 组合键，弹出“新建文档”对话框。设置“宽度”为“265”毫米，“高度”为“417”毫米，“分辨率”为“72”像素 / 英寸，“背景内容”为“灰蓝色（143、153、165）”，单击“创建”按钮，新建一个文件，如图 4-120 所示。

（8）选择“横排文字”工具，在适当的位置输入需要的文字并选中文字，在属性栏中选择合适的字体并设置大小，将文本颜色设置为浅灰色（235、235、235），效果如图 4-121 所示。在“图层”控制面板中会生成新的文字图层。

图 4-118　图 4-119　图 4-120　图 4-121

（9）按 Ctrl+T 组合键，文字周围出现变换框。拖曳变换框左侧中间的控制手柄到适当的位置，调整文字，并将文字拖曳到适当的位置，按 Enter 键确定操作，效果如图 4-122 所示。选择“移动”工具，将“01”图像拖曳到新建文件图像窗口中的适当位置并调整其大小，效果如图 4-123 所示。在“图层”控制面板中会生成新的图层，将其重命名为“人物”，如图 4-124 所示。

图 4-122　图 4-123　图 4-124

（10）按 Ctrl+L 组合键，弹出“色阶”对话框，相关设置如图 4-125 所示。单击“确定”按钮，图像效果如图 4-126 所示。

（11）按 Ctrl+O 组合键，打开云盘中的“Ch04> 素材 > 使用通道控制面板抠出婚纱 >02”文件。选择“移动”工具，将“02”图像拖曳到新建文件图像窗口中的适当位置，效果如图 4-127 所示。在“图层”控制面板中会生成新的图层，将其重命名为“文字”。使用“通道”控制面板抠出婚纱完成。

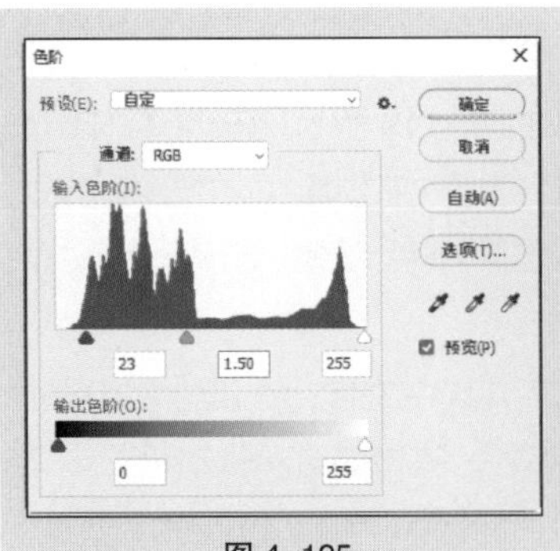

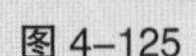
图 4-125

图 4-126

图 4-127

4.2.6 颜色通道

颜色通道记录了图像的颜色信息，色彩模式不同，颜色通道的数量也不同。例如，RGB 模式默认有红、绿、蓝及一个复合通道，如图 4-128 所示；CMYK 模式默认有青色、洋红、黄色、黑色及一个复合通道，如图 4-129 所示；Lab 模式默认有明度、a、b 及一个复合通道，如图 4-130 所示。

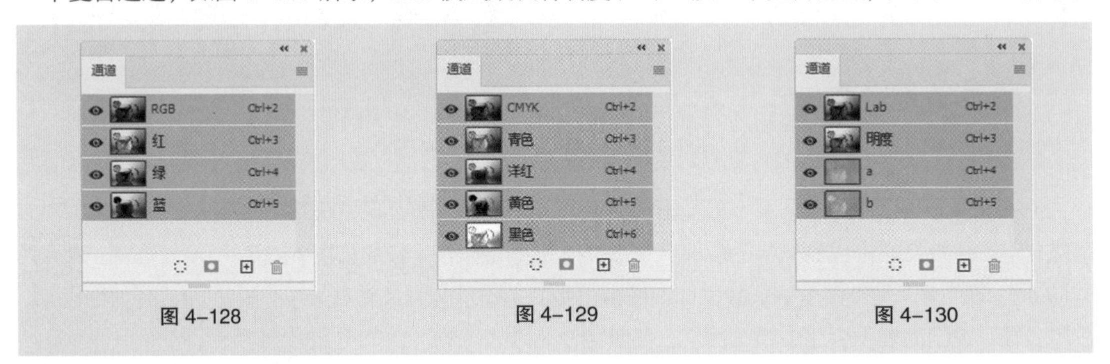

图 4-128　　图 4-129　　图 4-130

4.2.7 Alpha 通道

Alpha 通道可以记录图像的不透明度信息，定义透明、不透明和半透明区域，其中黑色表示透明、白色表示不透明、灰色表示半透明。

4.2.8 课堂案例——使用混合颜色带抠出闪电

【案例学习目标】学习使用混合颜色带抠图。

【案例知识要点】使用“置入嵌入对象”命令置入图片，使用混合颜色带抠出闪电，效果如图 4-131 所示。

【效果所在位置】云盘 /Ch04/ 效果 / 使用混合颜色带抠出闪电 .psd。

图 4-131

扫码观看
本案例视频

扫码观看
扩展案例

（1）按 Ctrl+O 组合键，打开云盘中的“Ch04> 素材 > 用混合颜色带抠出闪电 >01”文件，如图 4-132 所示。

图 4-132

（2）选择“文件 > 置入嵌入对象”命令，弹出“置入嵌入的对象”对话框。选择云盘中的“Ch04> 素材 > 使用混合颜色带抠出闪电 >02”文件，单击“置入”按钮，将图片置入图像窗口中。将其拖曳到适当的位置并调整大小，按 Enter 键确定操作，效果如图 4-133 所示。在“图层”控制面板中会生成新的图层，将其重命名为“闪电”，如图 4-134 所示。

图 4-133　　　　图 4-134

（3）单击“图层”控制面板下方的“添加图层样式”按钮 fx，在弹出的菜单中选择“混合选项”命令，弹出“图层样式”对话框。在按住 Alt 键的同时，将“本图层”下方左侧的滑块拖曳至右侧，单击“确定”按钮，效果如图 4-135 所示。

图 4-135

（4）单击“图层”控制面板下方的“添加图层蒙版”按钮，为图层添加图层蒙版，如图 4-136 所示。将前景色设为黑色。选择“画笔”工具，在属性栏中单击“画笔”按钮，在弹出的面板中选择需要的画笔形状，如图 4-137 所示。在属性栏中将“不透明度”设为“50%”、“流量”设为“50%”，在图像窗口中按住鼠标左键不放，拖曳鼠标擦除不需要的图像，效果如图 4-138 所示。

图 4-136 图 4-137 图 4-138

（5）按 Ctrl+J 组合键，复制并生成新的图层“闪电 拷贝”。在“图层”控制面板上方，将“闪电 拷贝”图层的“不透明度”设为“20%”，如图 4-139 所示。按 Enter 键确定操作，效果如图 4-140 所示。使用混合颜色带抠出闪电完成。

图 4-139 图 4-140

4.2.9 混合颜色带

选中一个图层，选择“图层 > 图层样式 > 混合选项”命令，将弹出“图层样式”对话框，如图 4-141 所示。在其中可以设置图层的混合选项。

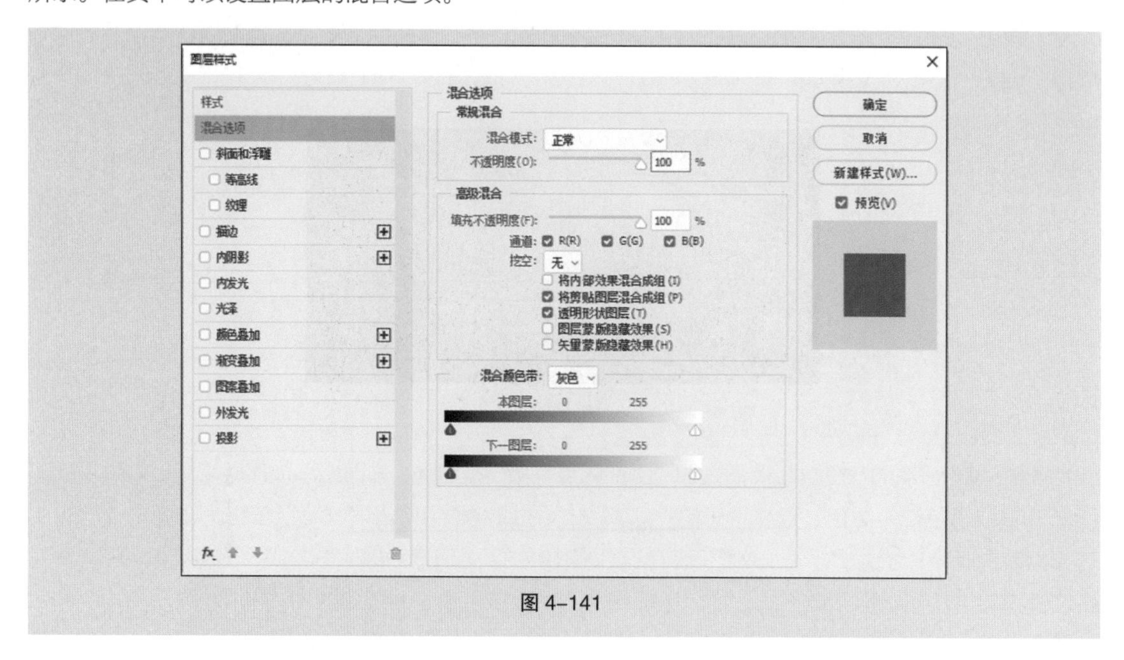

图 4-141

常规混合：可以设置当前图层的混合模式和不透明度。高级混合：可以设置图层的填充不透明度、混合通道，以及穿透方式。混合颜色带：可以控制当前图层与下一图层混合后所要显示的像素。

4.3 课堂练习——制作化妆品海报

【练习知识要点】使用“通道”控制面板抠出人物，使用“色阶”命令调整图像颜色，使用“图层样式”对话框添加图片阴影效果，效果如图 4–142 所示。

【效果所在位置】云盘 /Ch04/ 效果 / 制作化妆品海报 .psd。

扫码观看
本案例视频

图 4–142

4.4 课后习题——制作端午节海报

【习题知识要点】使用“快速选择”工具抠出粽子，使用“污点修复画笔”工具和“仿制图章”工具修复斑点和牙签，使用“变换”命令调整粽子图形，使用“色彩范围”命令抠出云，使用“钢笔”工具抠出龙舟，使用“椭圆选框”工具抠出豆子，使用“调整图层”调整图像颜色，效果如图 4–143 所示。

【效果所在位置】云盘 /Ch04/ 效果 / 制作端午节海报 .psd。

扫码观看
本案例视频

图 4–143

05 第5章 修图

本章介绍

修图与当代的生活和工作息息相关，目的是将图像调整得更完美。本章主要介绍常用的裁剪工具、修饰工具和润饰工具的使用方法。通过本章的学习，读者可以了解和掌握修饰图像的基本方法与操作技巧，快速地裁剪、修饰和润饰图像，使图像更加美观、漂亮。

学习目标

- 掌握裁剪工具的使用方法。
- 熟练掌握修饰工具的使用技巧。
- 掌握润饰工具的使用方法。

技能目标

- 能够对图片进行剪裁。
- 能够熟练修饰人物照片。

素质目标

- 通过技术的提升培养并提高审美素养。
- 培养协作精神和岗位责任意识。

5.1 裁剪工具

5.1.1 课堂案例——制作证件照

【案例学习目标】学习使用“裁剪”工具制作证件照。

【案例知识要点】使用“裁剪”工具裁剪图像，使用“图层样式”对话框添加投影和描边，效果如图 5–1 所示。

【效果所在位置】云盘 /Ch05/ 效果 / 制作证件照 .psd。

图 5–1

（1）按 Ctrl+N 组合键，弹出“新建文档”对话框。设置“宽度”为“10”厘米、“高度”为“7”厘米、“分辨率”为“300”像素 / 英寸、“背景内容”为“白色”，单击“创建”按钮，新建一个文件。

（2）按 Ctrl+O 组合键，打开云盘中的“Ch05 > 素材 > 制作证件照 > 01”文件，如图 5–2 所示。选择“裁剪”工具，属性栏中的设置如图 5–3 所示。在图像窗口中适当的位置拖曳出一个裁切区域，如图 5–4 所示。按 Enter 键确定操作，效果如图 5–5 所示。

图 5–2

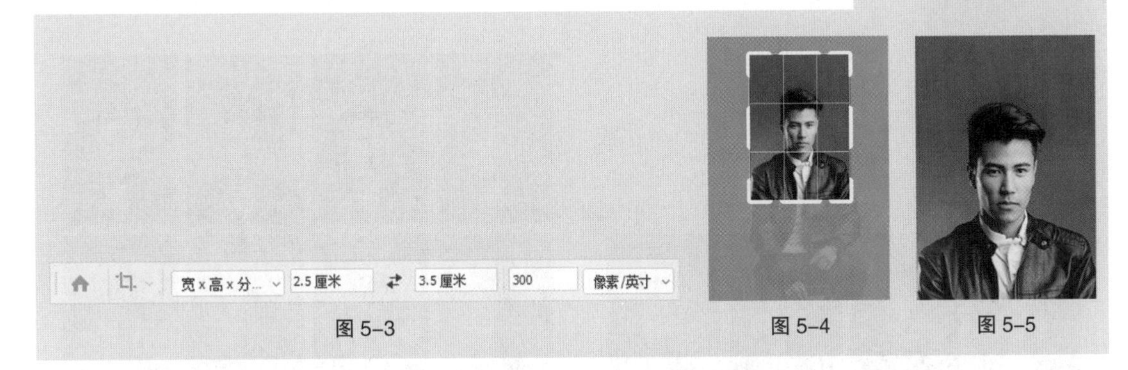

图 5–3　　图 5–4　　图 5–5

（3）选择“移动”工具，将“01”图像拖曳到新建的图像窗口中的适当位置，效果如图 5–6 所示。在“图层”控制面板中会生成新的图层，将其重命名为“照片”，如图 5–7 所示。

图 5-6　　图 5-7

（4）单击“图层”控制面板下方的“添加图层样式”按钮 fx，在弹出的菜单中选择“投影”命令，在弹出的对话框中进行设置，如图 5-8 所示。勾选“描边”复选框，将“描边”设为白色，其他设置如图 5-9 所示。单击“确定”按钮，效果如图 5-10 所示。在按住 Alt 键的同时，水平向右拖曳图像到适当的位置，复制图像，效果如图 5-11 所示。

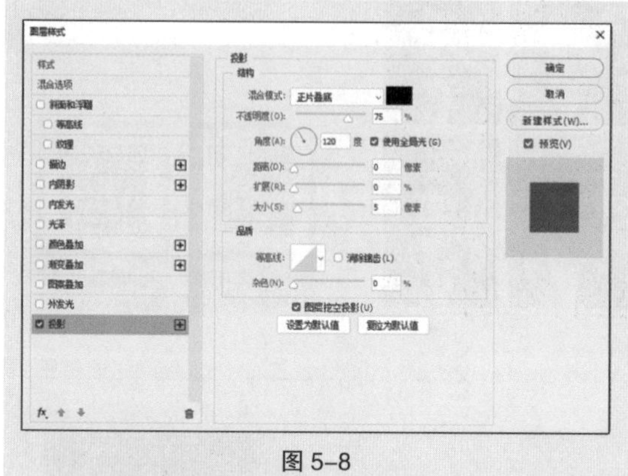

图 5-8　　图 5-9

（5）用相同的方法复制图像，效果如图 5-12 所示。在“图层”在控制面板中，在按住 Shift 键的同时，单击“照片”图层，将原图层和复制图层同时选中。在按住 Alt+Shift 组合键的同时，垂直向下拖曳图像到适当的位置，复制图像，效果如图 5-13 所示。证件照制作完成。

图 5-10

图 5-11

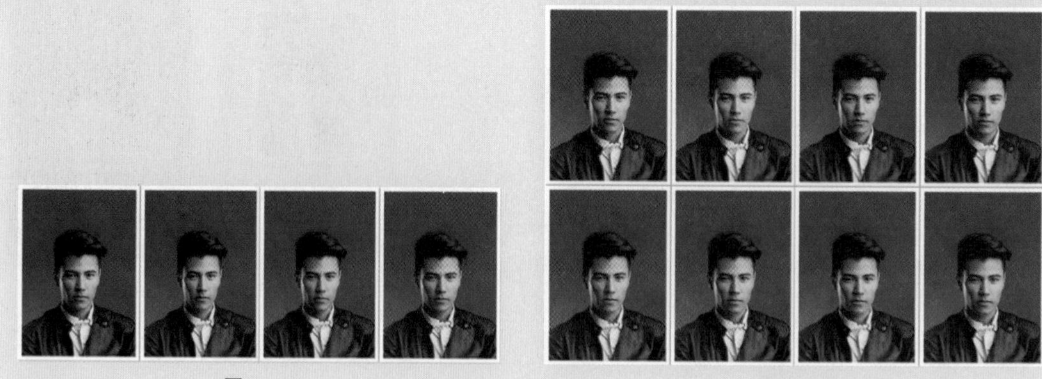

图 5-12　　图 5-13

5.1.2 裁剪工具

在 Photoshop 2020 中，可以使用“裁剪”工具裁剪图像，重新定义画布的大小。

选择“裁剪”工具，此时属性栏如图 5-14 所示。

图 5-14

比例：用于选择预设的裁剪比例。⇄：用于自定义裁剪框的长宽比。拉直：用于快速拉直倾斜的图像。用于选择裁剪方式。用于设置裁剪选项。删除裁剪的像素：用于控制裁掉的图像是否彻底删除。

打开一幅图像，在图像窗口中绘制裁剪框，如图 5-15 所示。按 Enter 键确定操作，效果如图 5-16 所示。

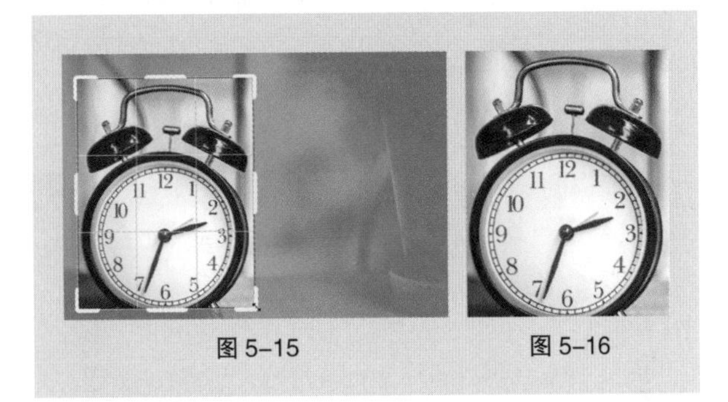
图 5-15　图 5-16

5.1.3 裁剪命令

打开一幅图像。选择“矩形选框”工具，绘制出要裁剪的图像区域，如图 5-17 所示。选择“图像 > 裁剪”命令，对图像进行裁剪，效果如图 5-18 所示。

图 5-17　图 5-18

5.2 修饰工具

5.2.1 课堂案例——修饰模特照片

【案例学习目标】学习使用多种修饰工具修饰人物照片。

【案例知识要点】使用“缩放”工具调整图像大小，使用“红眼”工具去除人物红眼效果，使用“污点修复画笔”工具去除雀斑和痘印，使用“修补”工具去除眼袋和颈部皱纹，使用“仿制图章”工具去除项链，效果如图 5-19 所示。

【效果所在位置】云盘 /Ch05/ 效果 / 修饰模特照片 .psd。

扫码观看
本案例视频

扫码观看
扩展案例

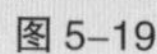
图 5-19

（1）按 Ctrl+O 组合键，打开云盘中的“Ch05 > 素材 > 修饰模特照片 > 01”文件，如图 5-20 所示。按 Ctrl+J 组合键，复制“背景”图层。

（2）选择“缩放”工具，在图像窗口中鼠标指针变为放大图标，单击将图片放大到适当的大小，如图 5-21 所示。

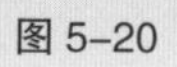
图 5-20

图 5-21

（3）选择“红眼”工具，属性栏中的设置如图 5-22 所示。在人物左眼上单击，去除红眼效果，效果如图 5-23 所示。用相同的方法去除右眼的红眼效果，效果如图 5-24 所示。

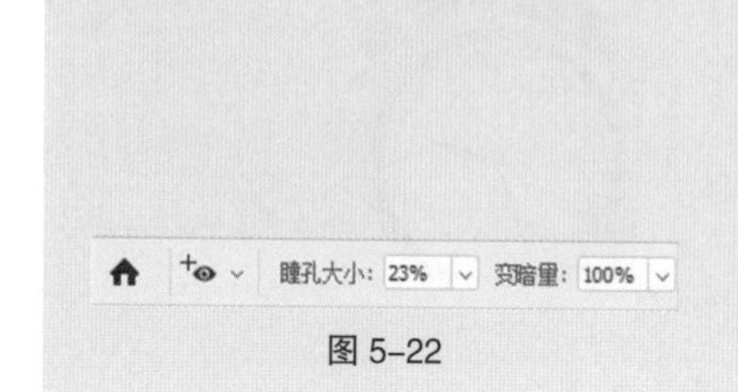

图 5-22

图 5-23

图 5-24

（4）选择“污点修复画笔”工具，将鼠标指针放置在要修复污点的图像上，如图 5-25 所示。单击，去除污点，效果如图 5-26 所示。用相同的方法去除脸部的所有雀斑、痘痘和部分发丝，效果如图 5-27 所示。

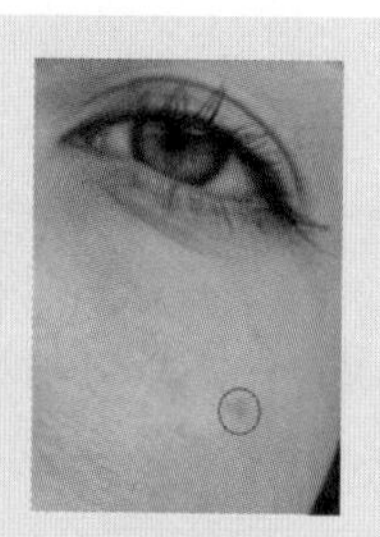
图 5-25

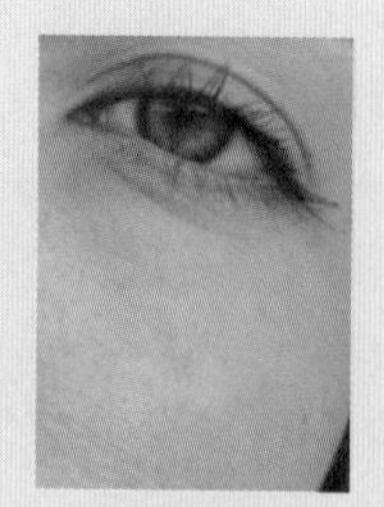
图 5-26

图 5-27

（5）选择“修补”工具，在图像窗口中框选眼袋部分，如图 5-28 所示。在选区中按住鼠标左键不放并拖曳鼠标，将选区拖曳到适当的位置，如图 5-29 所示。释放鼠标，修补眼袋。按 Ctrl+D 组合键，取消选区，效果如图 5-30 所示。用相同的方法继续修补眼袋、颈部皱纹，效果如图 5-31 所示。

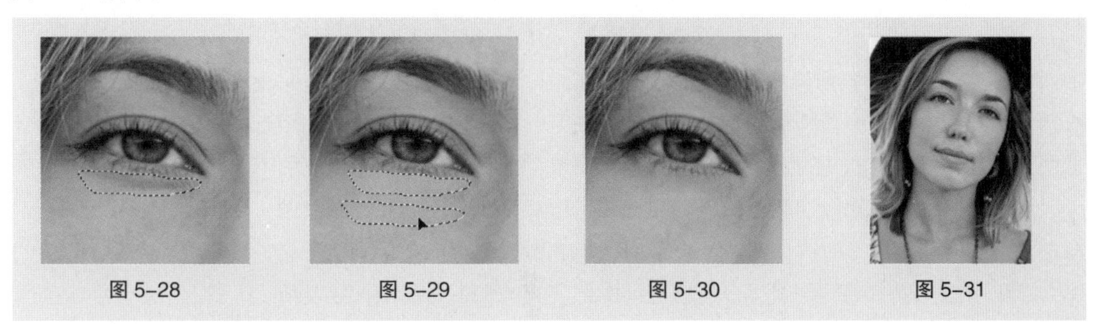

图 5-28　图 5-29　图 5-30　图 5-31

（6）选择“仿制图章”工具，在属性栏中单击“画笔”按钮，弹出画笔面板，设置如图 5-32 所示。将鼠标指针放置在颈部需要取样的位置，按住 Alt 键，鼠标指针变为圆形十字图标⊕，如图 5-33 所示，单击以确定取样点。

（7）将鼠标指针放置在项链上，如图 5-34 所示。单击去除项链，效果如图 5-35 所示。用相同的方法继续去除颈部的项链，效果如图 5-36 所示。

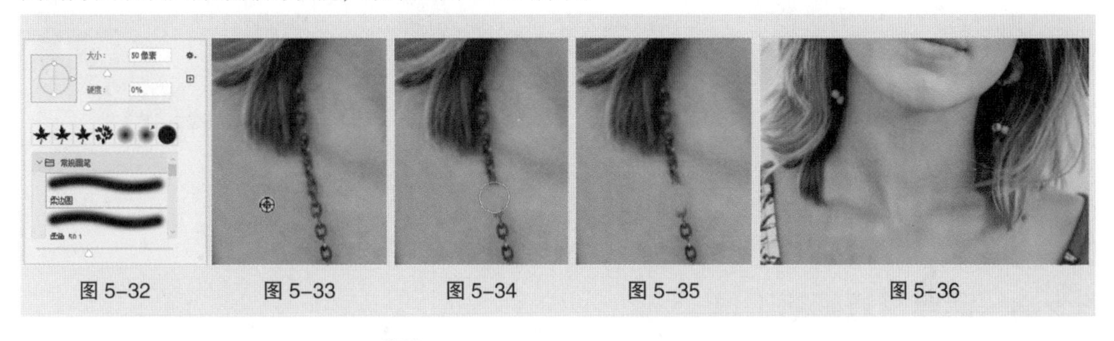

图 5-32　图 5-33　图 5-34　图 5-35　图 5-36

（8）选择“横排文字”工具T，在适当的位置输入需要的文字并选中文字，在属性栏中选择合适的字体并设置大小，效果如图 5-37 所示。在“图层”控制面板中会生成新的文字图层。模特照片修饰完成，效果如图 5-38 所示。

图 5-37　图 5-38

5.2.2 修复画笔工具

使用“修复画笔”工具可以将取样点的像素信息非常自然地复制到图像的破损位置，并保持图像的亮度、饱和度、纹理等属性不变。

选择“修复画笔”工具，或反复按 Shift+J 组合键切换到“修复画笔”工具，此时属性栏如图 5-39 所示。

图 5-39

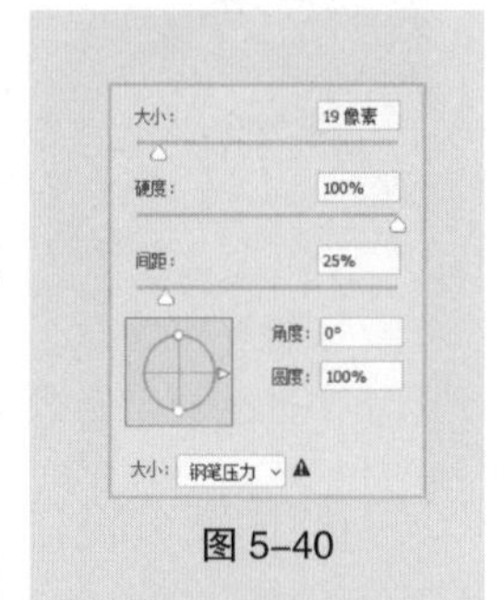

图 5-40

：用于选择和设置修复的画笔；单击此按钮，弹出面板，如图 5-40 所示，在面板中可以设置画笔的大小、硬度、间距、角度和圆度。模式：用于选择所复制像素或填充的图案与底图的混合模式。源：选择“取样”选项后，可以用选择的取样点修复图像；选择“图案”选项后，可以用选择的图案或自定义图案修复图像。对齐：勾选此复选框，不同取样点会产生相同位移。样本：用于选择样本的仿制图层，包括当前图层、当前和下方图层，以及所有图层。：用于在修复图像时忽略调整图层。扩散：用于调整扩散的程度。

打开一幅图像。选择“修复画笔”工具，按住 Alt 键，鼠标指针变为圆形十字图标，单击确定样本的取样点，如图 5-41 所示。在适当的位置单击，修复图像，如图 5-42 所示。用相同的方法继续修复花朵，效果如图 5-43 所示。

图 5-41　图 5-42　图 5-43

5.2.3　污点修复画笔工具

“污点修复画笔”工具不需要指定样本点，它会自动从要修复区域的周围取样，并将样本像素的纹理、光照、透明度和阴影与要修复的像素相匹配。

选择“污点修复画笔”工具，或反复按 Shift+J 组合键切换到“污点修复画笔”工具，此时属性栏如图 5-44 所示。

图 5-44

图 5-45

打开一幅图像，如图 5-45 所示。选择“污点修复画笔”工具，在属性栏中进行设置，如图 5-46 所示。在要修复的污点图像上按住鼠标左键不放并拖曳鼠标，如图 5-47 所示。释放鼠标，修复图像，效果如图 5-48 所示。

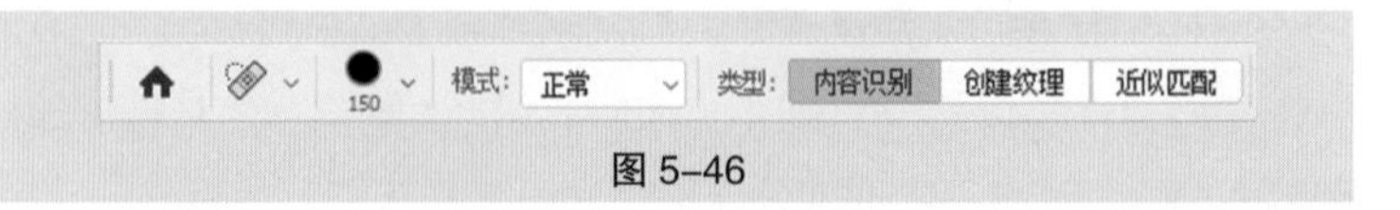

图 5-46

图 5-47

图 5-48

5.2.4 修补工具

“修补”工具可以用图像的其他区域修补当前选中的区域，也可以使用图案来修补当前选中的区域。

选择“修补”工具，或反复按 Shift+J 组合键切换到“修补”工具，此时属性栏如图 5-49 所示。

图 5-49

选择“修补”工具，在图像中绘制选区，如图 5-50 所示。在选区中按住鼠标不放，将选区中的图像拖曳到需要的位置，如图 5-51 所示。释放鼠标，选区中的图像被移动后选区位置上的图像修补，效果如图 5-52 所示。

图 5-50　　图 5-51　　图 5-52

按 Ctrl+D 组合键，取消选区，效果如图 5-53 所示。选择“修补”工具，在属性栏中选择“目标”选项，框选图像，如图 5-54 所示。将选区拖曳到要修补的图像区域，如图 5-55 所示。释放鼠标，选区中的图像修补了之前的图像，如图 5-56 所示。按 Ctrl+D 组合键，取消选区，效果如图 5-57 所示。

图 5-53　　图 5-54　　图 5-55

图 5-56　　图 5-57

5.2.5　红眼工具

“红眼”工具可以去除借助闪光灯拍摄的人物照片中的红眼效果，也可以去除照片中的白色或绿色反光。

选择“红眼”工具，或反复按 Shift+J 组合键切换到“红眼”工具，此时属性栏如图 5-58 所示。

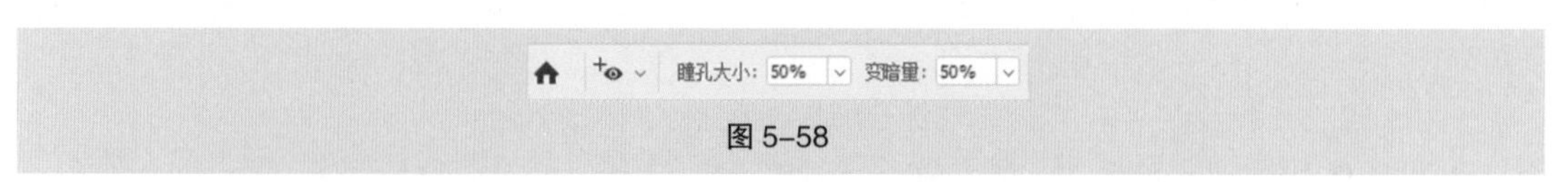

图 5-58

瞳孔大小：用于设置瞳孔的大小。变暗量：用于设置瞳孔的暗度。

5.2.6　仿制图章工具

“仿制图章”工具可以以指定的像素为复制基准点，将其周围的图像复制到其他地方。

选择“仿制图章”工具，或反复按 Shift+S 组合键切换到“仿制图章”工具，此时属性栏如图 5-59 所示。

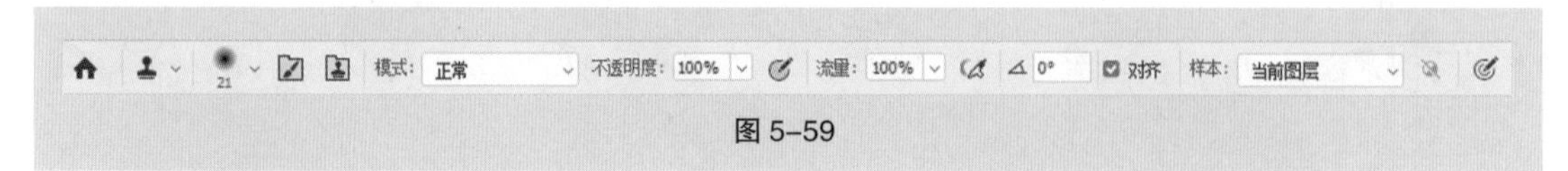

图 5-59

流量：用于设置扩散的速度。对齐：用于设置是否在复制图像时使用对齐功能。

打开一幅图像，如图 5-60 所示。选择“仿制图章”工具，按住 Alt 键，鼠标指针变为圆形十字图标。将鼠标指针放在盆栽上，单击以确定取样点，在适当的位置单击可以仿制出取样点及其周围的图像，效果如图 5-61 所示。

图 5-60　　图 5-61

5.2.7　橡皮擦工具

“橡皮擦”工具可以用背景色擦除背景图像，也可以用透明色擦除图层中的图像。

选择“橡皮擦”工具，或反复按 Shift+E 组合键切换到“橡皮擦”工具，此时属性栏如图 5-62 所示。

图 5-62

抹到历史记录：用于设置是否以“历史记录”控制面板中确定的图像状态来擦除图像。

选择“橡皮擦”工具，在图像窗口中按住鼠标左键不放并拖曳鼠标，可以擦除图像。当图层为“背景”图层或锁定了透明区域的图层时，擦除的图像显示为背景色。当图层为普通图层时，擦除的图像显示为透明的，擦除前后的效果如图 5-63 和图 5-64 所示。

图 5-63　　图 5-64

5.3 润饰工具

5.3.1 课堂案例——修饰女孩照片

【案例学习目标】使用多种润饰工具修饰人物照片。

【案例知识要点】使用“缩放”工具调整图像大小，使用“模糊”工具、“锐化”工具、“涂抹”工具、“减淡”工具、“加深”工具和“海绵”工具修饰图像，效果如图 5-65 所示。

【效果所在位置】云盘 /Ch05/ 效果 / 修饰女孩照片 .psd。

图 5-65

（1）按 Ctrl+O 组合键，打开云盘中的“Ch05 > 素材 > 修饰女孩照片 > 01”文件，如图 5-66 所示。按 Ctrl+J 组合键，复制“背景”图层。选择“缩放”工具，图像窗口中的鼠标指针变为放大图标，单击放大图像，如图 5-67 所示。

（2）选择“模糊”工具，在属性栏中单击“画笔”按钮，在弹出的画笔面板中选择需要的画笔形状并设置其大小，如图 5-68 所示。在人物脸部涂抹，让脸部变得自然、柔和，效果如图 5-69 所示。

图 5-66

图 5-67

图 5-68

图 5-69

（3）选择“锐化”工具，在属性栏中单击“画笔”按钮，在弹出的画笔面板中选择需要的画笔形状并设置其大小，如图 5-70 所示。在人物的头发上按住鼠标左键不放，拖曳鼠标，使头发更清晰，效果如图 5-71 所示。用相同的方法对图像其他部分进行锐化，效果如图 5-72 所示。

图 5-70

图 5-71

图 5-72

（4）选择“涂抹”工具，在属性栏中单击“画笔”按钮，在弹出的画笔面板中选择需要的画笔形状并设置其大小，如图 5-73 所示。在人物的下颌上按住鼠标左键不放，拖曳鼠标，调整人物的下颌效果如图 5-74 所示。

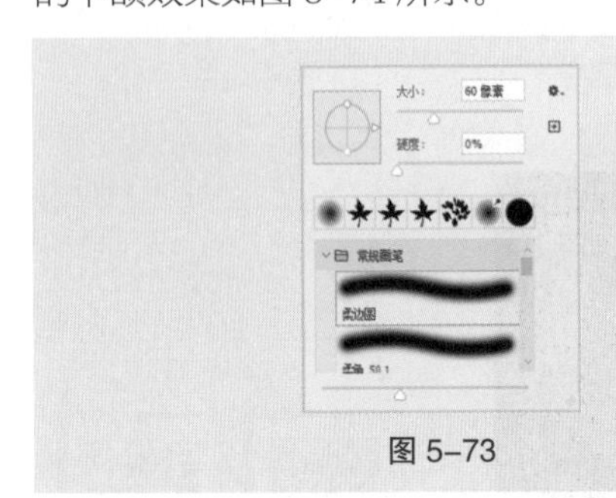

图 5-73

图 5-74

（5）选择“减淡”工具，在属性栏中单击“画笔”按钮，在弹出的画笔面板中选择需要的画笔形状并设置其大小，如图 5-75 所示。将“范围”设为“阴影”。在人物的牙齿上按住鼠标左键不放，拖曳鼠标，美白牙齿，效果如图 5-76 所示。用相同的方法美白其他牙齿，效果如图 5-77 所示。

图 5-75

图 5-76

图 5-77

（6）选择“加深”工具，在属性栏中单击“画笔”按钮，在弹出的画笔面板中选择需要的画笔形状并设置其大小，设置如图 5-78 所示。将“范围”设为“阴影”、“曝光度”设置为“30%”。在人物的唇部上按住鼠标左键不放，拖曳鼠标，加深唇色，效果如图 5-79 所示。用相同的方法加深眼睛部分，效果如图 5-80 所示。

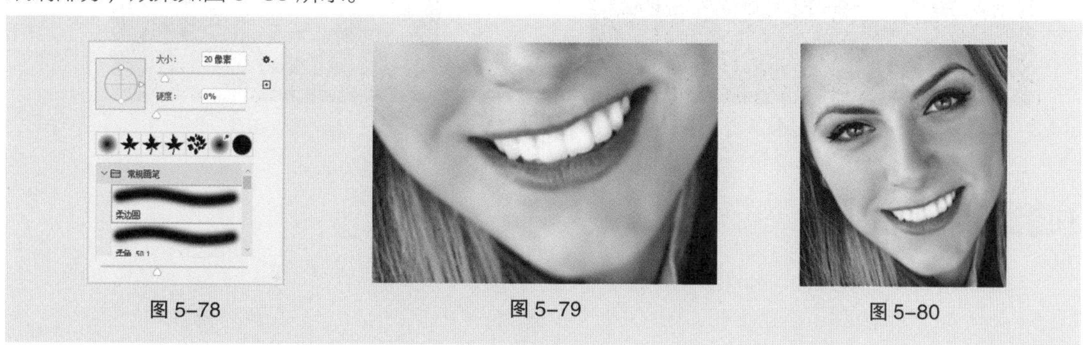

图 5-78　图 5-79　图 5-80

（7）选择“海绵”工具，在属性栏中单击“画笔”按钮，在弹出的画笔面板中选择需要的画笔形状并设置其大小，设置如图 5-81 所示。将“模式”设为“加色”。在人物的头发上按住鼠标左键不放，拖曳鼠标，为头发加色，效果如图 5-82 所示。用相同的方法为图像中其他部分加色，效果如图 5-83 所示。

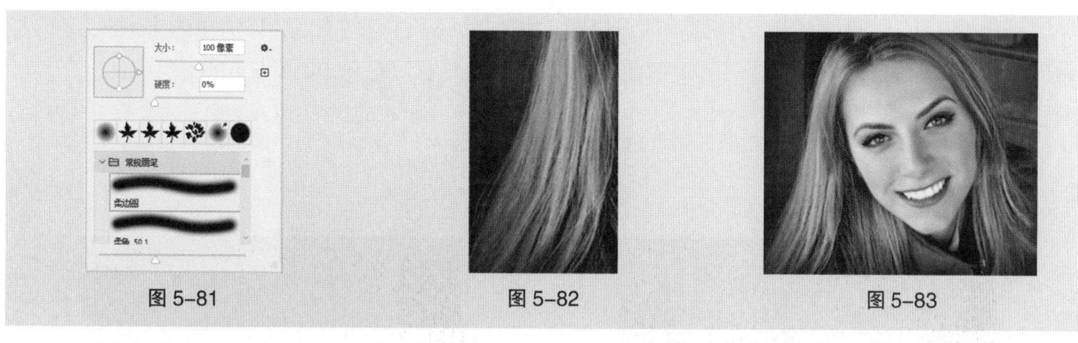

图 5-81　图 5-82　图 5-83

（8）在属性栏中单击“画笔”按钮，在弹出的画笔面板中选择需要的画笔形状并设置其大小，设置如图 5-84 所示。将“模式”设为“去色”。在人物图像中的背景上按住鼠标左键不放，拖曳鼠标，为背景去色，效果如图 5-85 所示。

图 5-84　图 5-85

（9）选择“横排文字”工具 T，在适当的位置输入需要的文字并选中文字，在属性栏中选择合适的字体并设置大小，将文本颜色设置为红色（238、60、40），效果如图 5-86 所示。在“图层”控制面板中会生成新的文字图层。女孩照片修饰完成，效果如图 5-87 所示。

图 5-86

图 5-87

5.3.2 模糊工具

选择“模糊”工具 ，此时属性栏如图 5-88 所示。

图 5-88

画笔：用于选择画笔的形状。强度：用于设置压力的大小。对所有图层取样：用于设置工具是否对所有可见图层起作用。

选择“模糊”工具 ，在属性栏中进行设置，如图 5-89 所示。在图像窗口中按住鼠标左键不放，拖曳鼠标，使图像产生模糊效果。原图像和模糊处理后的图像如图 5-90 和图 5-91 所示。

图 5-89

图 5-90

图 5-91

5.3.3 锐化工具

选择“锐化”工具 ，此时属性栏如图 5-92 所示。“锐化”工具属性栏的内容与“模糊”工具属性栏的内容相似。

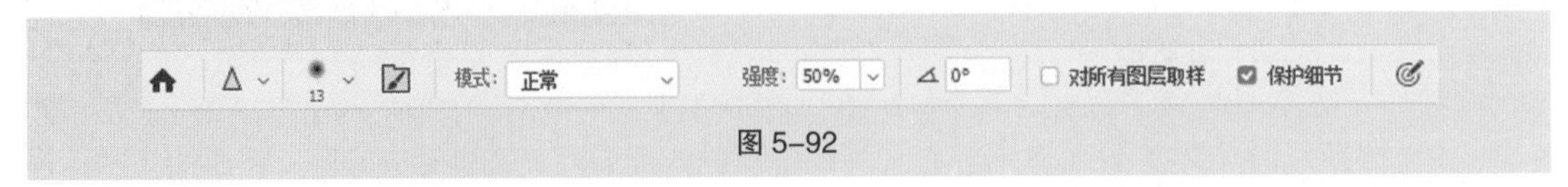

图 5-92

选择“锐化”工具 ，在属性栏中进行设置，如图 5-93 所示。在图像窗口中按住鼠标左键不放，拖曳鼠标，使图像产生锐化效果。原图像和锐化处理后的图像如图 5-94 和图 5-95 所示。

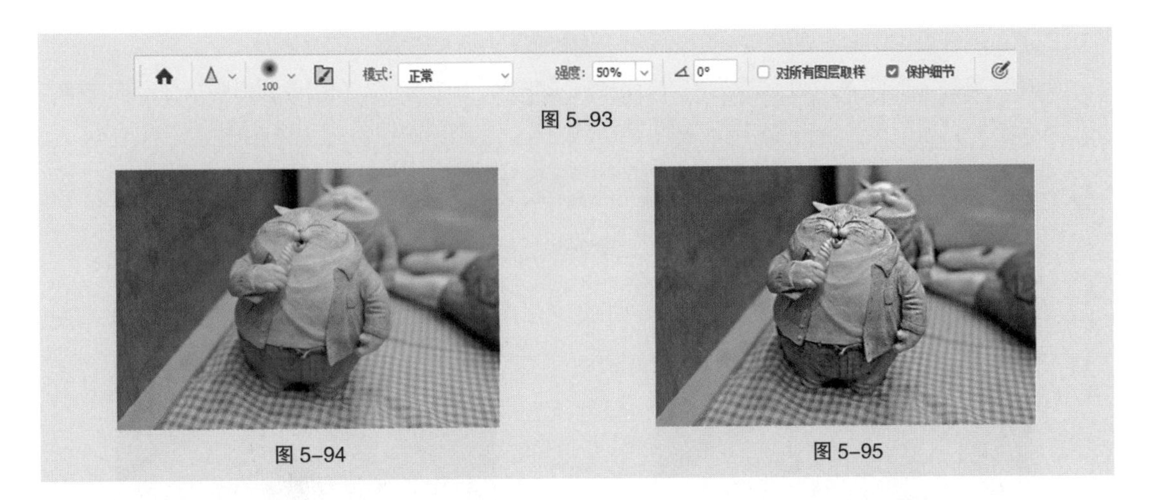

图 5-93

图 5-94

图 5-95

5.3.4 涂抹工具

选择“涂抹”工具，此时属性栏如图 5-96 所示。“涂抹”工具属性栏的内容与“模糊”工具属性栏的内容相似，只是增加了“手指绘画”复选框。它用于设定是否按前景色进行涂抹。

图 5-96

选择“涂抹”工具，在属性栏中进行设置，如图 5-97 所示。图像窗口中按住鼠标左键不放，拖曳鼠标，使图像产生涂抹效果。原图像和涂抹处理后的图像如图 5-98 和图 5-99 所示。

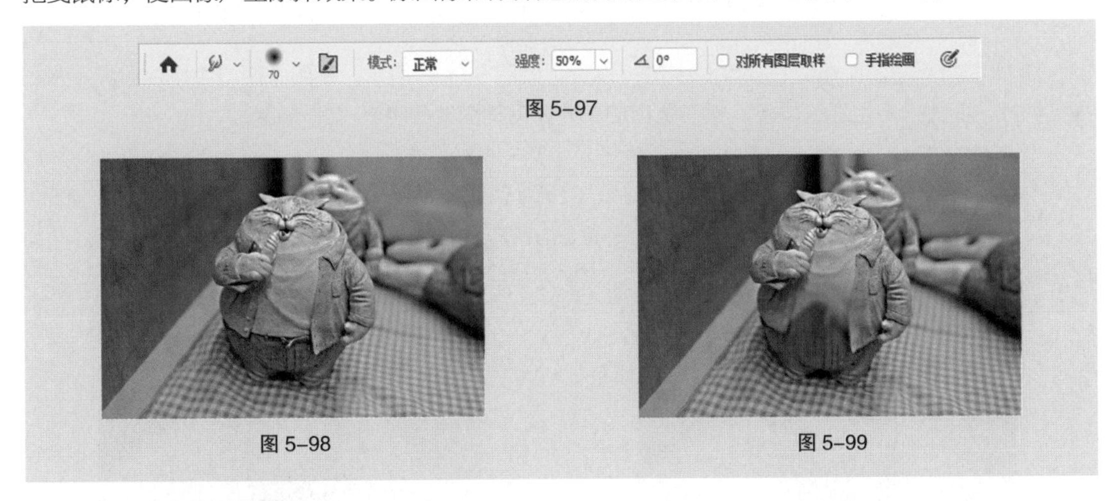

图 5-97

图 5-98

图 5-99

5.3.5 减淡工具

选择“减淡”工具，或反复按 Shift+O 组合键切换到“减淡”工具，此时属性栏如图 5-100 所示。

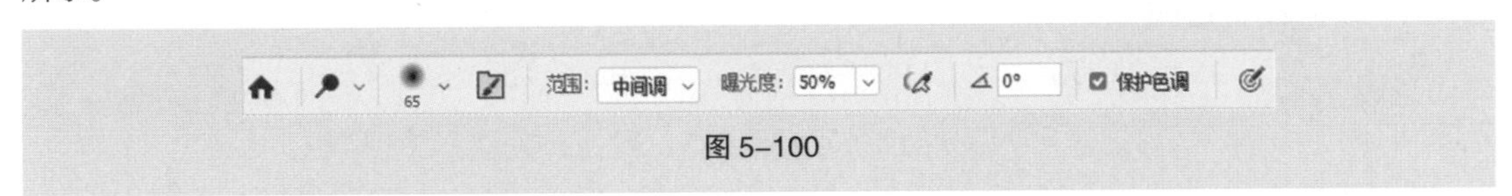

图 5-100

范围：用于设定图像中要提高亮度的区域。曝光度：用于设定曝光的强度。

选择“减淡”工具 ，在属性栏中进行设置，如图 5-101 所示。在图像窗口中按住鼠标左键不放并拖曳鼠标，使图像产生减淡效果。原图像和减淡处理后的图像如图 5-102 和图 5-103 所示。

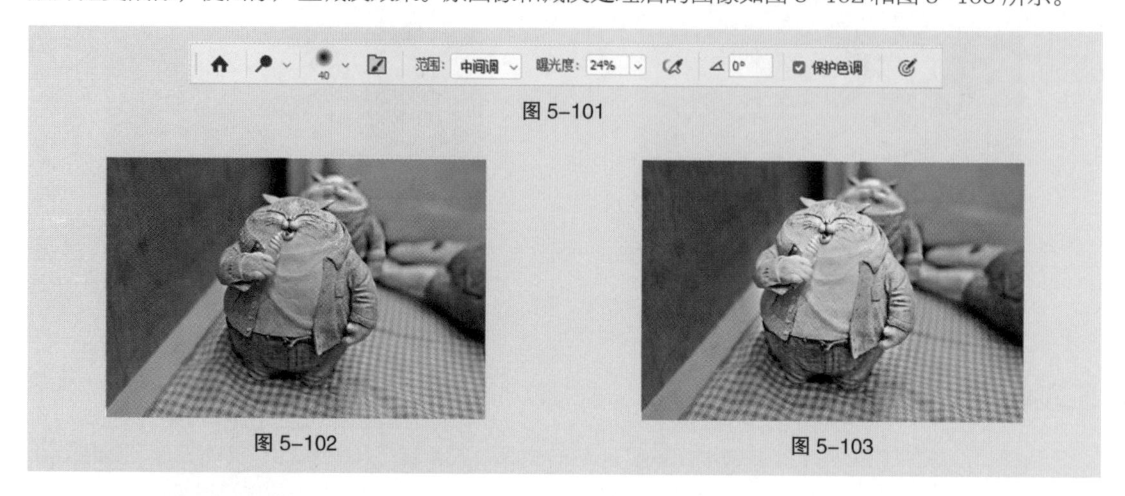

图 5-101

图 5-102

图 5-103

5.3.6 加深工具

选择“加深”工具 ，或反复按 Shift+O 组合键切换至“加深”工具，此时属性栏如图 5-104 所示。“加深”工具属性栏选项的作用与“减淡”工具属性栏选项的作用正好相反。

图 5-104

选择“加深”工具 ，在属性栏中进行设置，如图 5-105 所示。在图像窗口中按住鼠标不放，拖曳鼠标，使图像产生加深效果。原图像和加深处理后的图像如图 5-106 和图 5-107 所示。

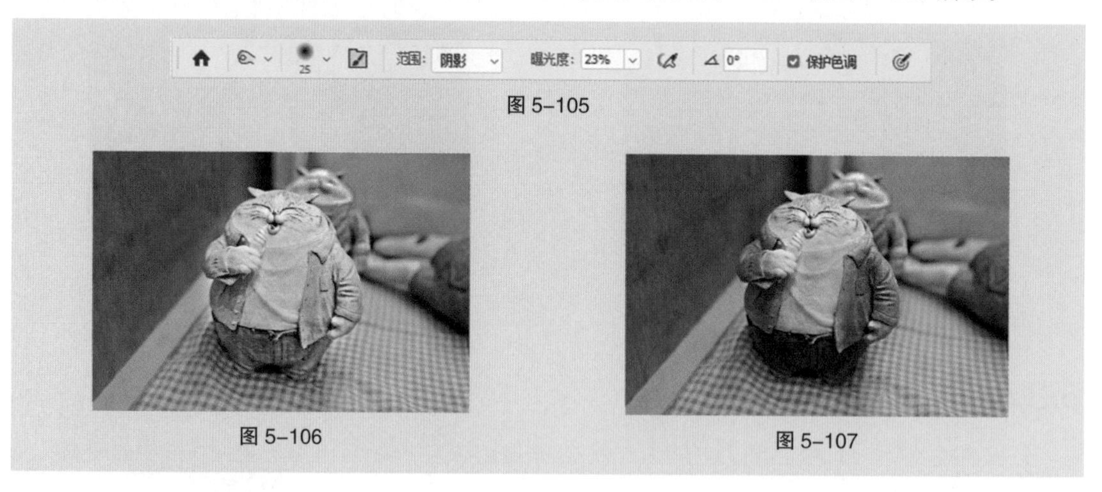

图 5-105

图 5-106

图 5-107

5.3.7 海绵工具

选择“海绵”工具 ，或反复按 Shift+O 组合键切换到“海绵”工具，此时属性栏如图 5-108 所示。

图 5-108

模式：用于设定饱和度的处理方式。流量：用于设定扩散的速度。

选择“海绵”工具，在属性栏中进行设置，如图 5-109 所示。在图像窗口中按住鼠标不放，拖曳鼠标，为图像增加色彩饱和度。原图像和使用“海绵”工具处理后的图像如图 5-110 和图 5-111 所示。

图 5-109

图 5-110

图 5-111

5.4 课堂练习——制作七夕活动横版海报

【练习知识要点】使用“减淡”工具提高脸和胳膊的亮度，使用“加深”工具加深衣服图案颜色，使用“模糊”工具模糊头部外围，使用“移动”工具添加文字、灯笼和浪花，使用“图层样式”为文字添加样式，使用“调整图层”调整图像颜色，效果如图 5-112 所示。

【效果所在位置】云盘 /Ch05/ 效果 / 制作七夕活动横版海报 .psd。

图 5-112

5.5 课后习题——制作沙滩插画

【习题知识要点】使用“加深”工具和“模糊”工具调整图像，使用“橡皮擦”工具去除不需要的图像，效果如图 5-113 所示。

【效果所在位置】云盘 /Ch05/ 效果 / 制作沙滩插画 .psd。

图 5-113

06

第6章 调色

本章介绍

图像的色调直接关系着图像表达的内容，不同的色调具有不同的表达效果。本章主要介绍常用的调整图像色彩、色调的命令和面板。通过本章的学习，读者可以了解和掌握调整图像色彩、色调的基本方法与操作技巧，制作出绚丽多彩的图像。

学习目标

- 熟练掌握调整图像色彩与色调的方法。
- 掌握特殊的颜色处理技巧。
- 了解使用“动作”控制面板调色的方法。

技能目标

- 能够运用“曲线”命令调整色彩范围。
- 掌握特殊颜色处理图片的方法。
- 能够使用动作控制面板调色。

素质目标

- 通过具体案例的设计，培养创新能力。
- 提升职业素养和职业道德。

6.1 调整图像色彩与色调

6.1.1 课堂案例——制作夏日风格图片

【案例学习目标】学习使用“调整”命令调整图像效果。

【案例知识要点】使用“曲线”命令、“色彩平衡”命令和“可选颜色”命令调整图像色调，使用“横排文字”工具添加文字，处理前后的图像如图 6-1 所示。

【效果所在位置】云盘 /Ch06/ 效果 / 制作夏日风格图片 .psd。

扫码观看
本案例视频

扫码观看
扩展案例

图 6-1

（1）按 Ctrl+O 组合键，打开云盘中的“Ch06 > 素材 > 制作夏日风格图片 > 01”文件，如图 6-2 所示。将“背景”图层拖曳到“图层”控制面板下方的“创建新图层”按钮 上进行复制，生成新的图层“背景 拷贝”，如图 6-3 所示。

图 6-2

图 6-3

（2）选择“图像 > 调整 > 曲线”命令，弹出“曲线”对话框。在曲线上单击添加控制点，将“输入”设为“70”选项、“输出”设为“41”，如图 6-4 所示。单击“通道”下拉按钮，在弹出的列表中选择“绿”选项，切换到相应的曲线。在曲线上单击添加控制点，将“输入”设为“208”、“输出”设为“203”，如图 6-5 所示。用相同的方法再添加一个控制点，将“输入”设为“70”、“输出”设为“78”，如图 6-6 所示。单击“确定”按钮，效果如图 6-7 所示。

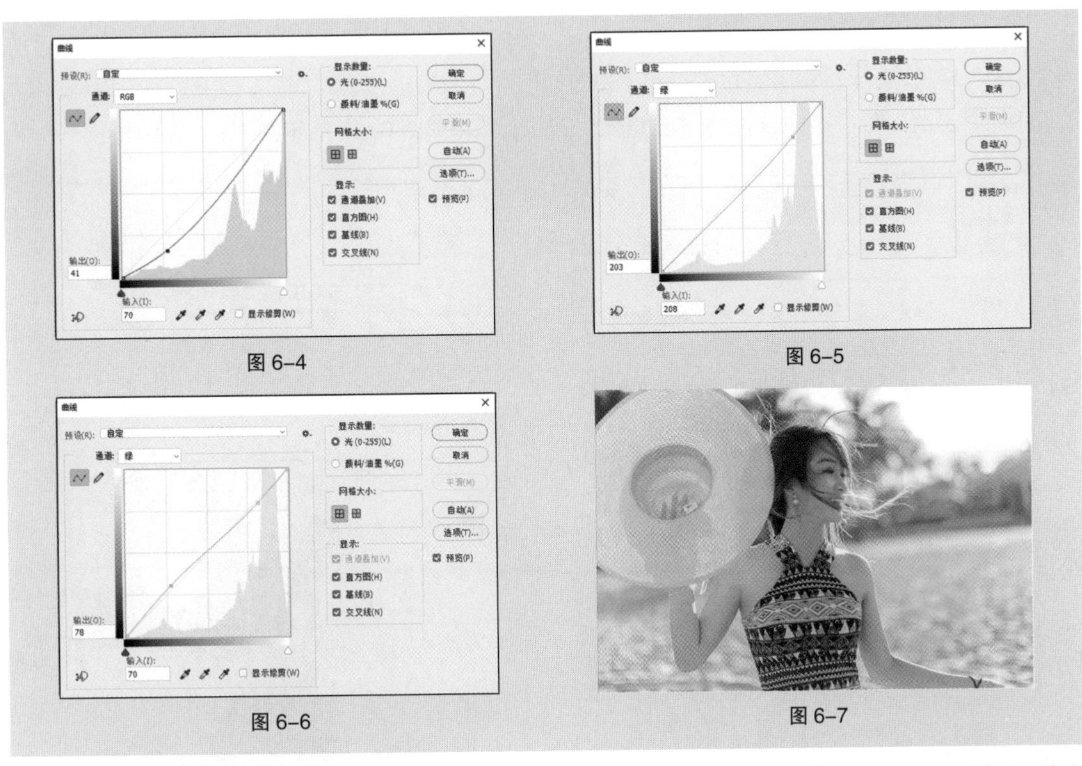

图 6-4

图 6-5

图 6-6

图 6-7

（3）选择“图像 > 调整 > 可选颜色”命令，在弹出的对话框中进行设置，如图 6-8 所示。单击“颜色”下拉按钮，在弹出的下拉列表中选择“黄色”选项，切换到相应的选项组，设置如图 6-9 所示。在“颜色”下拉列表中选择“绿色”选项，切换到相应的选项组，设置如图 6-10 所示。单击“确定”按钮，效果如图 6-11 所示。

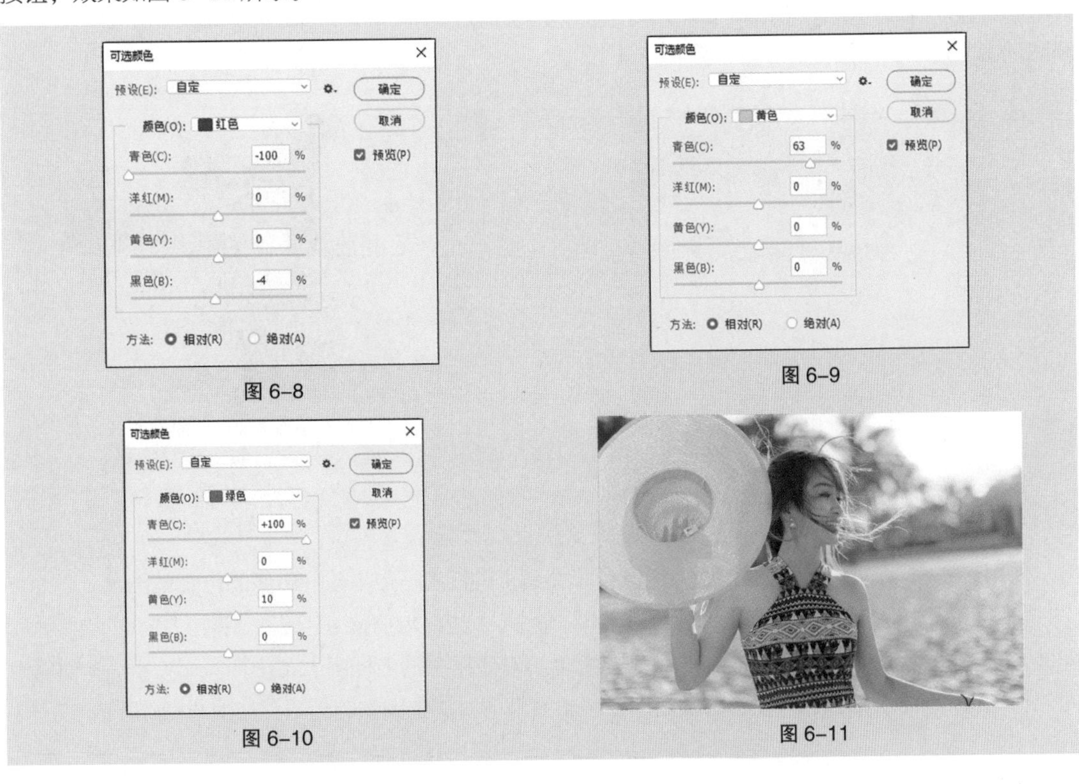

图 6-8

图 6-9

图 6-10

图 6-11

（4）选择“图像 > 调整 > 色彩平衡”命令，在弹出的对话框中进行设置，如图 6–12 所示。选中“阴影”单选项，切换到相应的选项组，设置如图 6–13 所示。选中“高光”单选项，切换到相应的选项组，设置如图 6–14 所示。单击“确定”按钮，效果如图 6–15 所示。

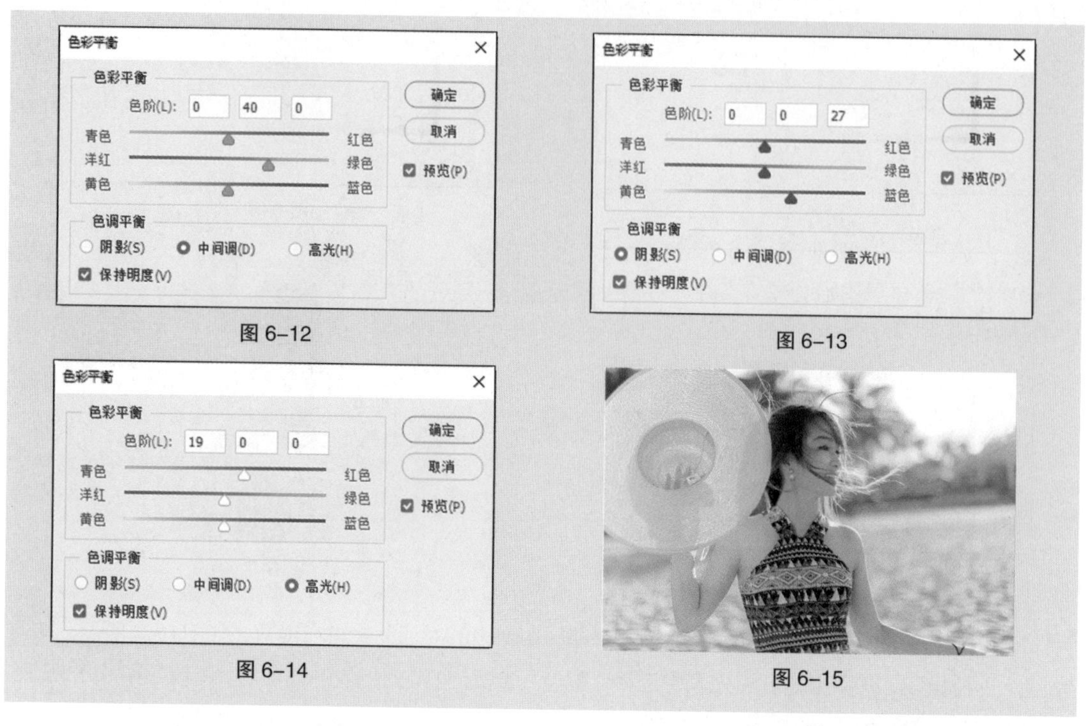

图 6–12

图 6–13

图 6–14

图 6–15

（5）选择“横排文字”工具 T.，在适当的位置输入需要的文字并选中文字，在属性栏中选择合适的字体并设置大小，效果如图 6–16 所示。在“图层”控制面板中会生成新的文字图层。夏日风格图片制作完成，效果如图 6–17 所示。

图 6–16

图 6–17

6.1.2 曲线命令

使用“曲线”命令，可以通过调整图像色彩曲线上的任意一点来改变图像的色彩范围。

打开一幅图像。选择“图像 > 调整 > 曲线”命令，或按 Ctrl+M 组合键，弹出“曲线”对话框，如图 6–18 所示。在图像中单击，如图 6–19 所示。对话框中的坐标图上会出现一个方框，x 轴坐标为色彩的输入值，y 轴坐标为色彩的输出值，移动方框可以调整图像的色调，如图 6–20 所示。

图 6–18　　图 6–19　　图 6–20

通道：用于选择图像的颜色调整通道。 ：用于改变曲线的形状、添加或删除控制点。输入 / 输出：用于显示初始 / 调整后的色阶值。显示数量：用于选择图的显示方式。网格大小：用于选择图中网格的大小。显示：用于选择图中的显示内容。 自动(A) ：用于自动调整图像的亮度。不同曲线下的图像效果如图 6–21 所示。

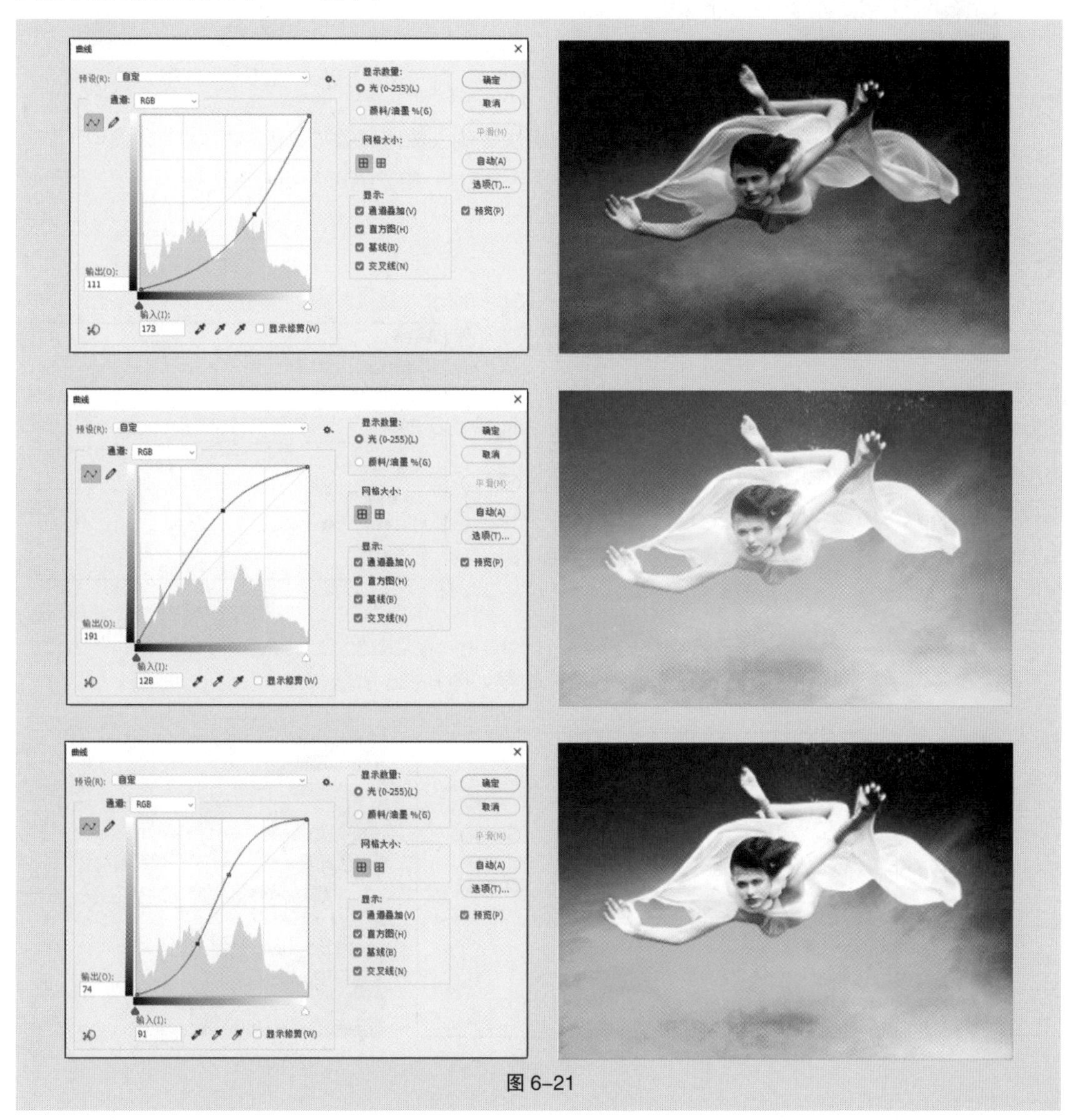

图 6–21

6.1.3 可选颜色命令

使用“可选颜色”命令，能够将图像中的颜色替换成选择的颜色。

打开一幅图像，如图 6-22 所示。选择“图像 > 调整 > 可选颜色”命令，在弹出的对话框中进行设置，如图 6-23 所示。单击“确定”按钮，效果如图 6-24 所示。

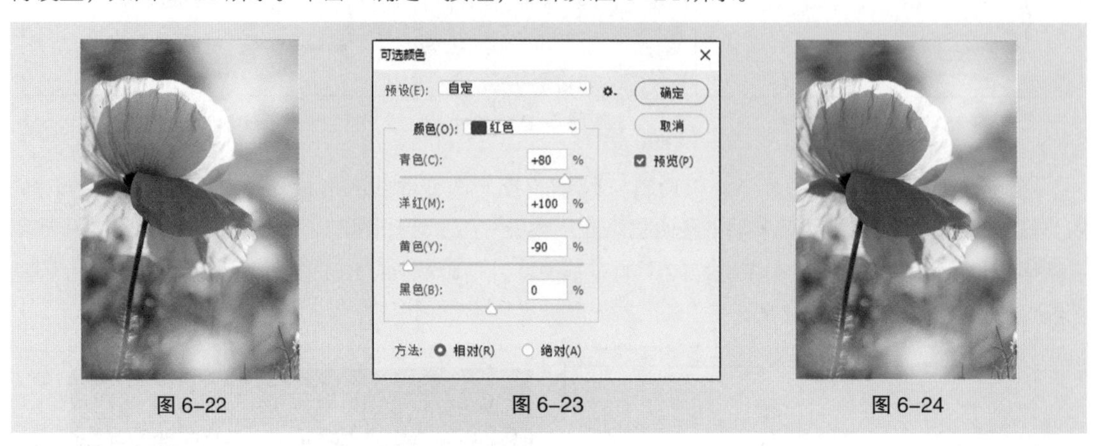

图 6-22　图 6-23　图 6-24

颜色：用于选择图像中含有的不同颜色，拖曳滑块或输入数值调整“青色”“洋红”“黄色”“黑色”的百分比。方法：用于选择颜色调整方法，包括“相对”和“绝对”两个单选项。

6.1.4 色彩平衡命令

选择“图像 > 调整 > 色彩平衡”命令，或按 Ctrl+B 组合键，弹出“色彩平衡”对话框，如图 6-25 所示。

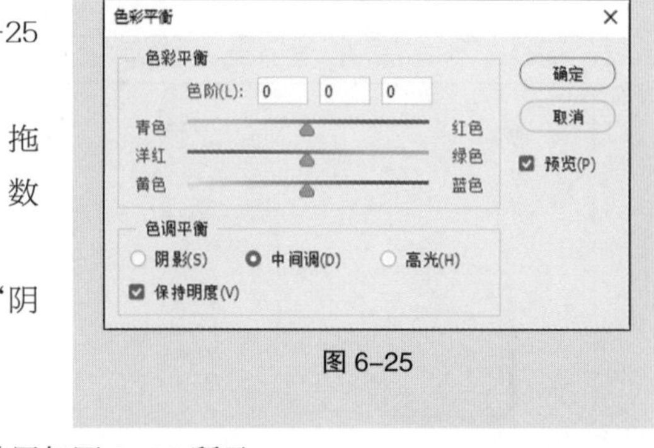

图 6-25

色彩平衡：用于添加过渡色来平衡色彩效果，拖曳滑块可以调整整个图像的色彩，也可以在“色阶”数值框中直接输入数值调整图像的色彩。

色调平衡：用于选择图像的调整区域，包括“阴影”“中间调”“高光”3 个单选项。

保持明度：用于设置是否保持原图像的明度。

在“色彩平衡”对话框中设置不同的参数值，效果如图 6-26 所示。

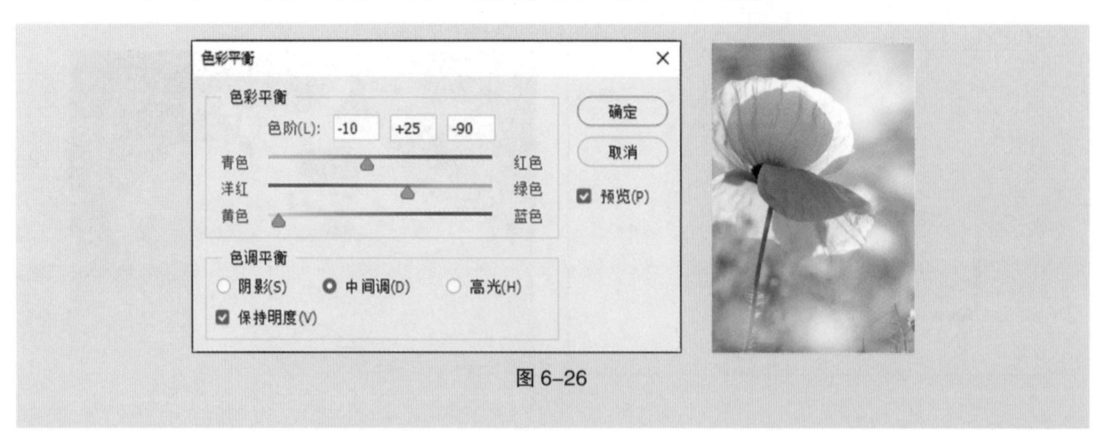

图 6-26

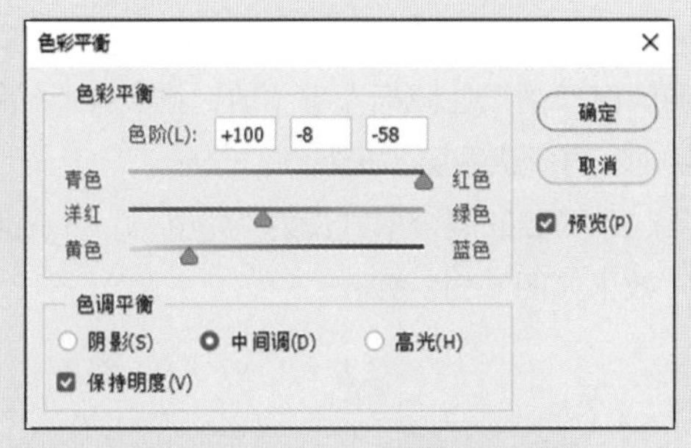

图 6-26（续）

6.1.5 课堂案例——制作主题海报

【案例学习目标】学习使用“渐变映射”命令制作主题海报。

【案例知识要点】使用“渐变”工具填充背景，使用“钢笔”工具绘制多边形，使用“移动”工具移动图像，使用“渐变映射”命令调整人物图像，效果如图 6-27 所示。

【效果所在位置】云盘 /Ch06/ 效果 / 制作主题海报 .psd。

图 6-27

（1）按 Ctrl+N 组合键，弹出“新建文档”对话框。设置“宽度”为“15”厘米，“高度”为“10”厘米，“分辨率”为“150”像素 / 英寸、“背景内容”为“白色”，单击“创建”按钮，新建一个文件。

（2）选择“渐变”工具，单击属性栏中的“点按可编辑渐变”按钮，弹出“渐变编辑器”对话框。将渐变色设为从黄色（253、244、197）到浅紫色（235、215、255），如图 6-28 所示。单击“确定”按钮。在图像窗口中按住鼠标左键不放，由左至右拖曳鼠标填充渐变色，效果如图 6-29 所示。

图 6-28

图 6-29

（3）选择“钢笔”工具，在属性栏的“选择工具模式”下拉列表中选择“形状”选项，将“填充”设为玫红色（255、0、162）。在图像窗口中按住鼠标左键不放，拖曳鼠标绘制形状，效果如图 6-30 所示。在“图层”控制面板中会生成新的形状图层“形状 1”。

（4）在“图层”控制面板中，将“形状 1”图层的混合模式设为“深色”、“不透明度”设为“5%”，如图 6-31 所示。按 Enter 键确定操作，效果如图 6-32 所示。

图 6-30　　图 6-31　　图 6-32

（5）选择“文件 > 置入嵌入对象”命令，弹出“置入嵌入的对象”对话框。选择云盘中的“Ch06 > 素材 > 制作主题海报 > 01”文件，单击“置入”按钮，将图片置入图像窗口中。将其拖曳到适当的位置并调整大小，按 Enter 键确定操作，效果如图 6-33 所示。在“图层”控制面板中会生成新的图层，将其重命名为“人物 1”。在该图层上单击鼠标右键，在弹出的菜单中选择“栅格化图层”命令，栅格化图层，如图 6-34 所示。

（6）在“图层”控制面板中，将“人物 1”图层的混合模式设为“正片叠底”、“不透明度”设为“60%”，如图 6-35 所示。按 Enter 键确定操作，效果如图 6-36 所示。

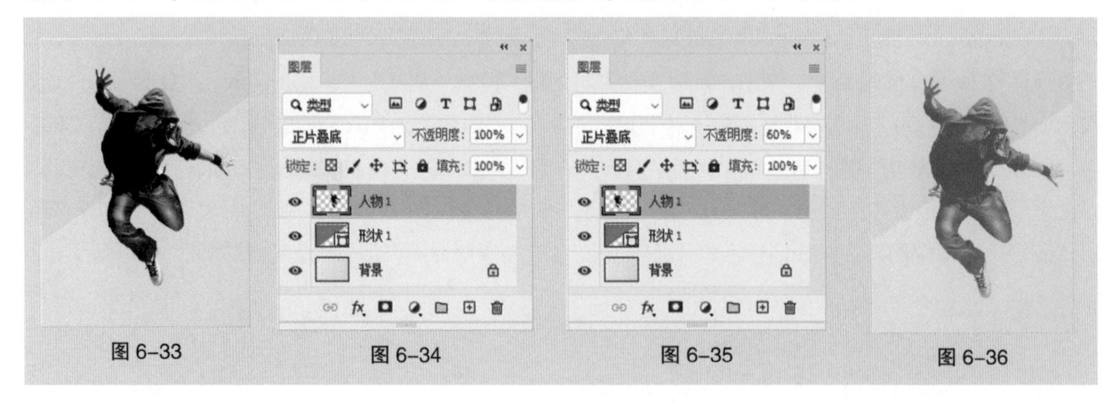

图 6-33　　图 6-34　　图 6-35　　图 6-36

（7）选择“图像 > 调整 > 黑白”命令，在弹出的对话框中进行设置，如图 6-37 所示。单击“确定”按钮，效果如图 6-38 所示。

（8）选择“图像 > 调整 > 渐变映射”命令，弹出“渐变映射”对话框。单击“点按可编辑渐变”按钮，弹出“渐变编辑器”对话框，将渐变色设为从绿色（0、233、164）到白色，如图 6-39 所示。单击“确定”按钮。返回到“渐变映射”对话框，单击“确定”按钮，效果如图 6-40 所示。

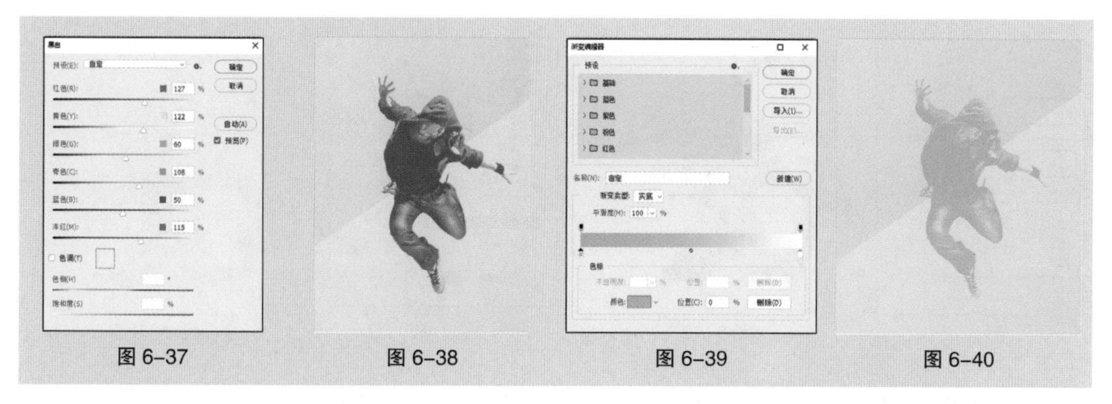

图 6-37　　图 6-38　　图 6-39　　图 6-40

（9）选择“文件 > 置入嵌入对象”命令，弹出“置入嵌入的对象”对话框。选择云盘中的“Ch06 > 素材 > 制作主题海报 > 02”文件，单击“置入”按钮，将图片置入图像窗口中。将其拖曳到适当的位置并调整大小，按 Enter 键确定操作，效果如图 6-41 所示。在“图层”控制面板中会生成新的图层，将其重命名为“人物 2”。在该图层上单击鼠标右键，在弹出的菜单中选择“栅格化图层”命令，栅格化图层，如图 6-42 所示。

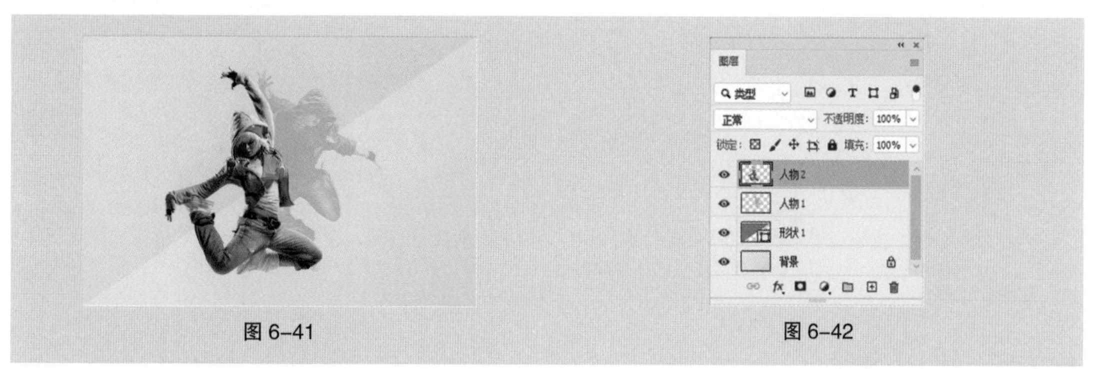

图 6-41　　图 6-42

（10）在“图层”控制面板中，将“人物 2”图层的混合模式设为“正片叠底”’、“不透明度”设为“90%”，如图 6-43 所示。按 Enter 键确定操作，效果如图 6-44 所示。

图 6-43　　图 6-44

（11）选择“图像 > 调整 > 黑白”命令，在弹出的对话框中进行设置，如图 6-45 所示。单击“确定”按钮，效果如图 6-46 所示。

（12）选择“图像 > 调整 > 渐变映射”命令，弹出“渐变映射”对话框。单击“点按可编辑渐变”按钮，弹出“渐变编辑器”对话框，将渐变色设为从橘红色（255、83、16）到白色，如图 6-47 所示。单击“确定”按钮。返回到“渐变映射”对话框，单击“确定”按钮，效果如图 6-48 所示。

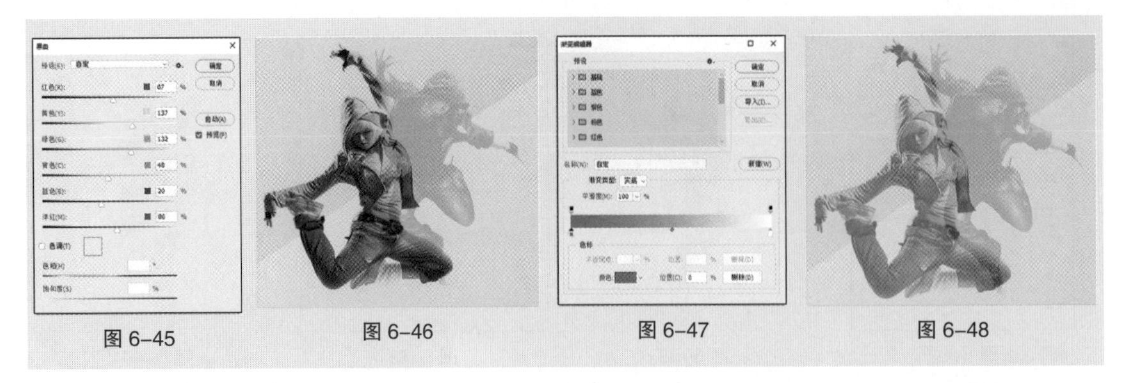
图 6-45　图 6-46　图 6-47　图 6-48

（13）选择“横排文字”工具 T，在适当的位置输入需要的文字并选中文字，在属性栏中选择合适的字体并设置大小，将文本颜色设置为红色（224、54、0），效果如图 6-49 所示。在“图层”控制面板中会生成新的文字图层。用相同的方法添加其他文字，效果如图 6-50 所示。主题海报制作完成，效果如图 6-51 所示。

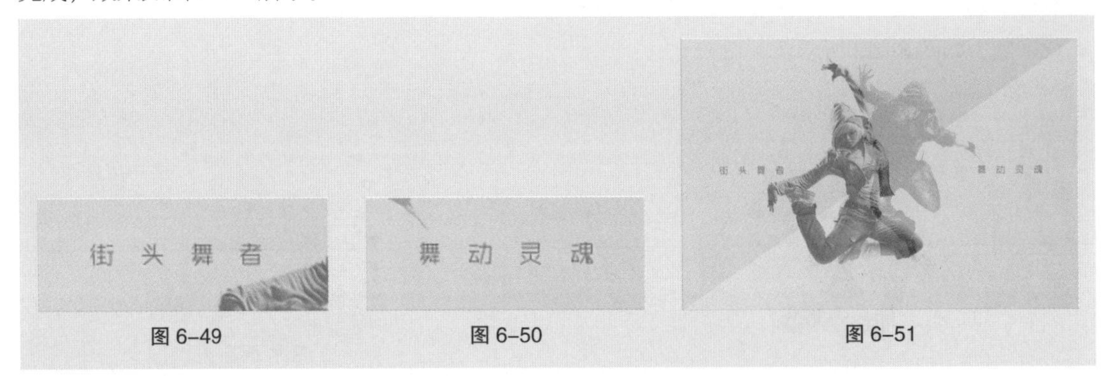

图 6-49　图 6-50　图 6-51

6.1.6 黑白命令

使用“黑白”命令可以将彩色图像转换为灰阶图像，也可以为灰阶图像添加单色。

6.1.7 渐变映射命令

“渐变映射”命令用于将图像的最暗色调和最亮色调映射为一组渐变色中的最暗色调和最亮色调。

打开一幅图像，如图 6-52 所示。选择“图像 > 调整 > 渐变映射”命令，弹出“渐变映射”对话框，如图 6-53 所示。单击“点按可编辑渐变”按钮，在弹出的“渐变编辑器”对话框中设置渐变色，如图 6-54 所示。单击“确定”按钮，返回到“渐变映射”对话框，单击“确定”按钮，效果如图 6-55 所示。

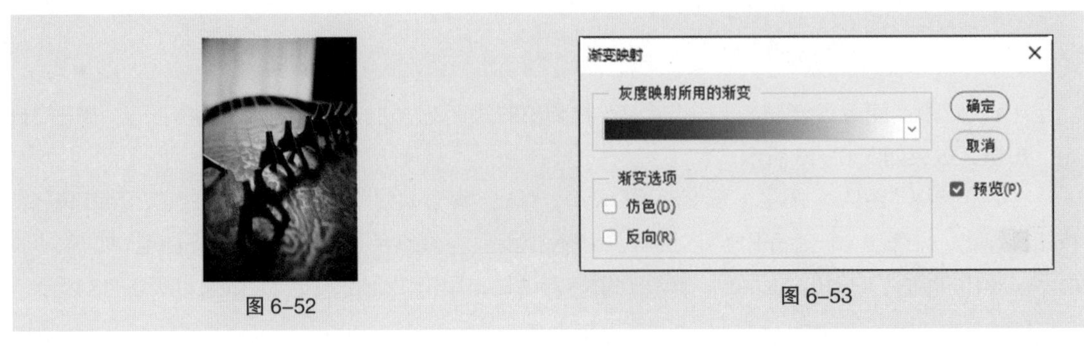

图 6-52　图 6-53

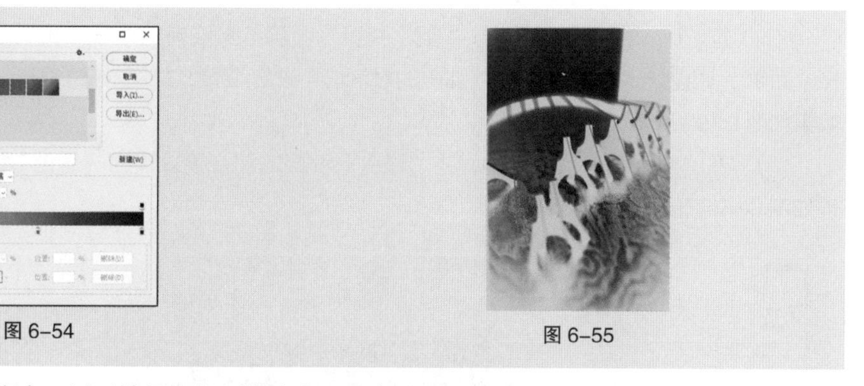

图 6-54　　图 6-55

灰度映射所用的渐变：用于选择和设置渐变色。仿色：用于设置是否为转变色阶后的图像增加仿色。反向：用于设置是否反转转变色阶后的图像颜色。

6.1.8　课堂案例——制作唯美风景画

【案例学习目标】学习使用“调整”命令调整风景画的颜色。

【案例知识要点】使用“通道混合器”命令和“黑白”命令调整图像，处理前后的图像如图 6-56 所示。

【效果所在位置】云盘 /Ch06/ 效果 / 制作唯美风景画 .psd。

扫码观看
本案例视频

扫码观看
扩展案例

图 6-56

（1）按 Ctrl+O 组合键，打开云盘中的“Ch06 > 素材 > 制作唯美风景画 > 01”文件，如图 6-57 所示。将“背景”图层拖曳到“图层”控制面板下方的“创建新图层”按钮 ⊞ 上进行复制，生成新的图层“背景 拷贝”，如图 6-58 所示。

图 6-57　　图 6-58

（2）选择“图像 > 调整 > 通道混合器”命令，在弹出的对话框中进行设置，如图 6-59 所示。单击“确定”按钮，效果如图 6-60 所示。

（3）按 Ctrl+J 组合键，复制“背景 拷贝”图层，生成新的图层并将其重命名为“黑白”。选择“图像 > 调整 > 黑白”命令，在弹出的对话框中进行设置，如图 6-61 所示。单击“确定”按钮，效果如图 6-62 所示。

（4）在“图层”控制面板中，将“黑白”图层的混合模式设为“滤色”，如图 6-63 所示。效果如图 6-64 所示。

图 6-59　图 6-60　图 6-61

图 6-62　图 6-63　图 6-64

（5）在按住 Ctrl 键的同时，选中“黑白”图层和“背景 拷贝”图层。按 Ctrl+E 组合键，合并两个图层并将其重命名为“效果”。选择“图像 > 调整 > 色相 / 饱和度”命令，在弹出的对话框中进行设置，如图 6-65 所示。单击“确定”按钮，效果如图 6-66 所示。唯美风景画制作完成。

图 6-65　图 6-66

6.1.9　通道混合器命令

打开一幅图像，如图 6-67 所示。选择“图像 > 调整 > 通道混合器”命令，在弹出的对话框中进行设置，如图 6-68 所示。单击“确定”按钮，效果如图 6-69 所示。

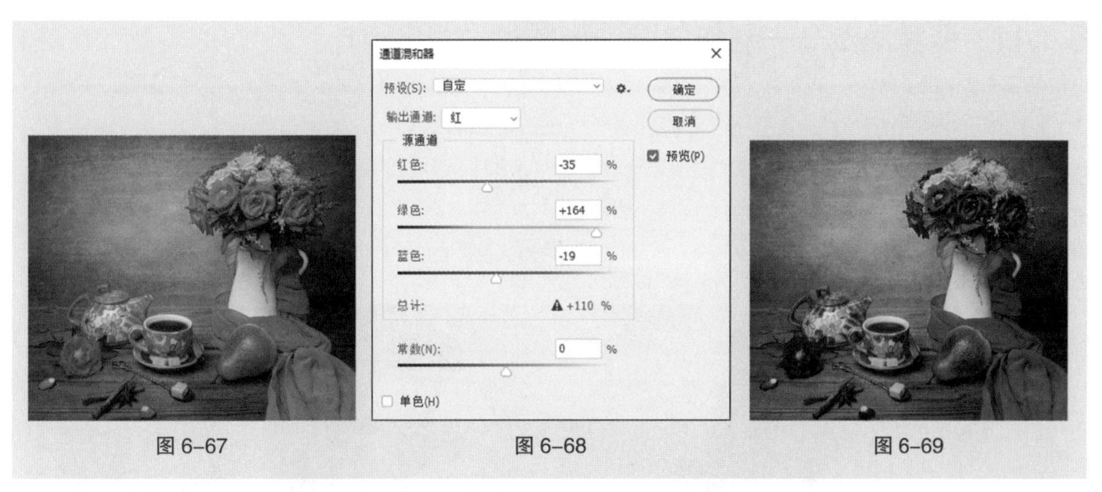

图 6-67　　图 6-68　　图 6-69

输出通道：用于选择要修改的通道。源通道：在其中拖曳滑块或输入数值来调整图像。常数：拖曳滑块或输入数值来调整图像。单色：用于设置是否创建灰度模式的图像。

6.1.10　色相 / 饱和度命令

打开一幅图像，如图 6-70 所示。选择“图像 > 调整 > 色相 / 饱和度”命令，或按 Ctrl+U 组合键，在弹出的对话框中进行设置，如图 6-71 所示。单击“确定”按钮，效果如图 6-72 所示。

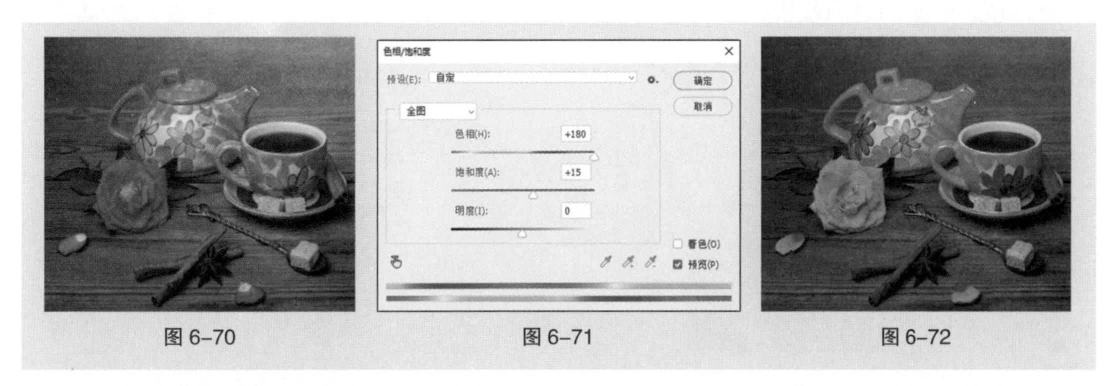

图 6-70　　图 6-71　　图 6-72

预设：用于选择预设的调色方法。着色：用于设置是否在由灰度模式图像转换而来的色彩模式图像中添加需要的颜色。

打开一幅图像，如图 6-73 所示。打开“色相 / 饱和度”对话框并进行设置，勾选“着色”复选框，如图 6-74 所示。单击“确定”按钮，效果如图 6-75 所示。

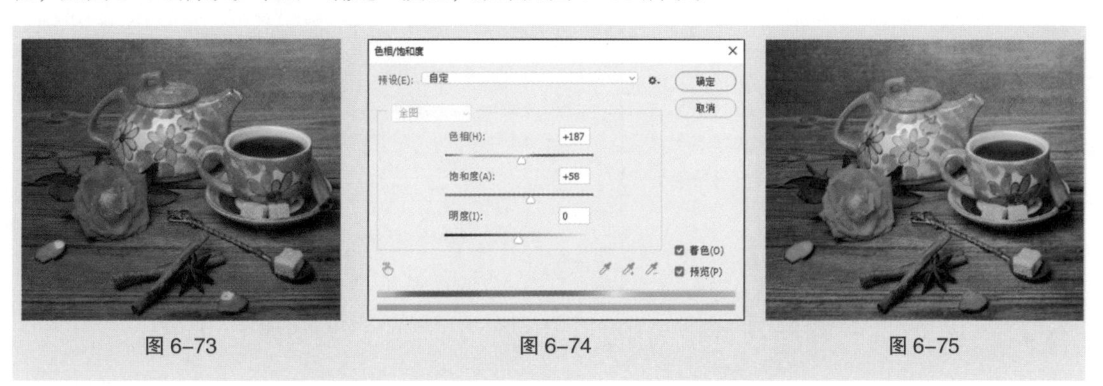

图 6-73　　图 6-74　　图 6-75

6.1.11 课堂案例——制作冰蓝色调图片

【案例学习目标】学习使用“调整”命令调整人物图像。

【案例知识要点】使用“照片滤镜”命令和“色阶”对话框调整图像，使用“横排文字”工具添加文字，处理前后的图像如图 6-76 所示。

【效果所在位置】云盘 /Ch06/ 效果 / 制作冰蓝色调图片 .psd。

扫码观看
本案例视频

图 6-76

（1）按 Ctrl+O 组合键，打开云盘中的“Ch06 > 素材 > 制作冰蓝色调图片 > 01”文件，如图 6-77 所示。将“背景”图层拖曳到“图层”控制面板下方的“创建新图层”按钮 ⊞ 上进行复制，生成新的图层“背景 拷贝”，如图 6-78 所示。

图 6-77

图 6-78

（2）选择“图像 > 调整 > 照片滤镜”命令，弹出“照片滤镜”对话框。选中“颜色”单选项，将“颜色”设置为蓝色（0、90、255），其他选项的设置如图 6-79 所示。单击“确定”按钮，效果如图 6-80 所示。

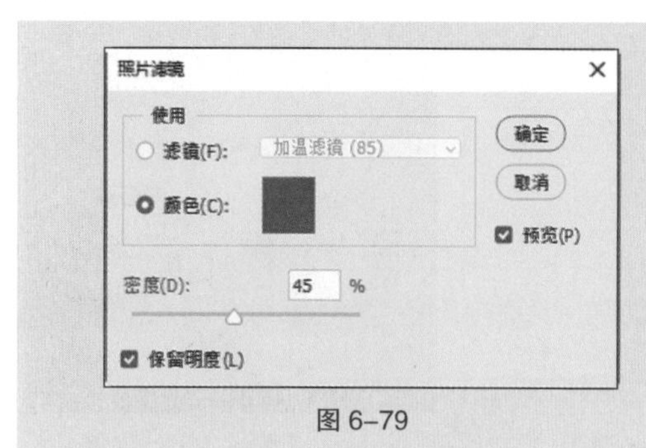

图 6-79

图 6-80

（3）按 Ctrl+L 组合键，弹出“色阶”对话框，相关选项的设置如图 6-81 所示。单击“通道”下拉按钮，在弹出的下拉列表中选择“红”选项，切换到相应的相关，设置如图 6-82 所示。在“通道”下拉列表中选择“蓝”选项，切换到相应的选项，设置如图 6-83 所示。单击“确定”按钮，效果如图 6-84 所示。

（4）选择“图像 > 调整 > 亮度 / 对比度”命令，在弹出的对话框中进行设置，如图 6-85 所示。单击“确定”按钮，效果如图 6-86 所示。

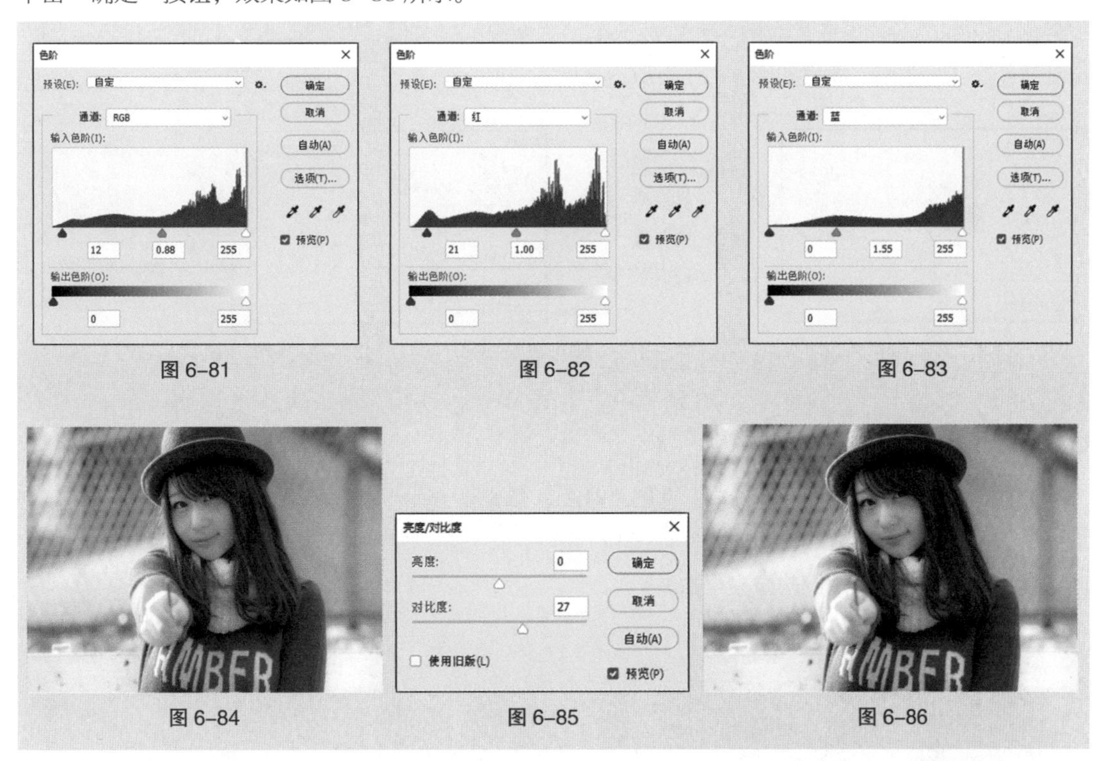

图 6-81　图 6-82　图 6-83

图 6-84　图 6-85　图 6-86

（5）选择“横排文字”工具 T，在适当的位置输入需要的文字并选中文字，在属性栏中选择合适的字体并设置大小，将文本颜色设置为紫色（37、14、19），效果如图 6-87 所示。在“图层”控制面板中会生成新的文字图层。冰蓝色调图片制作完成，如图 6-88 所示。

图 6-87　图 6-88

6.1.12　照片滤镜命令

“照片滤镜”命令用于模仿传统相机的滤镜效果处理图像。

打开一幅图片。选择“图像 > 调整 > 照片滤镜”命令，弹出“照片滤镜”对话框，如图 6-89 所示。

滤镜：用于选择颜色调整的过滤模式。颜色：单击右侧的图标■，弹出“拾色器（照片滤镜颜色）”对话框，在其中可以设置用于对图像进行过滤的颜色。密度：用于设置过滤颜色的百分比。保留明度：勾选此复选框，图像白色部分的颜色保持不变；取消勾选此复选框，则图像的全部颜色都随之改变，效果如图 6-90 所示。

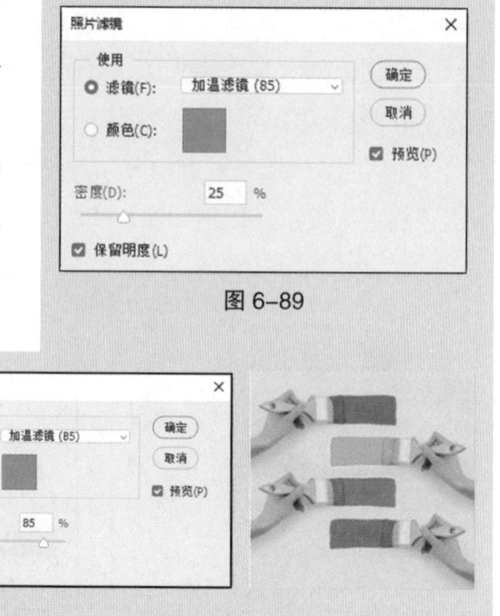

图 6-89

图 6-90

6.1.13 色阶命令

打开一幅图像，如图 6-91 所示。选择“图像 > 调整 > 色阶”命令，或按 Ctrl+L 组合键，弹出“色阶”对话框，如图 6-92 所示。对话框中间是一个直方图，其横坐标范围为 0 ～ 255，表示亮度值，其纵坐标的值表示图像的像素个数。

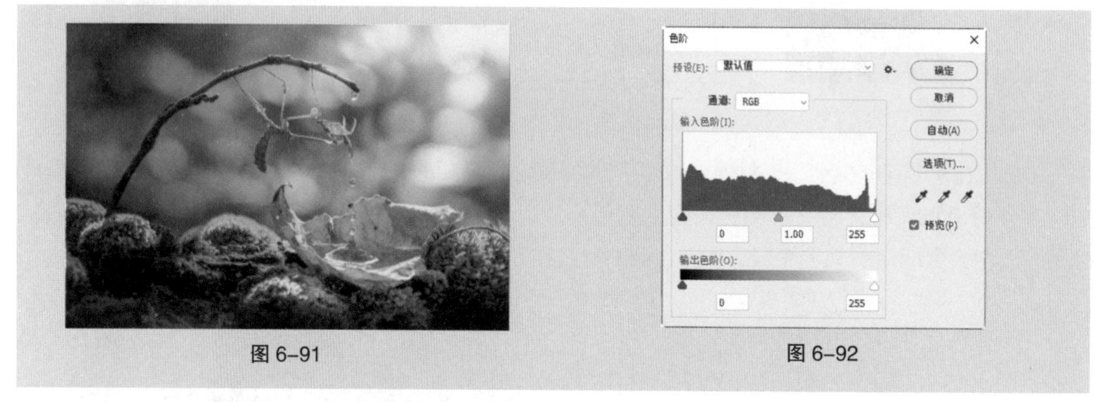

图 6-91　　图 6-92

通道：用于选择需要调整的通道。如果想选择两个以上的通道，要先在“通道”控制面板中选中需要的通道，再打开“色阶”对话框。

输入色阶：可以通过输入数值或拖曳滑块来调整图像。左侧的数值框和黑色滑块用于调整黑色，图像中低于设置的亮度值的所有像素将变为黑色；中间的数值框和灰色滑块用于调整灰度，其亮度值范围为 0.01 ～ 9.99；右侧的数值框和白色滑块用于调整白色，图像中高于设置的亮度值的所有像素将变为白色。调整“输入色阶”的 3 个滑块，图像将产生不同效果，如图 6-93 所示。

输出色阶：可以通过输入数值或拖曳滑块来控制图像的亮度。左侧的数值框和黑色滑块用于调整图像中最暗像素的亮度；右侧数值框和白色滑块用于调整图像中最亮像素的亮度。调整“输出色阶”的两个滑块，图像将产生不同效果，如图 6-94 所示。

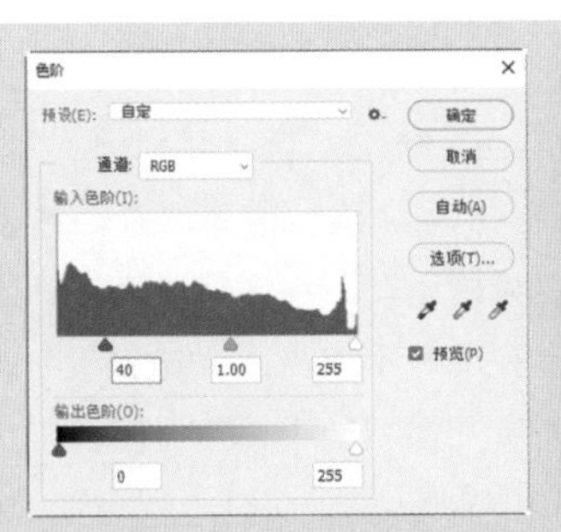
色阶
预设(E): 自定
确定
取消
自动(A)
选项(T)...
通道: RGB
输入色阶(I):
40
1.00
255
预览(P)
输出色阶(O):
0
255

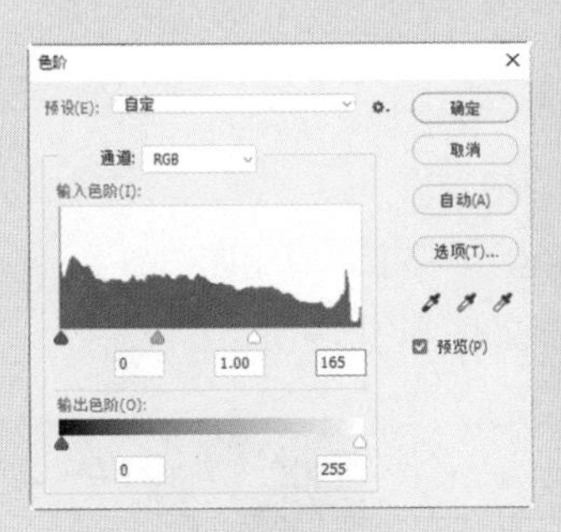
色阶
预设(E): 自定
确定
取消
自动(A)
选项(T)...
通道: RGB
输入色阶(I):
0
1.00
165
预览(P)
输出色阶(O):
0
255

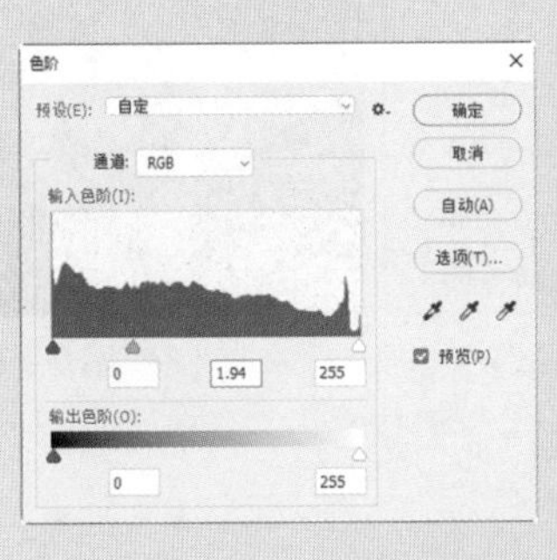
色阶
预设(E): 自定
确定
取消
自动(A)
选项(T)...
通道: RGB
输入色阶(I):
0
1.94
255
预览(P)
输出色阶(O):
0
255

图 6–93

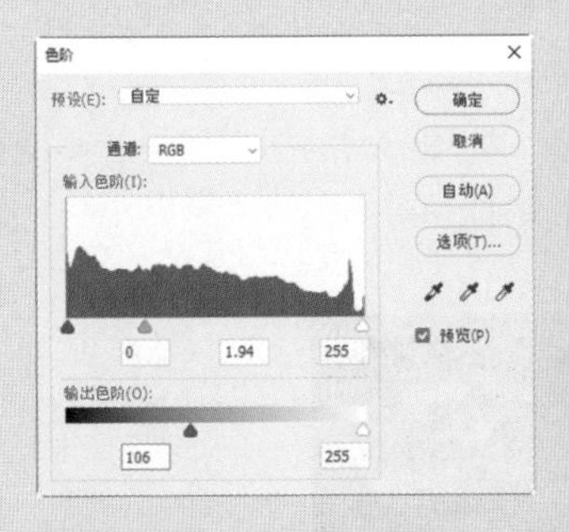
色阶
预设(E): 自定
确定
取消
自动(A)
选项(T)...
通道: RGB
输入色阶(I):
0
1.94
255
预览(P)
输出色阶(O):
106
255

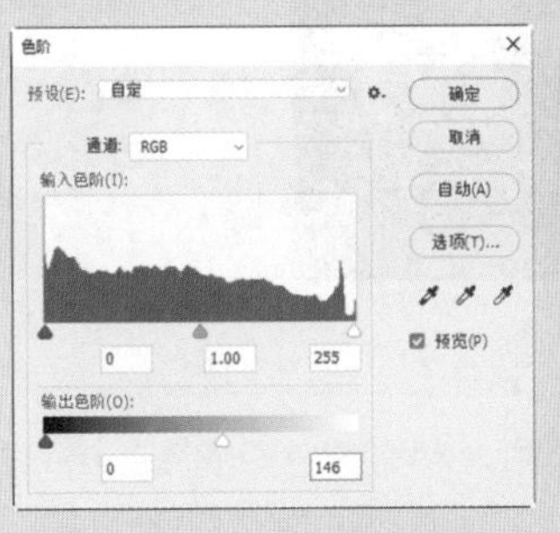
色阶
预设(E): 自定
确定
取消
自动(A)
选项(T)...
通道: RGB
输入色阶(I):
0
1.00
255
预览(P)
输出色阶(O):
0
146

图 6–94

自动(A)：用于自动调整图像并设置层次。选项(T)...：单击此按钮，弹出“自动颜色校正选项”对话框，系统将以 0.1% 色阶对图像进行加亮和变暗操作。取消：按住 Alt 键，此按钮将转换为复位按钮，单击此按钮可以将调整过的色阶复位还原，也可以进行重新设置。吸管工具：分别为黑色吸管工具、灰色吸管工具和白色吸管工具。选择黑色吸管工具，在图像中单击，图像中暗于单击位置像素的所有像素都会变为黑色；选择灰色吸管工具，在图像中单击，单击位置的像素会变为灰色，图像中其他像素的颜色也会相应调整；选择白色吸管工具，在图像中单击，图像中亮于单击位置像素的所有像素都会变为白色。双击任一吸管工具，在弹出的对话框中可以设置吸管颜色。

6.1.14　亮度 / 对比度命令

“亮度 / 对比度”命令用于调整整个图像的亮度和对比度。

打开一幅图像，如图 6–95 所示。选择“图像 > 调整 > 亮度 / 对比度”命令，在弹出的对话框中进行设置，如图 6–96 所示。单击“确定”按钮，效果如图 6–97 所示。

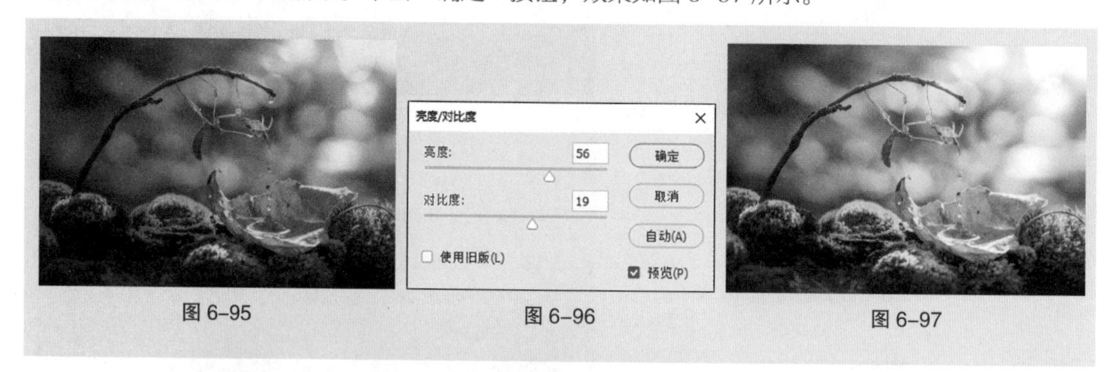

图 6–95　　图 6–96　　图 6–97

6.1.15　课堂案例——制作暖色调图片

【案例学习目标】学习使用“调整”命令调整食物图像。

【案例知识要点】使用“照片滤镜”命令和“阴影 / 高光”命令调整美食图像，使用“魔棒”工具选取图像，使用“横排文字”工具添加文字，处理前后的图像如图 6–98 所示。

【效果所在位置】云盘 /Ch06/ 效果 / 制作暖色调图片 .psd。

图 6–98

（1）按 Ctrl+O 组合键，打开云盘中的“Ch06 > 素材 > 制作暖色调图片 > 01”文件，如图 6–99 所示。按 Ctrl+J 组合键复制“背景”图层将新的图层重命名为“图层 1”，如图 6–100 所示。

（2）选择“裁剪”工具 ，在按住 Alt 键的同时，在图像窗口中的适当位置拖曳出一个裁剪区域，如图 6–101 所示。按 Enter 键确定操作，效果如图 6–102 所示。

图 6–99　图 6–100　图 6–101　图 6–102

（3）选择“图像 > 调整 > 照片滤镜”命令，在弹出的对话框中进行设置，如图 6–103 所示。单击“确定”按钮，效果如图 6–104 所示。

（4）选择“图像 > 调整 > 阴影 / 高光”命令，在弹出的对话框中进行设置，勾选“显示更多选项”复选框，如图 6–105 所示。单击“确定”按钮，图像效果如图 6–106 所示。

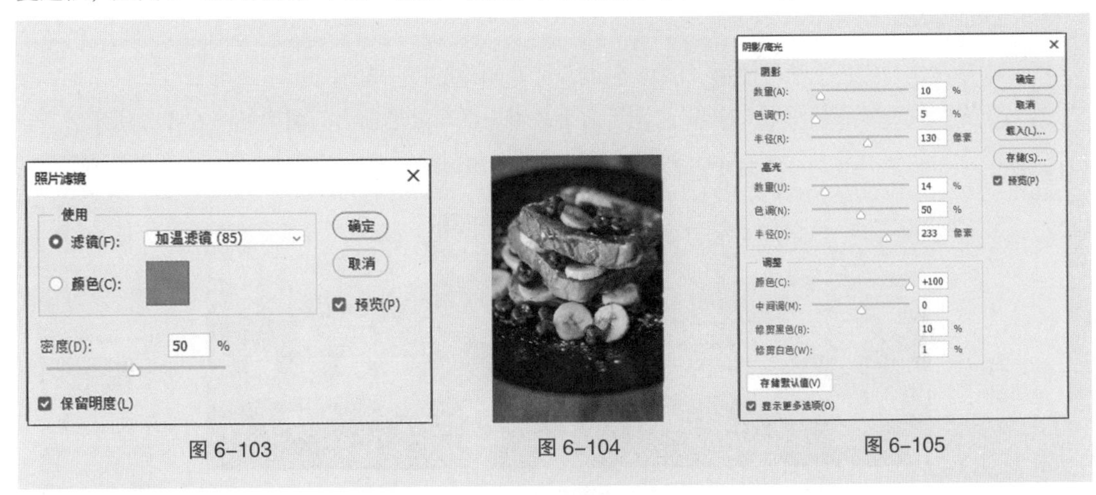

图 6–103　图 6–104　图 6–105

（5）选择“横排文字”工具 T，在适当的位置输入需要的文字并选中文字，在属性栏中选择合适的字体并设置大小，将文本颜色设置为白色，效果如图 6–107 所示。在“图层”控制面板中会生成新的文字图层。暖色调图片制作完成，效果如图 6–108 所示。

图 6–106　图 6–107　图 6–108

6.1.16 阴影 / 高光命令

"阴影 / 高光"命令用于快速改善图像中曝光过度或曝光不足区域的对比度，同时保持图像整体对比度的平衡。

打开一幅图像，如图 6–109 所示。选择"图像 > 调整 > 阴影 / 高光"命令，在弹出的对话框中进行设置，如图 6–110 所示。单击"确定"按钮，效果如图 6–111 所示。

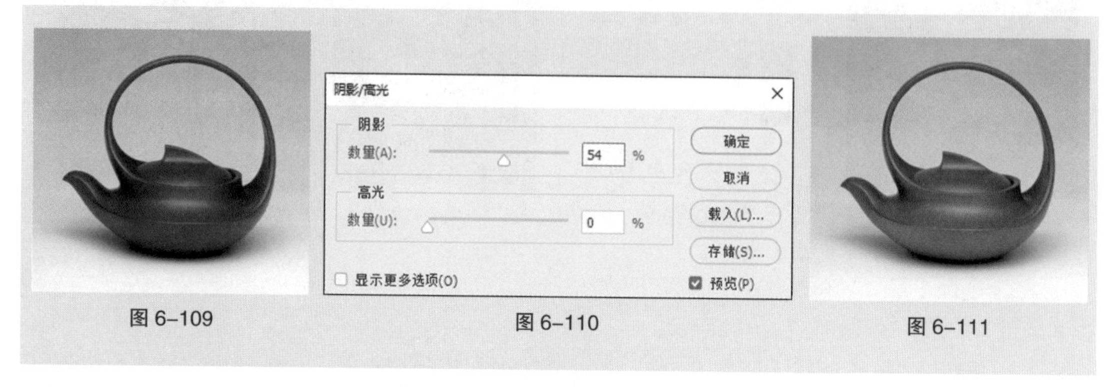

图 6–109　图 6–110　图 6–111

6.1.17 课堂案例——制作城市一角图片

【案例学习目标】学习使用"HDR 色调"命令制作城市一角图片。

【案例知识要点】使用"HDR 色调"命令调整图像，处理前后的图像如图 6–112 所示。

【效果所在位置】云盘 /Ch06/ 效果 / 制作城市一角图片 .psd。

扫码观看本案例视频

扫码观看扩展案例

图 6–112

（1）按 Ctrl+O 组合键，打开云盘中的"Ch06 > 素材 > 制作城市一角图片 > 01"文件。

（2）选择"图像 > 调整 > HDR 色调"命令，在弹出的对话框中进行设置，如图 6–113 所示。单击"色调曲线和直方图"左侧的 › 按钮，在对话框中进行设置，如图 6–114 和图 6–115 所示。单击"确定"按钮，效果如图 6–116 所示。城市一角图片制作完成。

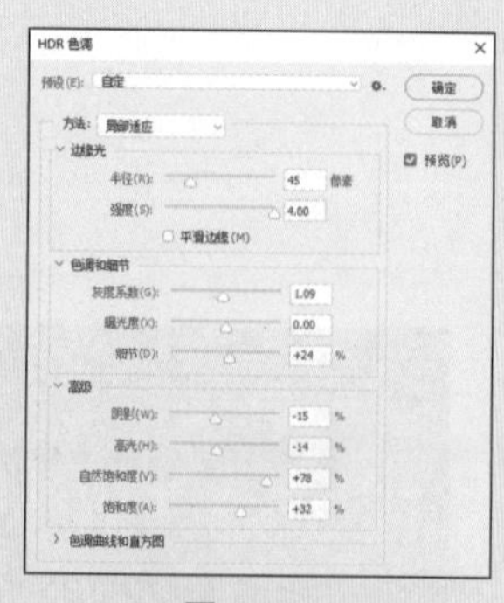

图 6–113

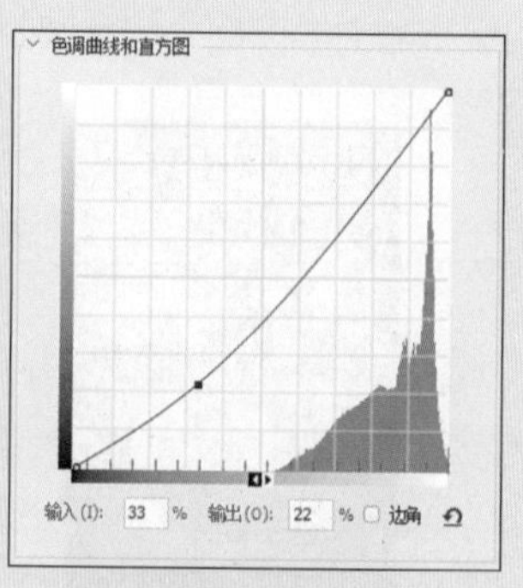

图 6–114

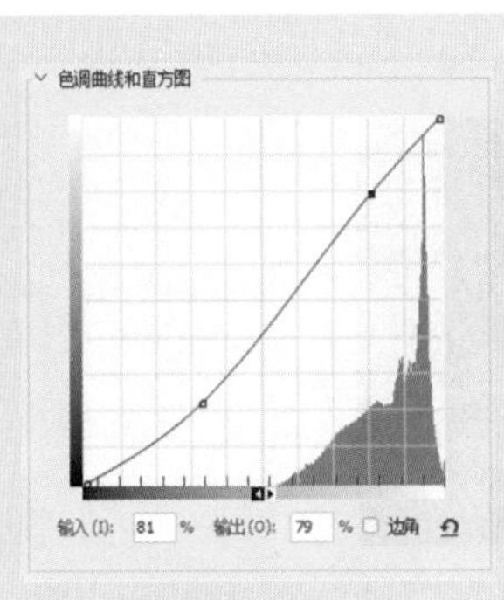

图 6–115

图 6–116

6.1.18 HDR 色调命令

打开一幅图像，如图 6–117 所示。选择“图像 > 调整 > HDR 色调”命令，弹出“HDR 色调”对话框，如图 6–118 所示。在该对话框中可以改变图像 HDR 的对比度和曝光度。

边缘光：用于把控调整的范围和强度。色调和细节：用于调节图像的曝光度，以及图像在阴影、高光区域中细节的呈现。高级：用于调节图像的色彩饱和度。色调曲线和直方图：用于显示直方图，并提供调整图像色调的曲线。

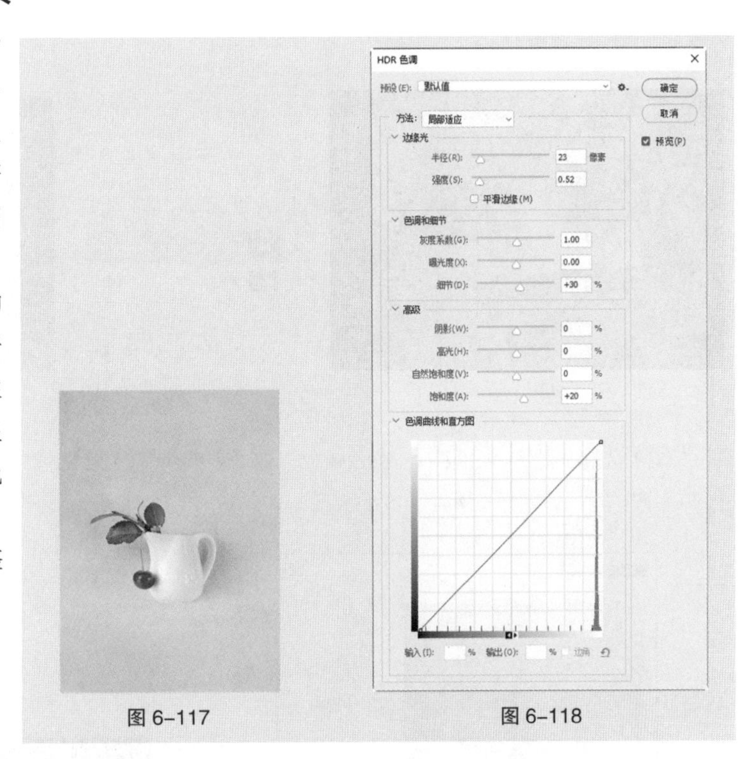

图 6–117　　图 6–118

6.2 特殊颜色处理

6.2.1 课堂案例——制作黑白风格图片

【案例学习目标】学习使用“去色”命令制作黑白风格图片。

【案例知识要点】使用“去色”命令和“色阶”对话框改变图像效果，使用表面模糊滤镜调整图像，使用“置入嵌入对象”命令置入图片，处理前后的图像如图 6–119 所示。

【效果所在位置】云盘 /Ch06/ 效果 / 制作黑白风格图片 .psd。

图 6-119

（1）按 Ctrl+O 组合键，打开云盘中的“Ch06 > 素材 > 制作黑白风格图片 > 01”文件，如图 6-120 所示。将“背景”图层拖曳到“图层”控制面板下方的“创建新图层”按钮⊞上进行复制，生成新的图层“背景 拷贝”，如图 6-121 所示。选择“图像 > 调整 > 去色”命令，效果如图 6-122 所示。

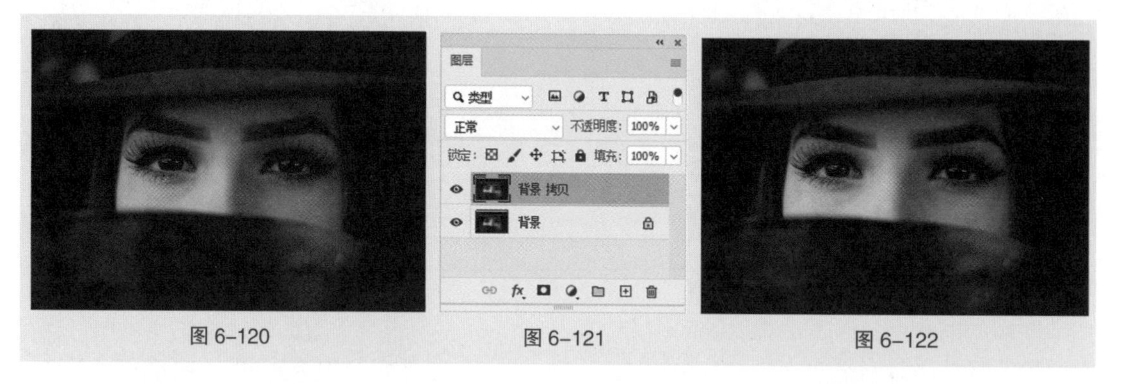

图 6-120　图 6-121　图 6-122

（2）选择“滤镜 > 模糊 > 表面模糊”命令，在弹出的对话框中进行设置，如图 6-123 所示。单击“确定”按钮，效果如图 6-124 所示。

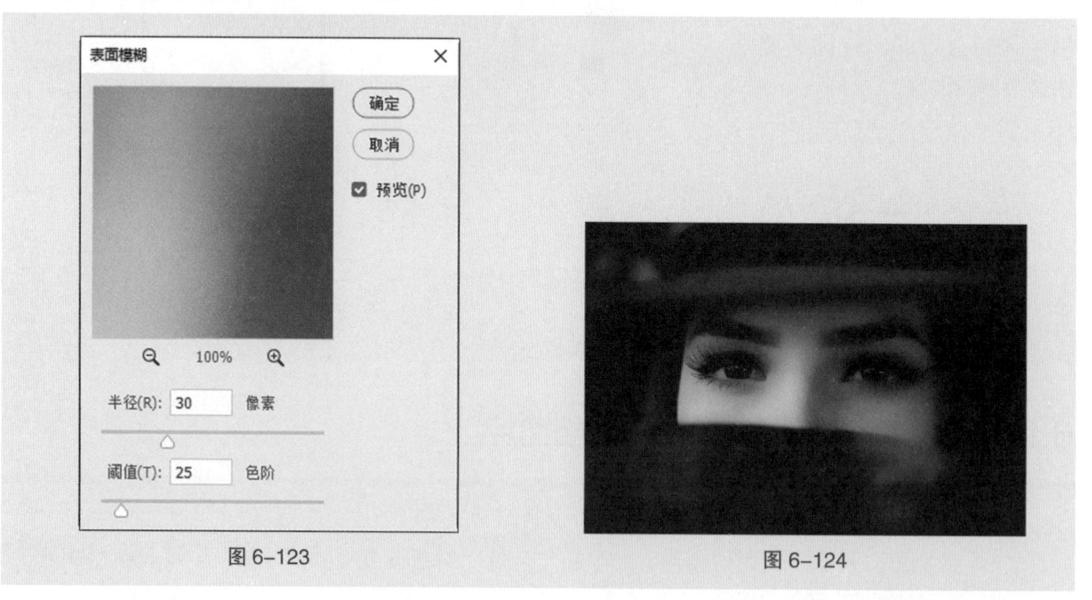

图 6-123　图 6-124

（3）按 Ctrl+L 组合键，弹出“色阶”对话框，相关选项的设置如图 6-125 所示。单击“确定”按钮，效果如图 6-126 所示。

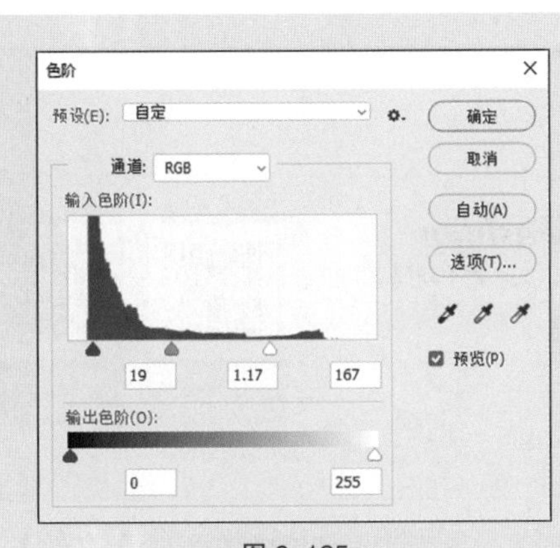

图 6-125

图 6-126

（4）选择“横排文字”工具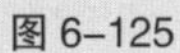，在适当的位置输入需要的文字并选中文字，在属性栏中选择合适的字体并设置大小，将文本颜色设置为白色，效果如图 6-127 所示。在“图层”控制面板中会生成新的文字图层。

（5）选择“文件 > 置入嵌入对象”命令，弹出“置入嵌入的对象”对话框。选择云盘中的“Ch06 > 素材 > 制作黑白风格图片 > 02”文件，单击“置入”按钮，将图片置入图像窗口中。将其拖曳到适当的位置，按 Enter 键确定操作，效果如图 6-128 所示。在“图层”控制面板中会生成新的图层，将其重命名为“羽毛”。黑白风格图片制作完成，效果如图 6-129 所示。

图 6-127　　图 6-128　　图 6-129

6.2.2　去色命令

选择“图像 > 调整 > 去色”命令，或按 Shift+Ctrl+U 组合键，可以去掉图像中的色彩，使图像变为灰度图，但图像的色彩模式并不改变。“去色”命令可以对选区中的图像进行去掉图像色彩的操作。

6.2.3　课堂案例——制作版画风格图片

【案例学习目标】学习使用“阈值”命令调整人物图像。

【案例知识要点】使用“阈值”命令调整图像，使用“横排文字”工具输入文字，处理前后的图像如图 6-130 所示。

【效果所在位置】云盘 /Ch06/ 效果 / 制作版画风格图片 .psd。

图 6-130

（1）按 Ctrl+O 组合键，打开云盘中的“Ch06 > 素材 > 制作版画风格图片 > 01”文件，如图 6-131 所示。将“背景”图层拖曳到“图层”控制面板下方的“创建新图层”按钮 ⊞ 上进行复制，生成新的图层并将其重命名为“人物”，如图 6-132 所示。

（2）选择“图像 > 调整 > 阈值”命令，在弹出的对话框中进行设置，如图 6-133 所示。单击“确定”按钮，效果如图 6-134 所示。

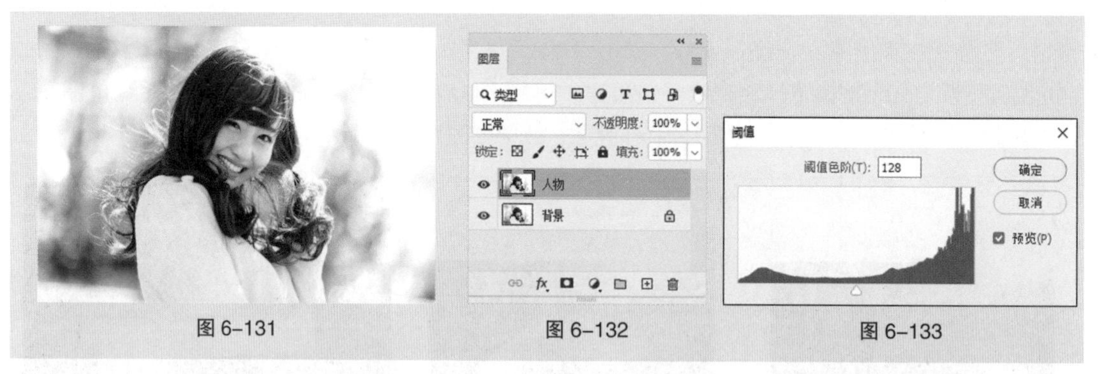

图 6-131　　图 6-132　　图 6-133

（3）将前景色设为白色。新建图层并将其命名为“白色底图”。按 Alt+Delete 组合键，用前景色填充该图层，如图 6-135 所示。选择“椭圆”工具 ○，在属性栏的“选择工具模式”下拉列表中选择“形状”选项，将“填充”设为黑色。在按住 Shift 键的同时，在图像窗口中按住鼠标左键不放，拖曳鼠标绘制圆形，效果如图 6-136 所示。在“图层”控制面板中会生成新的形状图层。

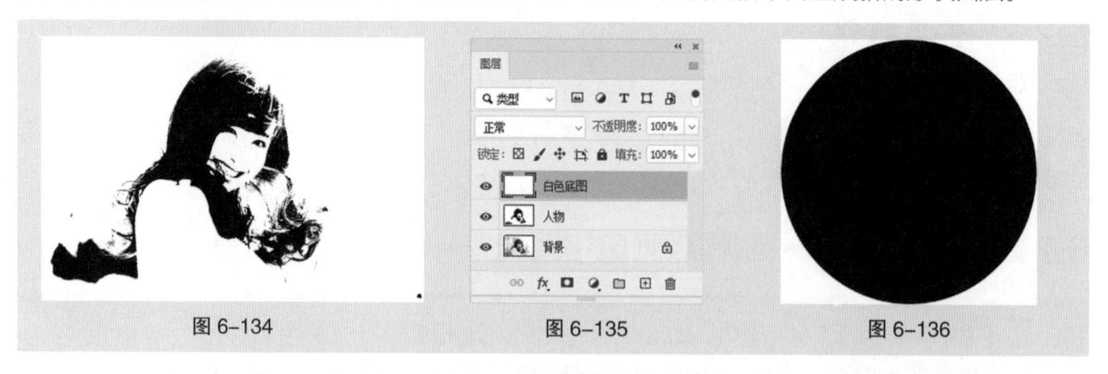

图 6-134　　图 6-135　　图 6-136

（4）在“图层”控制面板中，将“人物”图层拖曳到“椭圆 1”图层的上方，如图 6-137 所示。效果如图 6-138 所示。在按住 Alt 键的同时，将鼠标指针移动到“人物”图层与“椭圆 1”图层的中间位置，单击为“人物”图层创建剪贴蒙版，效果如图 6-139 所示。

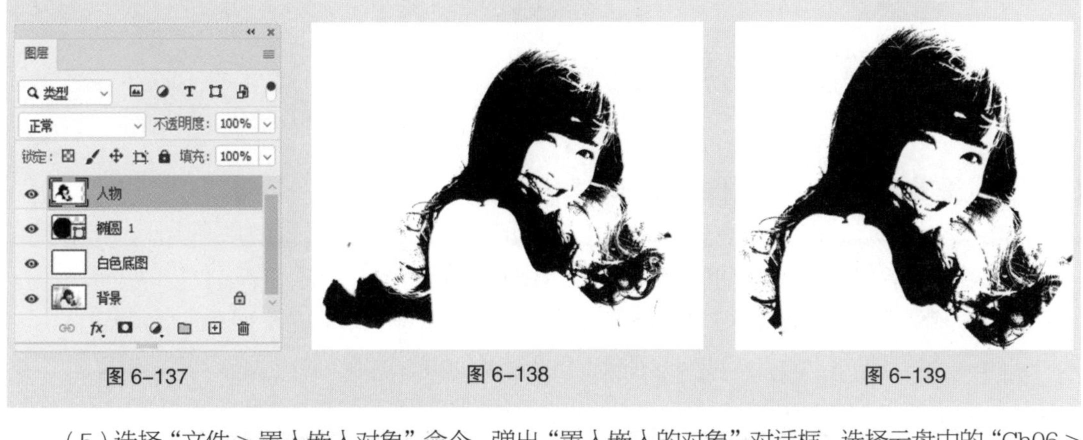

图 6-137　　图 6-138　　图 6-139

（5）选择“文件 > 置入嵌入对象”命令，弹出“置入嵌入的对象”对话框。选择云盘中的“Ch06 > 素材 > 制作版画风格图片 > 02”文件，单击“置入”按钮，将图片置入图像窗口中。将其拖曳到适当的位置，按 Enter 键确定操作，效果如图 6-140 所示。在“图层”控制面板中会生成新的图层，将其重命名为“文字”。版画风格图片制作完成，效果如图 6-141 所示。

图 6-140　　图 6-141

6.2.4　阈值命令

“阈值”命令用于增大图像色调的反差。

打开一幅图像，如图 6-142 所示。选择“图像 > 调整 > 阈值”命令，在弹出的对话框中进行设置，如图 6-143 所示。单击“确定”按钮，效果如图 6-144 所示。

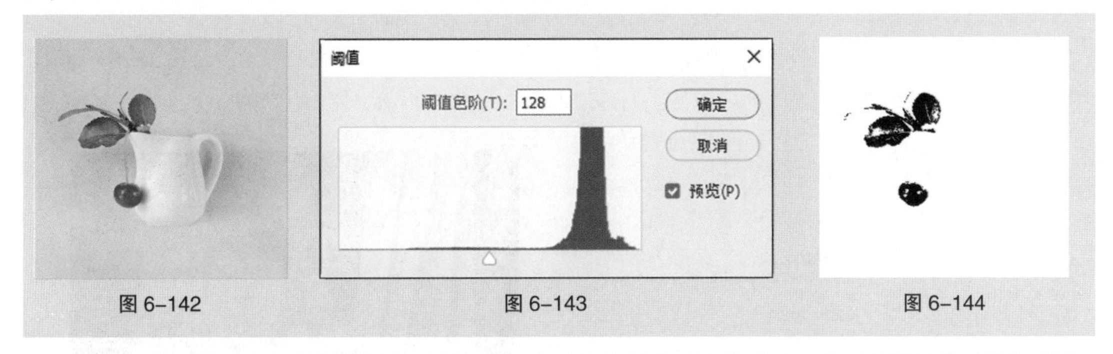

图 6-142　　图 6-143　　图 6-144

阈值色阶：用于改变图像的阈值，系统将使大于阈值的像素变为白色、小于阈值的像素变为黑色，使图像的色调具有较大的反差。

6.3 使用动作控制面板调色

6.3.1 课堂案例——制作复古色调图片

【案例学习目标】学习使用“动作”控制面板调整图像色调。

【案例知识要点】使用预定动作制作复古色调图片，处理前后的图像如图 6-145 所示。

【效果所在位置】云盘 /Ch06/ 制作复古色调图片 .psd。

扫码观看
本案例视频

扫码观看
扩展案例

图 6-145

（1）按 Ctrl+O 组合键，打开云盘中的“Ch06 > 素材 > 制作复古色调图片 > 01”文件，如图 6-146 所示。选择“窗口 > 动作”命令，弹出“动作”控制面板，如图 6-147 所示。单击“动作”控制面板右上方的图标 ≡，在弹出的菜单中选择“载入动作”命令。在弹出的对话框中选择云盘中的“Ch06 > 素材 > 制作复古色调图片 > 02”文件，单击“确定”按钮，载入预定动作，如图 6-148 所示。

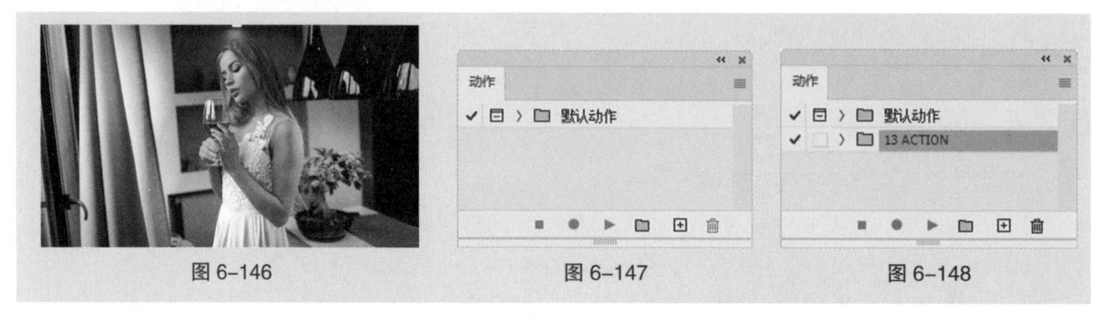

图 6-146　图 6-147　图 6-148

（2）单击“13 ACTION”左侧的 › 按钮，查看动作应用的步骤，如图 6-149 所示。单击“动作”控制面板下方的“播放选定的动作”按钮 ▸，效果如图 6-150 所示。复古色调图片制作完成。

图 6-149

图 6-150

6.3.2 动作控制面板

在“动作”控制面板中，可以对一批需要进行相同处理的图像执行批处理操作，以减少重复操作。

选择“窗口 > 动作”命令，或按 Alt+F9 组合键，弹出“动作”控制面板，如图 6-151 所示。该控制面板包括“停止播放 / 记录”按钮 ■ 、“开始记录”按钮 ● 、“播放选定的动作”按钮 ▶ 、“创建新组”按钮 🗀 、“创建新动作”按钮 ⊞ 、“删除”按钮 🗑 。

单击“动作”控制面板右上方的图标 ≡ ，弹出菜单，如图 6-152 所示。

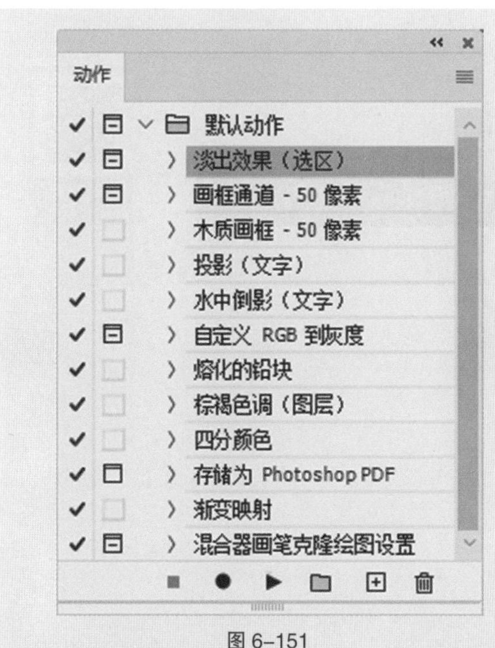

图 6-151

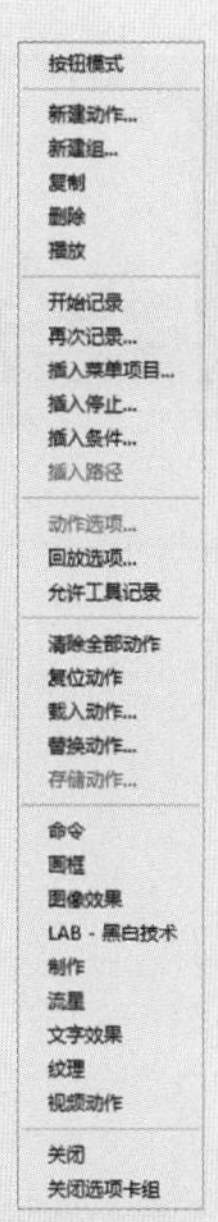

图 6-152

6.4 课堂练习——调整图片的色彩与明度

【练习知识要点】使用“可选颜色”命令和“曝光度”命令调整图片的色彩与明度，使用“横排文本”工具添加文字，效果如图 6-153 所示。

【效果所在位置】云盘 /Ch06/ 效果 / 调整图片的色彩与明度 .psd。

图 6-153

6.5 课后习题——制作城市全景图片

【习题知识要点】使用“Photomerge”命令制作城市全景图片，使用“裁剪”工具裁剪图片，使用“曲线”命令调整图片，效果如图 6–154 所示。

【效果所在位置】云盘 /Ch06/ 效果 / 制作城市全景图片 .psd。

扫码观看
本案例视频

图 6–154

07 第7章 合成

本章介绍

Photoshop 2020，可以将原本不可能在一起的东西合成到一起，展现出设计师们无与伦比的想象力，为生活添加乐趣。本章主要介绍图层混合模式、图层蒙版、剪贴蒙版、矢量蒙版和快速蒙版的应用。通过本章的学习，读者可以了解和掌握合成的方法与技巧，为今后的设计工作打下基础。

学习目标

- 熟练掌握图层混合模式的应用方法。
- 掌握不同蒙版的应用技巧。

技能目标

- 掌握不同的图层混合模式。
- 掌握图层蒙版的添加、隐藏、链接、应用和删除。

素质目标

- 形成一定的设计创新能力。
- 培养科学思维和艺术创作思维。

7.1 图层混合模式

图层混合模式在图像处理及效果制作中被广泛应用，特别是多个图像合成方面。

7.1.1 课堂案例——制作双重曝光图片

【案例学习目标】学习使用图层混合模式制作双重曝光效果。

【案例知识要点】使用“垂直翻转”命令翻转图像，使用图层蒙版、“渐变”工具和图层混合模式制作图像叠加效果，使用“横排文字”工具添加文字，效果如图 7-1 所示。

【效果所在位置】云盘 /Ch07/ 效果 / 制作双重曝光图片 .psd。

扫码观看
本案例视频

扫码观看
扩展案例

图 7-1

（1）按 Ctrl+O 组合键，打开云盘中的“Ch07 > 素材 > 制作双重曝光图片 > 01”文件，如图 7-2 所示。将“背景”图层拖曳到“图层”控制面板下方的“创建新图层”按钮 ⊞ 上进行复制，生成新的图层“背景 拷贝”。

（2）按 Ctrl+T 组合键，图像周围出现变换框。在变换框中单击鼠标右键，在弹出的菜单中选择“垂直翻转”命令，翻转图像并将其拖曳到适当的位置，按 Enter 键确定操作，效果如图 7-3 所示。

图 7-2

图 7-3

（3）在“图层”控制面板中，将“背景 拷贝”图层的混合模式设为“明度”，如图 7-4 所示。效果如图 7-5 所示。单击“图层”控制面板下方的“添加图层蒙版”按钮 ◘，为图层添加蒙版，如图 7-6 所示。

图 7-4　　图 7-5　　图 7-6

（4）选择“渐变”工具，单击属性栏中的“点按可编辑渐变”按钮，弹出“渐变编辑器”对话框，将渐变色设为从白色到黑色，如图 7-7 所示。单击“确定”按钮，在图像窗口中按住鼠标左键不放，由上至下拖曳鼠标，填充渐变色，释放鼠标，效果如图 7-8 所示。

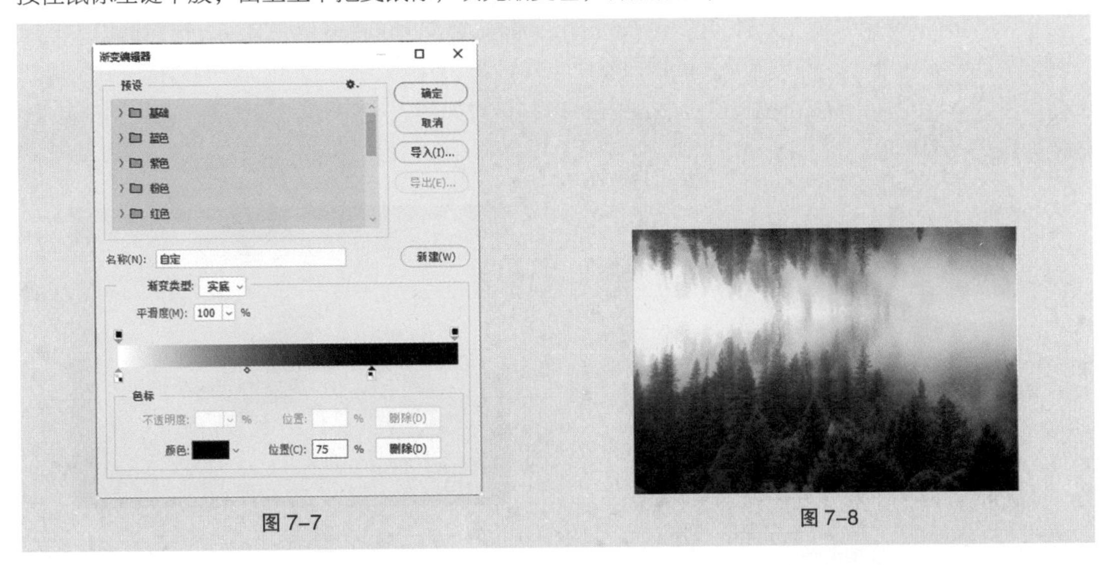

图 7-7　　图 7-8

（5）选择“文件 > 置入嵌入对象”命令，弹出“置入嵌入的对象”对话框。选择云盘中的“Ch07 > 素材 > 制作双重曝光图片 > 02”文件，单击“置入”按钮，将图片置入图像窗口中。将其拖曳到适当的位置并调整大小，按 Enter 键确定操作，效果如图 7-9 所示。在“图层”控制面板中会生成新的图层并将其重命名为“人物”。

（6）在“图层”控制面板中，将“人物”图层的混合模式设为“叠加”，如图 7-10 所示。效果如图 7-11 所示。

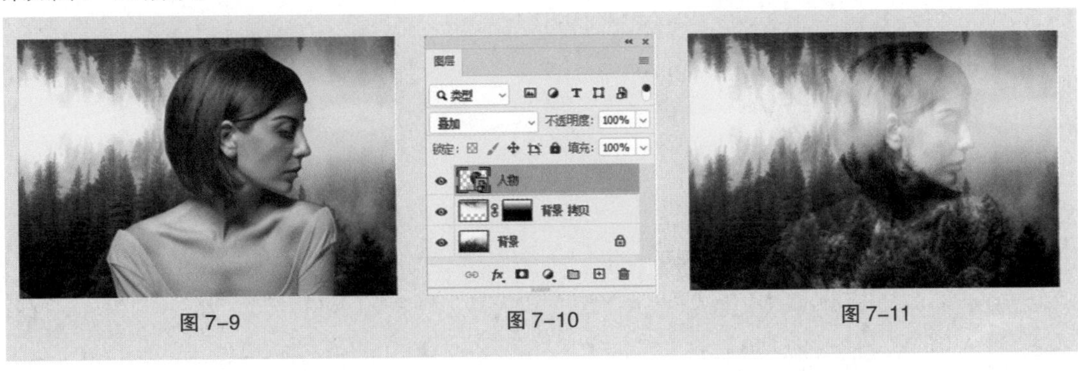

图 7-9　　图 7-10　　图 7-11

（7）将“人物”图层拖曳到“图层”控制面板下方的“创建新图层”按钮 ⊞ 上进行复制，生成新的图层“人物 拷贝”。将该图层的混合模式设为“柔光”，如图 7-12 所示。效果如图 7-13 所示。

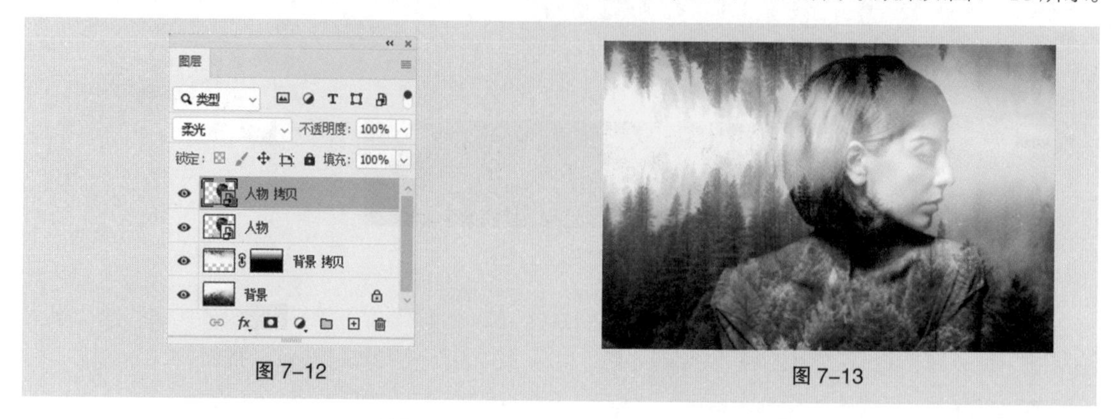

图 7-12　　图 7-13

（8）选择“横排文字”工具 T，在适当的位置输入需要的文字并选中文字，在属性栏中选择合适的字体并设置大小，将文本颜色设置为绿色（12、92、61）。在“图层”控制面板中会生成新的文字图层。将该图层的混合模式设为“正片叠底”，效果如图 7-14 所示。双重曝光图片制作完成，效果如图 7-15 所示。

图 7-14　　图 7-15

7.1.2 图层混合模式

在“图层”控制面板中，正常 下拉列表用于设置图层的混合模式，它包含 27 种混合模式。打开一幅图像，如图 7-16 所示。“图层”控制面板如图 7-17 所示。

图 7-16　　图 7-17

对“铅笔”图层应用不同的图层混合模式，效果如图 7-18 所示。

图 7-18

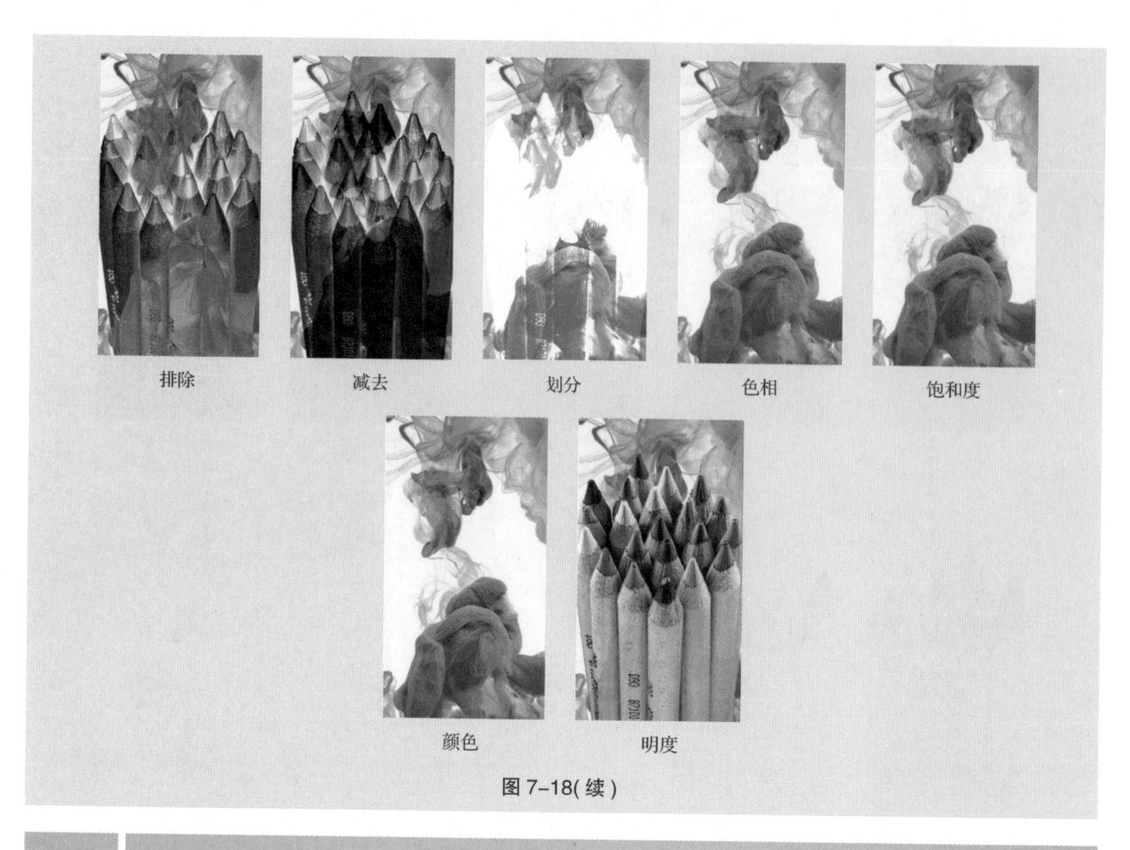

图 7-18(续)

7.2 蒙版

7.2.1 课堂案例——制作红蓝色调图片

【案例学习目标】学习使用图层蒙版制作颜色遮罩效果。

【案例知识要点】使用图层蒙版、“画笔”工具和图层混合模式制作红蓝色调图片，处理前后的图像如图 7-19 所示。

【效果所在位置】云盘 /Ch07/ 效果 / 制作红蓝色调图片 .psd。

图 7-19

（1）按 Ctrl+O 组合键，打开云盘中的“Ch07 > 素材 > 制作红蓝色调图片 > 01”文件，如图 7-20 所示。将“背景”图层拖曳到“图层”控制面板下方的“创建新图层”按钮 ⊞ 上进行复制，生成新的图层“背景 拷贝”，如图 7-21 所示。

（2）新建图层并将其命名为“纯色层 1”。将前景色设为蓝色（6、149、249）。按 Alt+Delete 组合键，用前景色填充“纯色层 1”图层，效果如图 7-22 所示。在“图层”控制面板中，将该图层的混合模式设为“减去”，如图 7-23 所示。效果如图 7-24 所示。

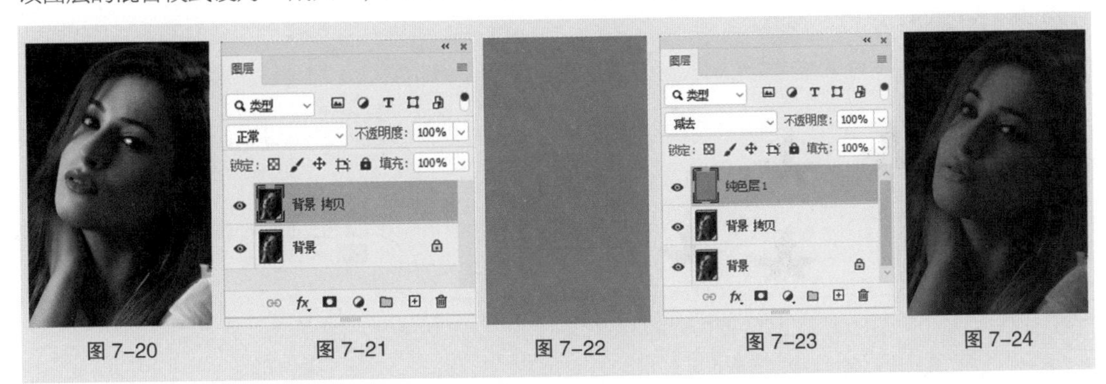

图 7-20　图 7-21　图 7-22　图 7-23　图 7-24

（3）单击“图层”控制面板下方的“添加图层蒙版”按钮 ◘，为图层添加蒙版，如图 7-25 所示。将前景色设为黑色。选择“画笔”工具 🖌，在属性栏中单击“画笔”按钮，在弹出的面板中选择需要的画笔形状，设置如图 7-26 所示。将“不透明度”和“流量”均设为“50%”。在图像窗口中按住鼠标左键不放，拖曳鼠标擦除不需要的图像，效果如图 7-27 所示。

（4）用相同的方法制作“纯色层 2”图层。红蓝色调图片制作完成，效果如图 7-28 所示。

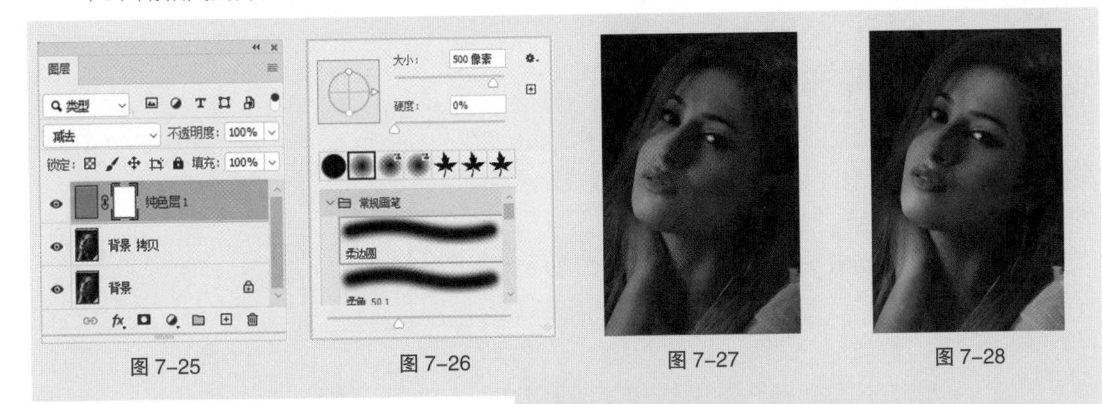

图 7-25　图 7-26　图 7-27　图 7-28

7.2.2　添加图层蒙版

单击“图层”控制面板下方的“添加图层蒙版”按钮 ◘，为图层添加图层蒙版，如图 7-29 所示。在按住 Alt 键的同时，单击“图层”控制面板下方的“添加图层蒙版”按钮 ◘，为图层添加遮盖全图层的图层蒙版，如图 7-30 所示。

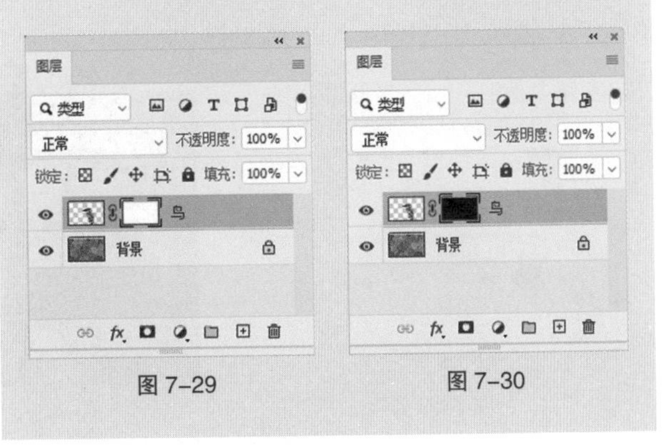

图 7-29　图 7-30

选择“图层 > 图层蒙版 > 显示全部”

命令，可以显示全部图像。选择“图层 > 图层蒙版 > 隐藏全部”命令，可以隐藏全部图像。

7.2.3 隐藏图层蒙版

在按住 Alt 键的同时，单击图层蒙版缩览图，图像将被隐藏，只显示图层蒙版缩览图中的效果，如图 7–31 所示，“图层”控制面板如图 7–32 所示。在按住 Alt 键的同时，再次单击图层蒙版缩览图，将恢复图像的显示。在按住 Alt+Shift 组合键的同时，单击图层蒙版缩览图，将同时显示图像和图层蒙版的内容。

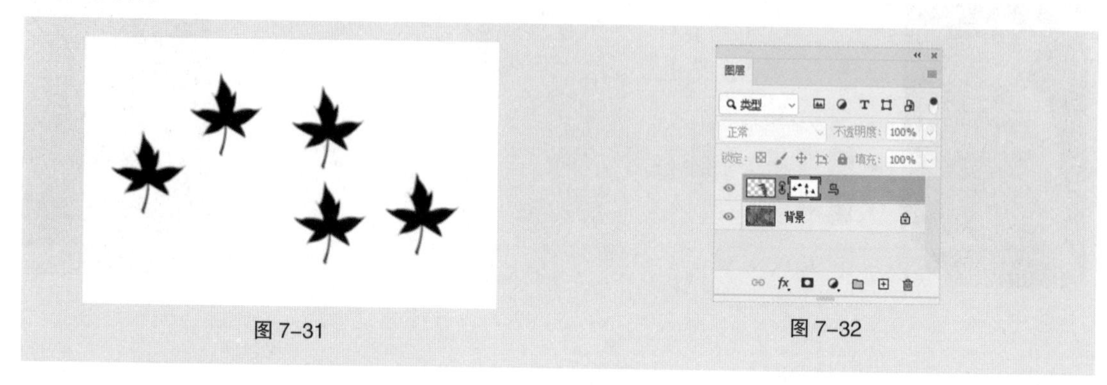

图 7–31　　图 7–32

7.2.4 图层蒙版的链接

在“图层”控制面板中，图层缩览图与图层蒙版缩览图之间存在链接图标。当图层中的图像与图层蒙版关联时，移动图像时图层蒙版会同步移动。单击链接图标，将不显示此图标，可以分别对图像与图层蒙版进行操作。

7.2.5 应用及删除图层蒙版

在“通道”控制面板中，双击“鸟蒙版”通道，弹出“图层蒙版显示选项”对话框，如图 7–33 所示。在该对话框中可以对图层蒙版的颜色和不透明度进行设置。

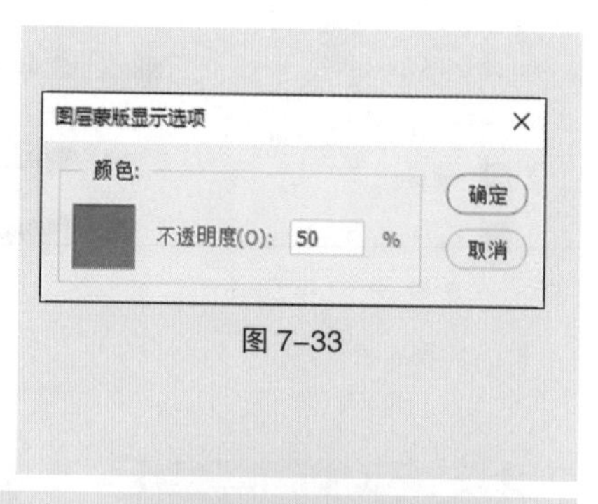

图 7–33

选择“图层 > 图层蒙版 > 停用”命令，或在按住 Shift 键的同时，单击“图层”控制面板中的图层蒙版缩览图，图层蒙版被停用，如图 7–34 所示。图像全部显示，效果如图 7–35 所示。在按住 Shift 键的同时，再次单击图层蒙版缩览图，将恢复图层蒙版的使用，效果如图 7–36 所示。

图 7–34

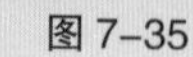

图 7–35

图 7–36

选择“图层 > 图层蒙版 > 删除”命令，或在图层蒙版缩览图上单击鼠标右键，在弹出的菜单中选择“删除图层蒙版”命令，可以将图层蒙版删除。

7.2.6 课堂案例——制作海边度假图片

【案例学习目标】学习使用剪贴蒙版制作艺术图片。

【案例知识要点】使用“矩形”工具、“图层样式”对话框和剪贴蒙版制作相框，使用“照片滤镜”命令调整图片色调，效果如图 7-37 所示。

【效果所在位置】云盘 /Ch07/ 效果 / 制作海边度假图片 .psd。

图 7-37

（1）按 Ctrl+O 组合键，打开云盘中的“Ch07 > 素材 > 制作海边度假图片 > 01”文件，效果如图 7-38 所示。

（2）选择“矩形”工具，在属性栏的“选择工具模式”下拉列表中选择“形状”选项，将“填充”设为黑色，在“01”图像窗口中按住鼠标左键不放，拖曳鼠标绘制矩形，效果如图 7-39 所示。在“图层”控制面板中会生成新的形状图层“矩形 1”。将该图层的“填充”设为“0%”，按 Enter 键确定操作。

图 7-38　　图 7-39

（3）单击“图层”控制面板下方的“添加图层样式”按钮，在弹出的菜单中选择“投影”命令，在弹出的对话框中进行设置，如图 7-40 所示。单击“确定”按钮，效果如图 7-41 所示。

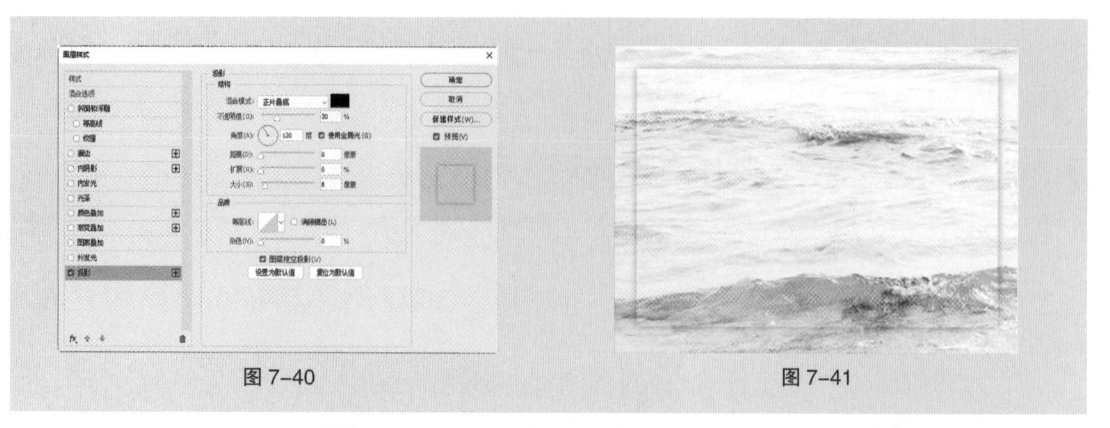

图 7-40　　图 7-41

（4）选择“矩形”工具，在“01”图像窗口中按住鼠标左键不放，拖曳鼠标绘制矩形，如图 7-42 所示。在“图层”控制面板中会生成新的形状图层“矩形 2”。

（5）按 Ctrl+O 组合键，打开云盘中的“Ch07 > 素材 > 制作海边度假图片 > 02”文件。选择“移动”工具，将图片拖曳到“01”图像窗口中的适当位置并调整大小，如图 7-43 所示。在“图层”控制面板中会生成新的图层，将其重命名为“人物 1”。按 Alt+Ctrl+G 组合键，为图层创建剪贴蒙版，效果如图 7-44 所示。

图 7-42　　图 7-43　　图 7-44

（6）在按住 Shift 键的同时，将“人物 1”图层和“矩形 1”图层及它们之间的所有图层同时选中。按 Ctrl+T 组合键，图像周围出现变换框，将鼠标指针放在变换框控制手柄的外侧，鼠标指针变为旋转图标。按下鼠标左键不放，拖曳鼠标，将图像旋转到适当的角度，按 Enter 键确定操作，效果如图 7-45 所示。用相同的方法制作其他图片蒙版，效果如图 7-46 所示。

（7）选择“文件 > 置入嵌入对象”命令，弹出“置入嵌入的对象”对话框。选择云盘中的“Ch07 > 素材 > 制作海边度假图片 > 03”文件，单击“置入”按钮，将图片置入“01”图像窗口中。将其拖曳到适当的位置并调整大小，按 Enter 键确定操作，效果如图 7-47 所示。在“图层”控制面板中会生成新的图层，将其重命名为“文字”。

图 7-45　　图 7-46　　图 7-47

（8）单击“图层”控制面板下方的“创建新的填充或调整图层”按钮◐，在弹出的菜单中选择“照片滤镜”命令。在“图层”控制面板中生成“照片滤镜 1”图层。在弹出的“属性”控制面板中进行设置，如图 7–48 所示。按 Enter 键确定操作，效果如图 7–49 所示。海边度假图片制作完成。

图 7–48　　图 7–49

7.2.7　剪贴蒙版

剪贴蒙版是使用某个图层的内容来遮盖其上方的图层。

打开一幅图像，如图 7–50 所示，“图层”控制面板如图 7–51 所示。按住 Alt 键的同时，将鼠标放置到“皮影”和“文字”的中间位置，鼠标光标变为↓□图标，如图 7–52 所示。

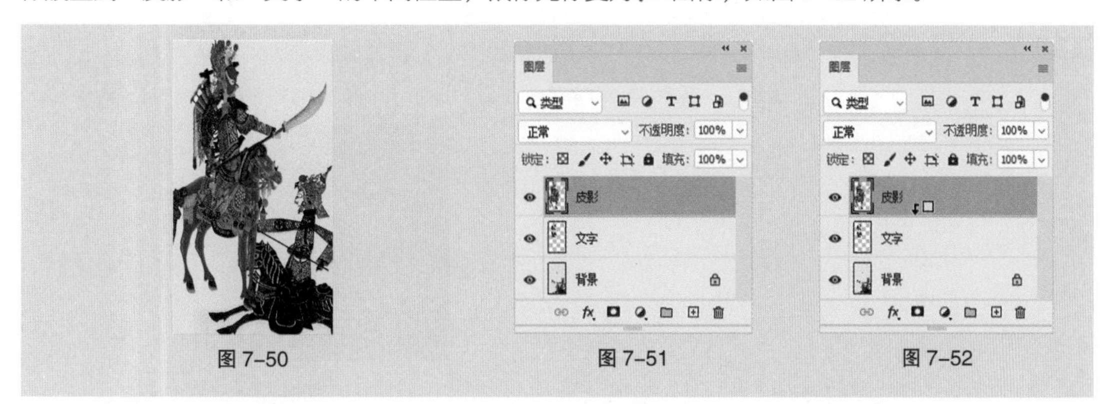

图 7–50　　图 7–51　　图 7–52

单击鼠标，创建剪贴蒙版，如图 7–53 所示，效果如图 7–54 所示。选择“移动”工具✥，移动“皮影”图像，效果如图 7–55 所示。

图 7–53　　图 7–54　　图 7–55

选中剪贴蒙版组中最上方的图层，选择“图层 > 释放剪贴蒙版”命令，或按 Alt+Ctrl+G 组合键即可删除剪贴蒙版。

7.2.8 课堂案例——制作卡通宣传卡片

【案例学习目标】学习使用矢量蒙版制作卡通宣传卡片。

【案例知识要点】使用“导入形状”命令导入形状图形，使用“自定形状”工具和“当前路径”命令为图层添加矢量蒙版，效果如图 7-56 所示。

【效果所在位置】云盘 /Ch07/ 效果 / 制作卡通宣传卡片 .psd。

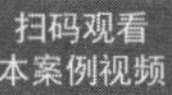

图 7-56

（1）按 Ctrl+O 组合键，打开云盘中的“Ch07 > 素材 > 制作卡通宣传卡片 > 01、02”文件，如图 7-57 所示。选择“移动”工具，将“02”图像拖曳到“01”图像窗口中的适当位置并调整大小，效果如图 7-58 所示。在“图层”控制面板中会生成新的图层，将其重命名为“图片”。

图 7-57　　图 7-58

（2）选择“自定形状”工具，在属性栏的“选择工具模式”下拉列表中选择“路径”选项。单击“形状”按钮，弹出形状面板。单击面板右上方的按钮，在弹出的菜单中选择“导入形状”命令，弹出“载入”对话框。选择云盘中的“Ch07 > 素材 > 制作卡通宣传卡片 > 03”文件，单击“载入”按钮，导入形状图形。在形状面板中选中刚导入的图形，如图 7-59 所示。在按住 Shift 键的同时，在“01”图像窗口中按住鼠标左键不放，拖曳鼠标绘制路径，如图 7-60 所示。

（3）选择“图层 > 矢量蒙版 > 当前路径”命令，创建矢量蒙版，效果如图 7-61 所示。按 Ctrl+T 组合键，图像周围出现变换框。在变换框中单击鼠标右键，在弹出的菜单中选择“水平翻转”命令，水平翻转图像，按 Enter 键确定操作，效果如图 7-62 所示。

（4）选择“矩形”工具，在按住 Shift 键的同时，在“01”图像窗口中按住鼠标左键不放，拖曳鼠标绘制矩形，效果如图 7-63 所示。

（5）选择“文件 > 置入嵌入对象”命令，弹出“置入嵌入的对象”对话框。选择云盘中的“Ch07 > 素材 > 制作卡通宣传卡片 > 04”文件，单击“置入”按钮，将图片置入“01”图像窗口中。

将其拖曳到适当的位置，按 Enter 键确定操作，效果如图 7-64 所示。在“图层”控制面板中会生成新的图层，将其重命名为“装饰字”。卡通宣传卡片制作完成。

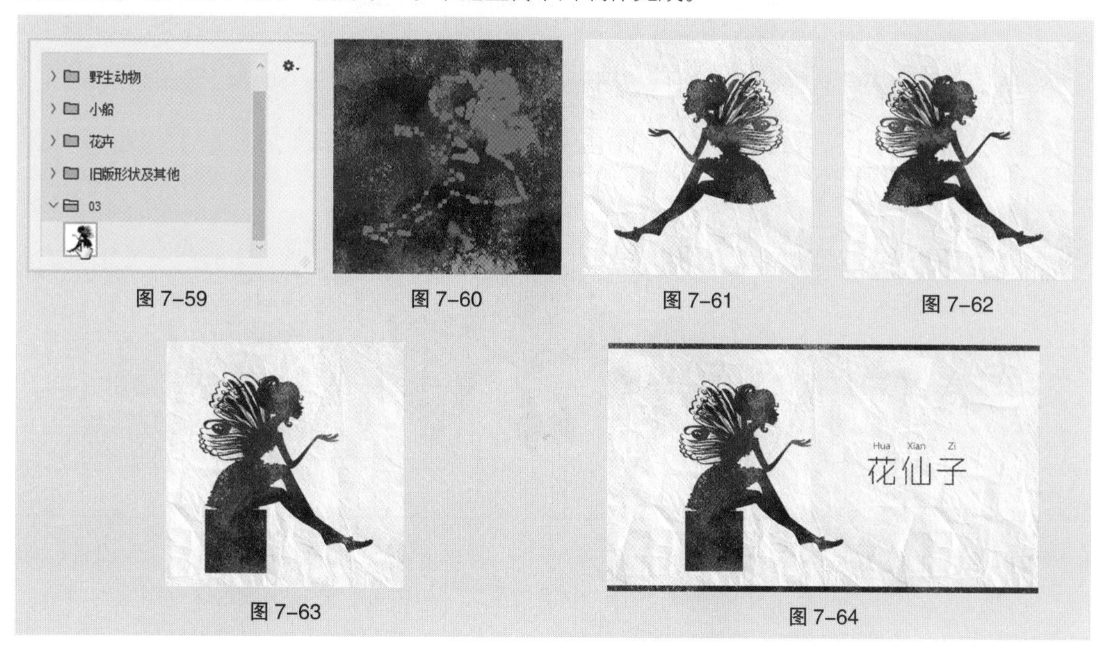

图 7-59　图 7-60　图 7-61　图 7-62

图 7-63　图 7-64

7.2.9 矢量蒙版

打开一个文件，如图 7-65 所示。选择“自定形状”工具，在属性栏的“选择工具模式”下拉列表中选择“路径”选项，在形状面板中选中“红心形卡”图形，如图 7-66 所示。

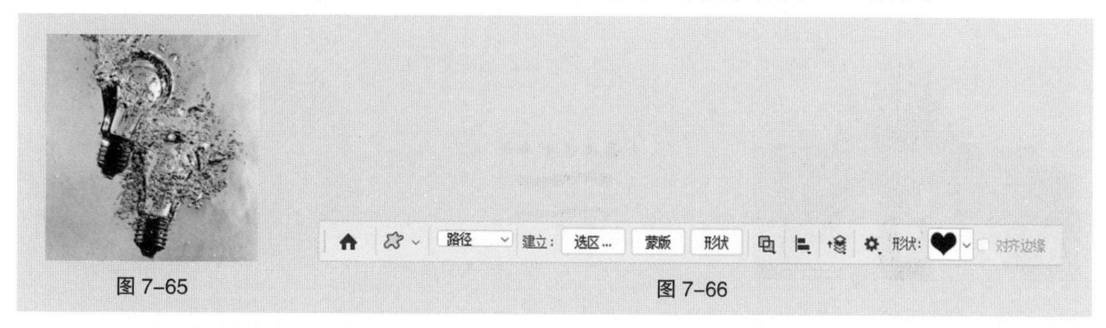

图 7-65　图 7-66

在图像窗口中绘制路径，如图 7-67 所示。选中“图层 1”图层，选择“图层 > 矢量蒙版 > 当前路径”命令，为图层添加矢量蒙版，如图 7-68 所示。效果如图 7-69 所示。选择“直接选择”工具，拖曳描点修改路径的形状，从而修改矢量蒙版的遮罩区域，如图 7-70 所示。

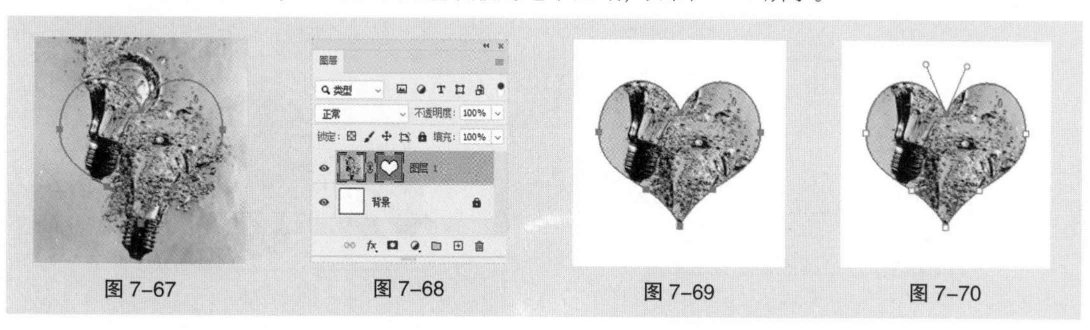

图 7-67　图 7-68　图 7-69　图 7-70

7.2.10 课堂案例——制作时尚蒙版图片

【案例学习目标】学习使用快速蒙版制作蒙版图片。

【案例知识要点】使用快速蒙版、“画笔”工具和“反向”命令制作画框，使用“横排文字”工具添加文字，效果如图 7-71 所示。

【效果所在位置】云盘 /Ch07/ 效果 / 制作时尚蒙版图片 .psd。

图 7-71

（1）按 Ctrl+O 组合键，打开云盘中的“Ch07 > 素材 > 制作时尚蒙版图片 > 01”文件，如图 7-72 所示。单击“图层”控制面板下方的“创建新图层”按钮，新建图层，填充图层为白色。单击工具箱下方的“以快速蒙版模式编辑”按钮，进入快速蒙版模式。

（2）选择“画笔”工具，在属性栏中单击“画笔”按钮，弹出画笔面板。单击面板右上方的按钮，在弹出的菜单中选择“旧版画笔”命令，弹出提示对话框，单击“确定”按钮。在画笔面板中需要的画笔形状，如图 7-73 所示。在图像窗口中按住鼠标左键不放，拖曳鼠标绘制图像，效果如图 7-74 所示。

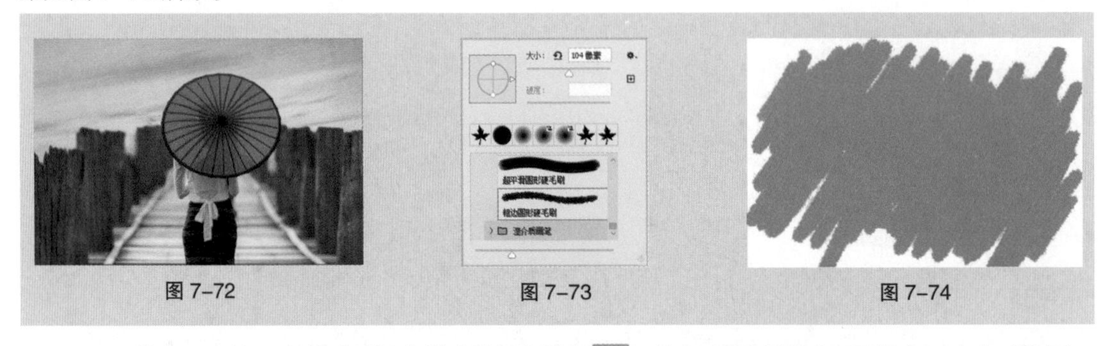

图 7-72　　图 7-73　　图 7-74

（3）单击工具箱下方的“以标准模式编辑”按钮，恢复到标准模式。图像窗口中生成选区，如图 7-75 所示。按 Shift+Ctrl+I 组合键，反选选区。按 Delete 键，删除选区中的图像。按 Ctrl+D 组合键，取消选区，效果如图 7-76 所示。

图 7-75　　图 7-76

（4）选择“横排文字”工具T，在适当的位置输入文字并选中文字，在属性栏中选择合适的字体并设置文字大小，将文本颜色设置为白色，效果如图 7-77 所示。在“图层”控制面板中会生成新的文字图层。用相同的方法添加其他文字，效果如图 7-78 所示。时尚蒙版图片制作完成。

图 7-77　　图 7-78

7.2.11　快速蒙版

打开一幅图像，如图 7-79 所示。选择“魔棒”工具，在图像窗口中单击图像，生成选区，如图 7-80 所示。

图 7-79　　图 7-80

单击工具箱下方的“以快速蒙版模式编辑”按钮，进入快速蒙版模式。选区暂时消失，图像的未选择区域变为红色，如图 7-81 所示。“通道”控制面板中将自动生成快速蒙版，如图 7-82 所示。快速蒙版图像如图 7-83 所示。

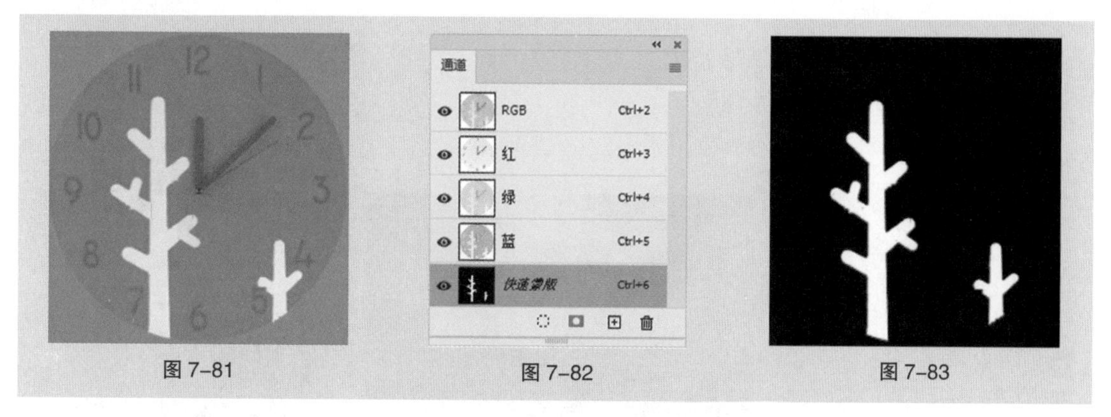

图 7-81　　图 7-82　　图 7-83

选择“画笔”工具，在属性栏中进行设置，如图 7-84 所示。将不需要的区域填充为黑色，图像效果和快速蒙版如图 7-85、图 7-86 所示。

图 7-84

图 7-85

图 7-86

7.3 课堂练习——制作手表广告

【练习知识要点】使用图层的混合模式制作图片融合效果，使用自由变换命令和图层蒙版制作倒影，效果如图 7-87 所示。

【效果所在位置】云盘 /Ch07/ 效果 / 制作手表广告 .psd。

扫码观看
本案例视频

图 7-87

7.4 课后习题——制作合成特效

【习题知识要点】使用图层蒙版、"画笔"工具、"渐变"工具和图层混合模式制作合成特效，效果如图 7-88 所示。

【效果所在位置】云盘 /Ch07/ 效果 / 制作合成特效 .psd。

扫码观看
本案例视频

图 7-88

第 8 章 08 特效

本章介绍

Photoshop 2020 的图像处理功能十分强大，不同的工具和不同的命令搭配，可以制作出具有不同视觉冲击力的图像，达到吸引人们眼球的目的。本章主要介绍图层样式、3D 工具和滤镜的应用。通过本章的学习，读者可以了解和掌握特效的制作方法与技巧，使图像更加具有创意和吸引力。

学习目标

- 熟练掌握图层样式的应用。
- 了解 3D 工具的使用方法。
- 掌握常用滤镜的应用。

技能目标

- 掌握运用图层样式、3D 工具制作特效的方法。
- 熟悉不同滤镜的使用效果。
- 能够运用滤镜制作不同的效果。

素质目标

- 提升设计审美能力和人文素养。
- 传达积极的设计态度，树立正确的设计理念。

8.1 图层样式

Photoshop 2020 提供了多种图层样式，设计师可以为图像添加一种样式，也可以为图像同时添加多种样式，从而产生丰富的变化。

8.1.1 课堂案例——制作水晶软糖字

【案例学习目标】学习使用“图层样式”对话框制作水晶软糖字。

【案例知识要点】使用“横排文字”工具添加文字，使用多种图层样式制作水晶软糖字，效果如图 8-1 所示。

【效果所在位置】云盘 /Ch08/ 效果 / 制作水晶软糖字 .psd。

图 8-1

（1）按 Ctrl+O 组合键，打开云盘中的“Ch08 > 素材 > 制作水晶软糖字 > 01”文件，如图 8-2 所示。选择“横排文字”工具 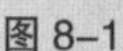，在适当的位置输入需要的文字并选中文字，在属性栏中选择合适的字体并设置文字大小，效果如图 8-3 所示。在“图层”控制面板中会生成新的文字图层。

图 8-2　　图 8-3

（2）在“图层”控制面板中，将文字图层的“填充”设为“0%”，如图 8-4 所示。图像效果如图 8-5 所示。按 Ctrl+J 组合键，复制文字图层。

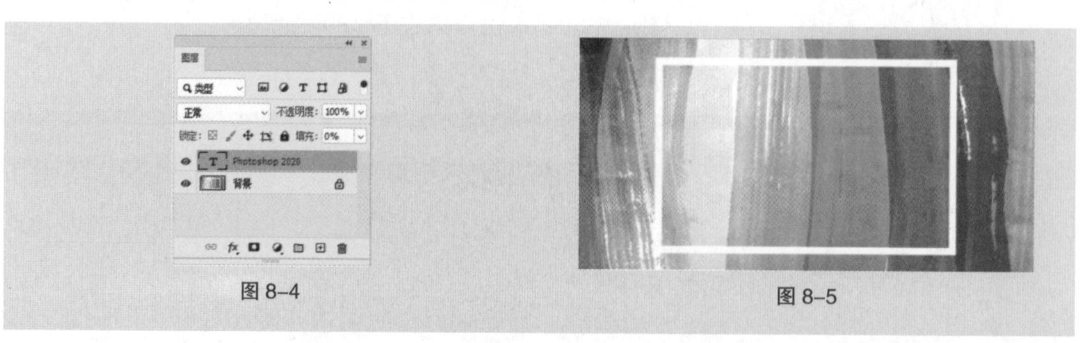

图 8-4　　图 8-5

（3）选中“Photoshop 2020”文字图层。单击“图层”控制面板下方的“添加图层样式”按钮 fx，在弹出的菜单中选择“投影”命令，弹出“图层样式”对话框。将投影颜色设为绿色（20、79、94），其他选项的设置如图 8-6 所示。图像预览效果如图 8-7 所示。

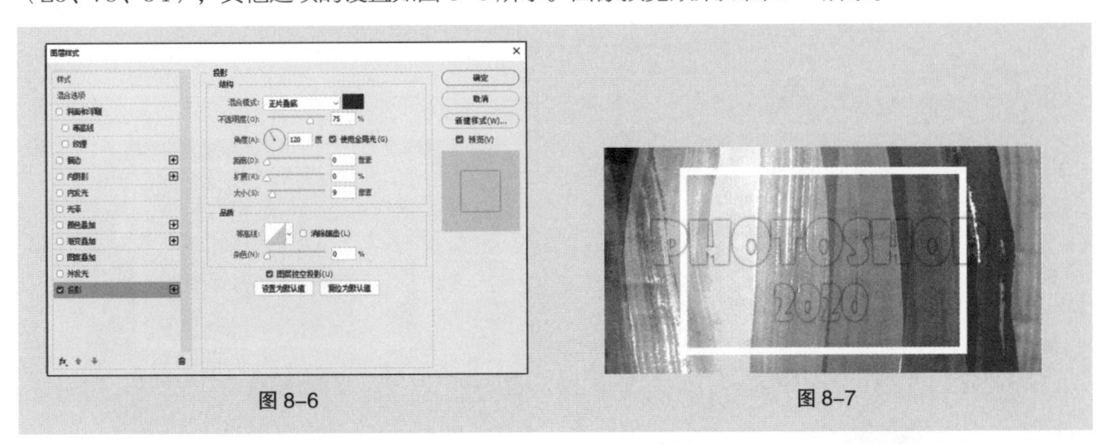

图 8-6　　图 8-7

（4）勾选“渐变叠加”复选框，单击对话框中的“点按可编辑渐变”按钮，弹出“渐变编辑器”对话框。将渐变色设为从蓝色（81、192、233）到浅蓝色（149、236、255），单击“确定”按钮。返回“图层样式”对话框，其他选项的设置如图 8-8 所示。图像预览效果如图 8-9 所示。

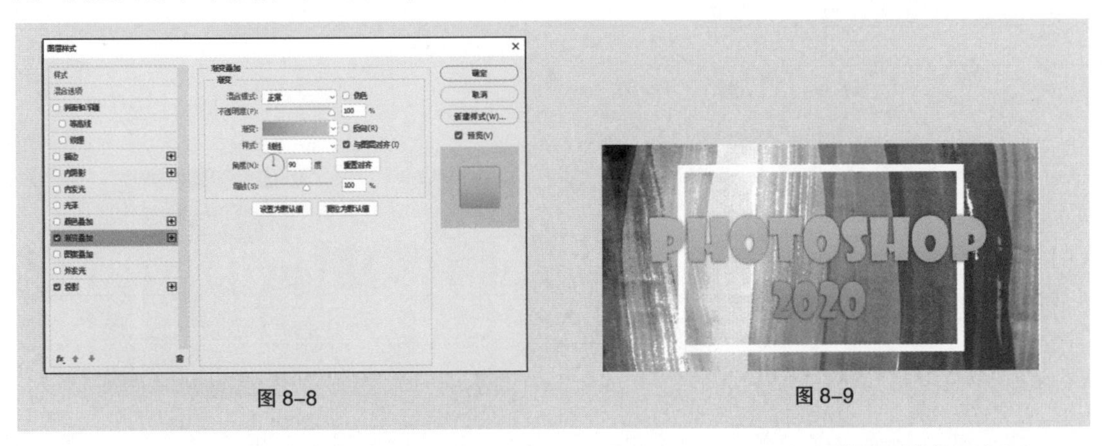

图 8-8　　图 8-9

（5）勾选“内发光”复选框，将发光颜色设为蓝色（132、241、245），其他选项的设置如图 8-10 所示。图像预览效果如图 8-11 所示。

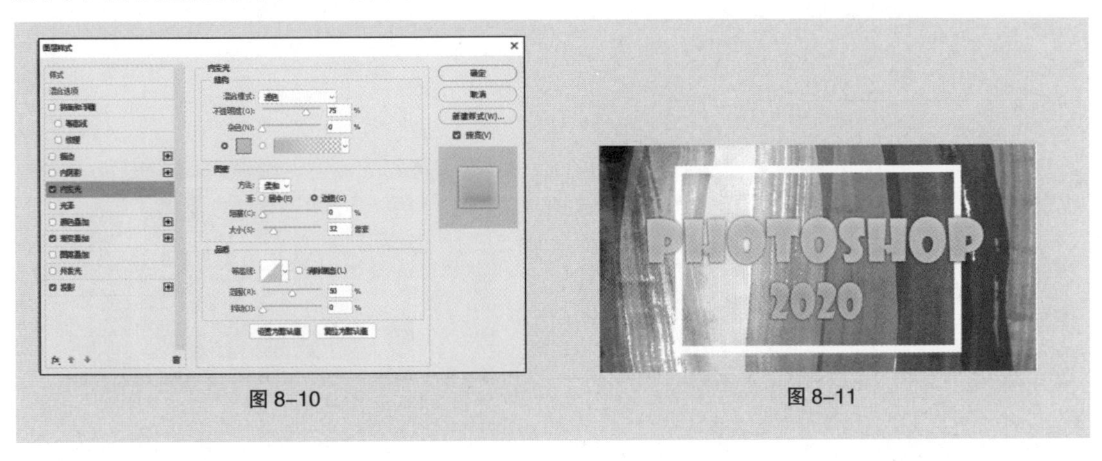

图 8-10　　图 8-11

（6）勾选“斜面和浮雕”复选框，将高光颜色设为浅绿色（192、255、254），阴影颜色设为深绿色（55、170、184），其他选项的设置如图 8-12 所示。单击“确定”按钮，效果如图 8-13 所示。

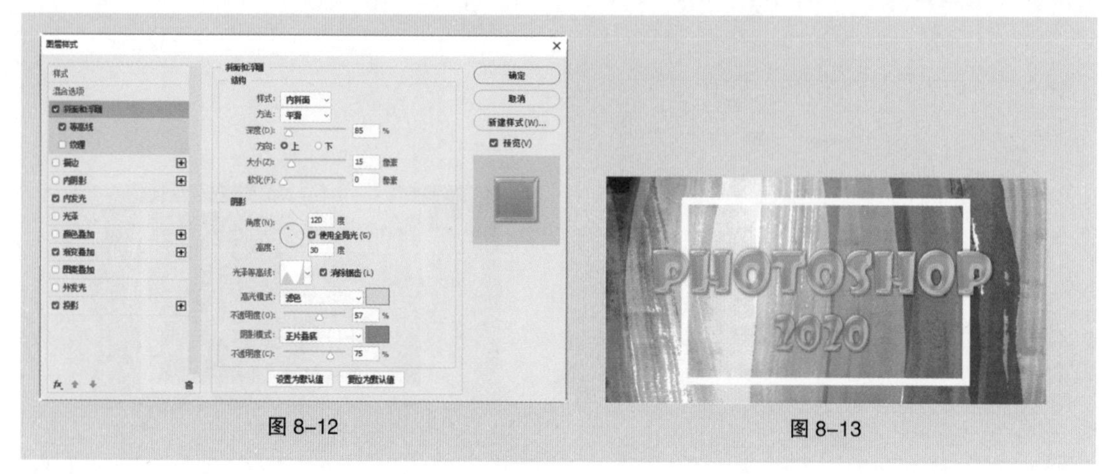

图 8-12　　图 8-13

（7）在“图层控制”面板中选中“Photoshop 2020 拷贝”图层。单击“图层”控制面板下方的“添加图层样式”按钮 fx，在弹出的菜单中选择“投影”命令，弹出“图层样式”对话框。将投影颜色设为绿色（23、74、83），其他选项的设置如图 8-14 所示。图像预览效果如图 8-15 所示。

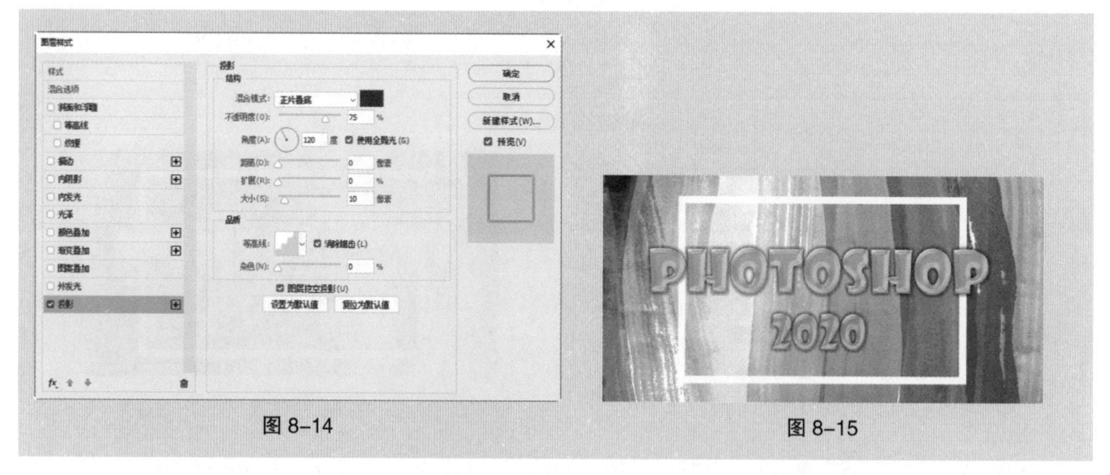

图 8-14　　图 8-15

（8）勾选“光泽”复选框，相关选项的设置如图 8-16 所示。图像预览效果如图 8-17 所示。

图 8-16　　图 8-17

（9）勾选“描边”复选框，将“填充类型”设为“渐变”，单击对话框中的“点按可编辑渐变”按钮，弹出“渐变编辑器”对话框。将渐变色设为从蓝色（40、151、179）到浅蓝色（103、212、239），如图 8-18 所示。单击“确定”按钮。返回到“图层样式”对话框，其他选项的设置如图 8-19 所示。单击“确定”按钮，效果如图 8-20 所示。

（10）选择“文件 > 置入嵌入对象”命令，弹出“置入嵌入的对象”对话框。选择云盘中的“Ch08 > 素材 > 制作水晶软糖字 > 02”文件，单击“置入”按钮，将图片置入图像窗口中。将其拖曳到适当的位置，按 Enter 键确定操作，效果如图 8-21 所示。在“图层”控制面板中会生成新的图层，将其重命名为“放射线”。水晶软糖字制作完成。

图 8-18

图 8-19

图 8-20

图 8-21

8.1.2 图层样式

单击“图层”控制面板右上方的图标≡，在弹出的菜单中选择“混合选项”命令，弹出“图层样式”对话框，如图 8-22 所示。利用该对话框可以对当前图层进行添加特殊效果的处理。可以单击“图层”控制面板下方的“添加图层样式”按钮 fx，在弹出的菜单中选择相应的命令，如图 8-23 所示，然后在弹出的对话框中进行设置。

“斜面和浮雕”命令用于使图像产生倾斜和浮雕的效果。“描边”命令用于为图像描边。“内阴影”命令用于使图像内部产生阴影效果。3 种命令的效果如图 8-24 所示。

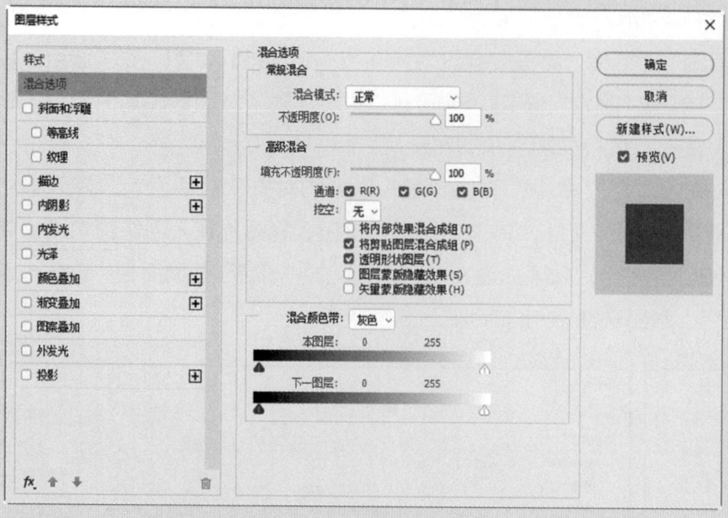

图 8-22

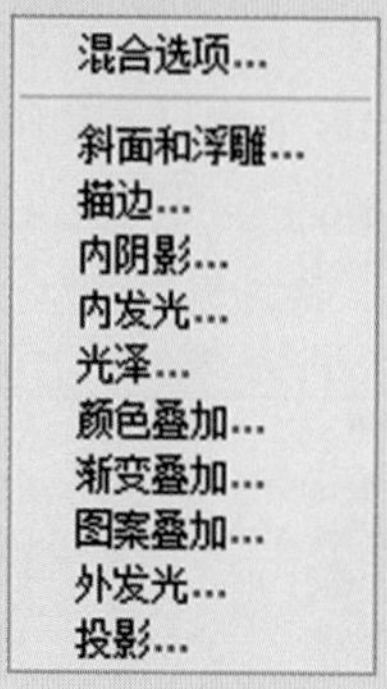

图 8-23

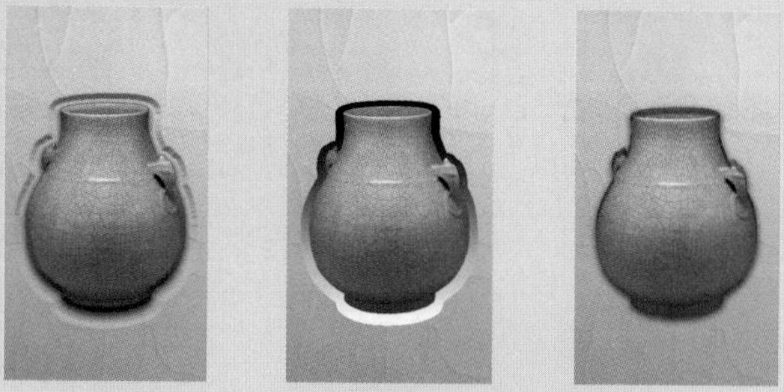

斜面和浮雕　　描边　　内阴影

图 8-24

“内发光”命令用于在图像边缘附近的内部区域产生发光效果。“光泽”命令用于使图像产生光泽效果。“颜色叠加”命令用于使图像产生颜色叠加效果。3 种命令的效果如图 8-25 所示。

内发光　　光泽　　颜色叠加

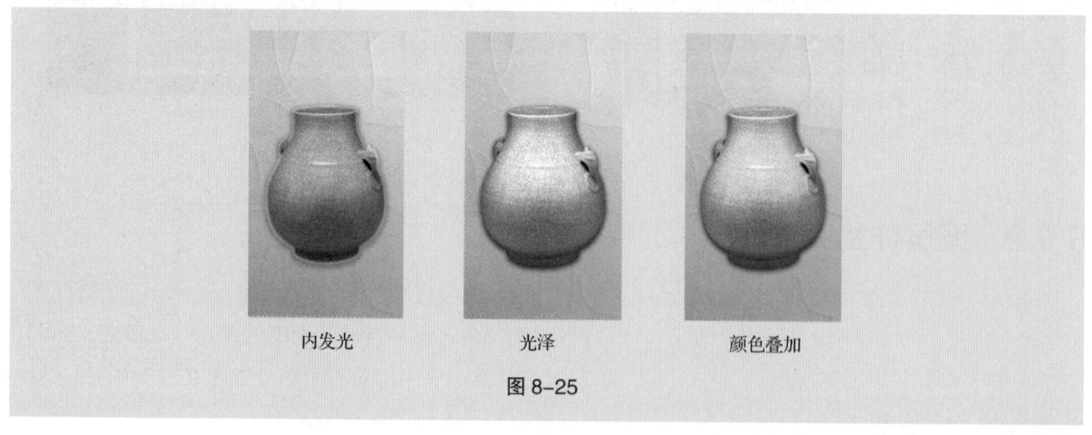

图 8-25

“渐变叠加”命令用于使图像产生渐变叠加效果。“图案叠加”命令用于在图像上添加图案效果。“外发光”命令用于在图像边缘附近的外部区域产生发光效果。“投影”命令用于使图像产生阴影效果。4 种命令的效果如图 8-26 所示。

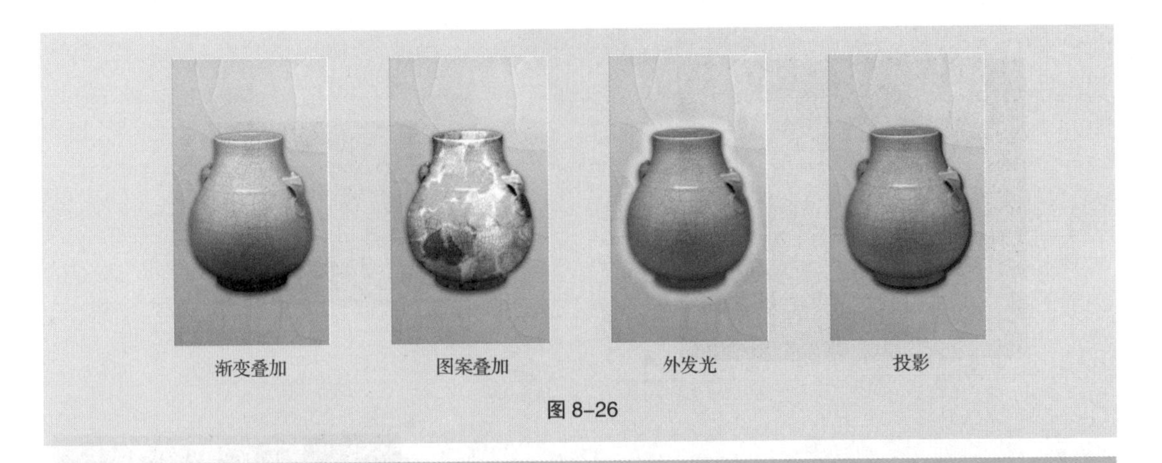

图 8-26

8.2 3D 工具

8.2.1 课堂案例——制作酷炫海报

【案例学习目标】学习使用“3D”命令制作酷炫海报。

【案例知识要点】使用“3D”命令制作酷炫效果，使用“多边形”工具绘制装饰图形，使用“色阶”命令调整图像色调，使用文字工具添加文字信息，效果如图 8-27 所示。

【效果所在位置】云盘 /Ch08/ 效果 / 制作酷炫海报 .psd。

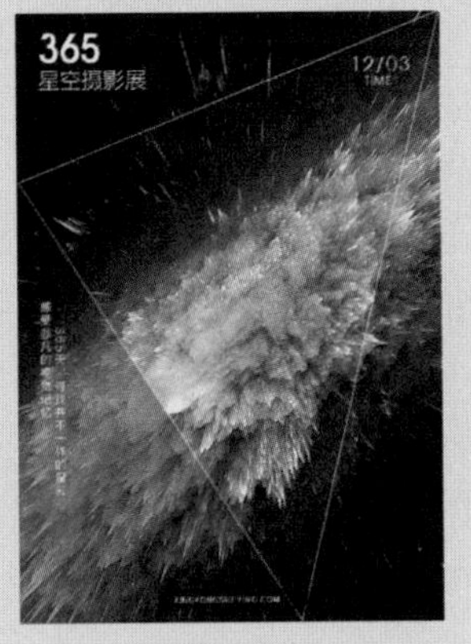

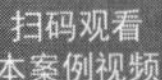

图 8-27

（1）按 Ctrl+N 组合键，弹出“新建文档”对话框。设置“宽度”为“9”厘米、“高度”为“12.6”厘米、“分辨率”为“150”像素 / 英寸。“颜色模式”为“RGB”、“背景内容”为“白色”，单击“创建”按钮，新建一个文件。

（2）按 Ctrl+O 组合键，打开云盘中的“Ch08 > 素材 > 制作酷炫海报 > 01”文件，如图 8-28 所示。选择“3D > 从图层新建网格 > 深度映射到 > 平面”命令，效果如图 8-29 所示。

（3）在“3D”控制面板中选择“当前视图”，“属性”面板中的设置如图 8-30 所示。在“3D”控制面板中选择“场景”命令，在“属性”面板中单击“样式”下拉按钮，在弹出的下拉列表中选择“Unlit Texture”选项，如图 8-31 所示。图像效果如图 8-32 所示。

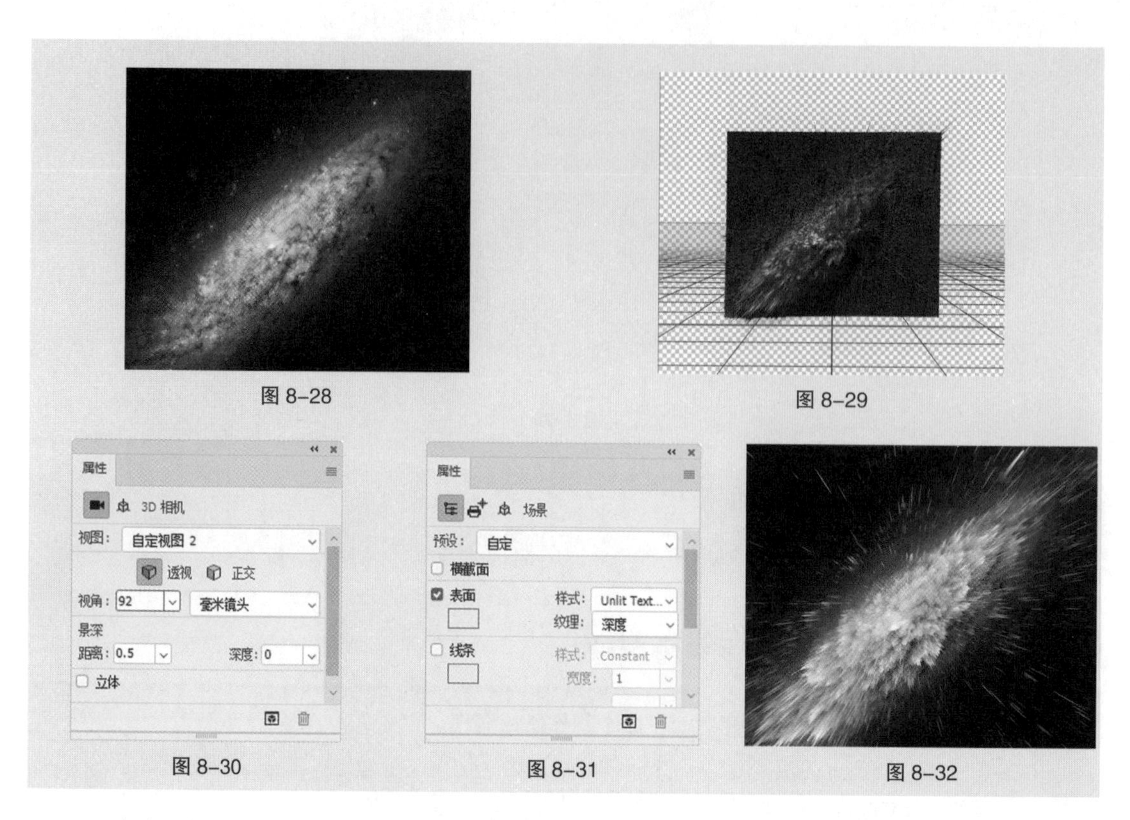

图 8-28　图 8-29　图 8-30　图 8-31　图 8-32

（4）在“图层”控制面板中将 3D 图层转换为智能对象图层。选择“移动”工具，将图片拖曳到新建窗口中适当的位置，并调整大小，效果如图 8-33 所示。在“图层”控制面板中会生成新的图层，将其重命名为“星空”。将“星空”图层拖曳到“图层”控制面板下方的“创建新图层”按钮上进行复制，生成新的图层并将其命名为“去色”。栅格化“去色”图层。选择“图像 > 调整 > 去色”命令，将“去色”图层去色，效果如图 8-34 所示。

（5）新建图层。将前景色设为蓝色（53、177、255）。按 Alt+Delete 组合键，用前景色填充该图层。在“图层”控制面板中，将该图层的图层混合模式设为“正片叠底”、“不透明度”设为“48%”，按 Enter 键确定操作，图像效果如图 8-35 所示。

（6）单击“图层”控制面板下方的“添加图层蒙版”按钮，为图层添加图层蒙版。将前景色设为黑色。选择“画笔”工具，在属性栏中单击“画笔”按钮，在弹出的面板中选择需要的画笔形状，设置如图 8-36 所示。在图像窗口中按住鼠标左键不放，拖曳鼠标擦除不需要的图像，图像效果如图 8-37 所示。

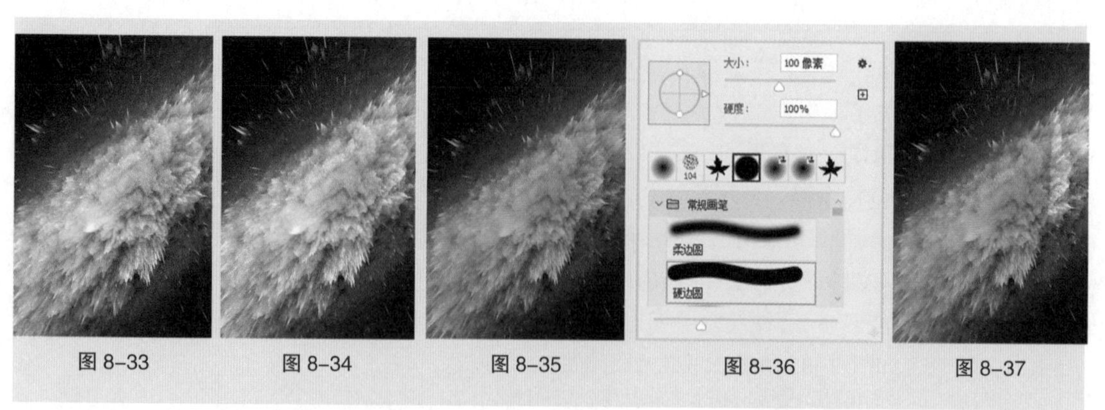

图 8-33　图 8-34　图 8-35　图 8-36　图 8-37

（7）新建图层并将其命名为“多边形”。选择“多边形”工具 ，属性栏中的设置如图 8-38 所示。在图像窗口中绘制多边形，效果如图 8-39 所示。在“图层”控制面板中会生成新的形状图层“多边形 1”。

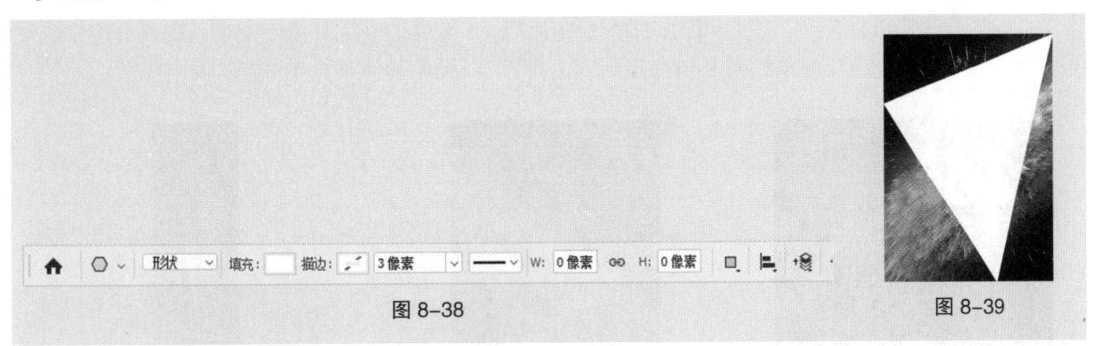

图 8-38
图 8-39

（8）将“星空”图层拖曳到“图层”控制面板下方的“创建新图层”按钮 上进行复制，生成新的图层，将其重命名为“彩色”，将“彩色”图层拖曳到“多边形 1”图层的上方。按 Alt+Ctrl+G 组合键，为图层创建剪切蒙版，效果如图 8-40 所示。

（9）选中“多边形 1”图层。单击“图层”控制面板下方的“添加图层样式”按钮 ，在弹出的菜单中选择“描边”命令，弹出“图层样式”对话框。将描边颜色设为白色，其他选项的设置如图 8-41 所示。单击“确定”按钮，效果如图 8-42 所示。

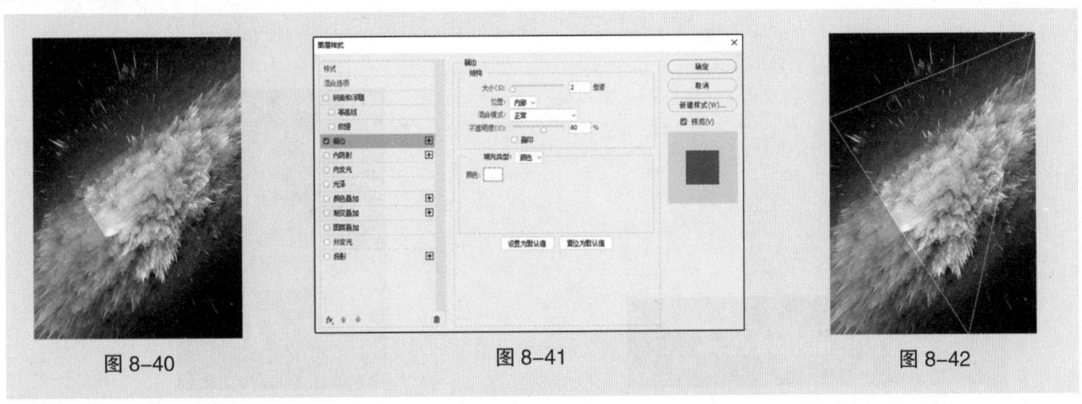
图 8-40
图 8-41
图 8-42

（10）单击“图层”控制面板下方的“创建新的填充或调整图层”按钮 ，在弹出的菜单中选择“色阶”命令。在“图层”控制面板中会生成“色阶 1”图层，同时弹出“属性”控制面板，设置如图 8-43 所示。按 Enter 键确定操作，图像效果如图 8-44 所示。

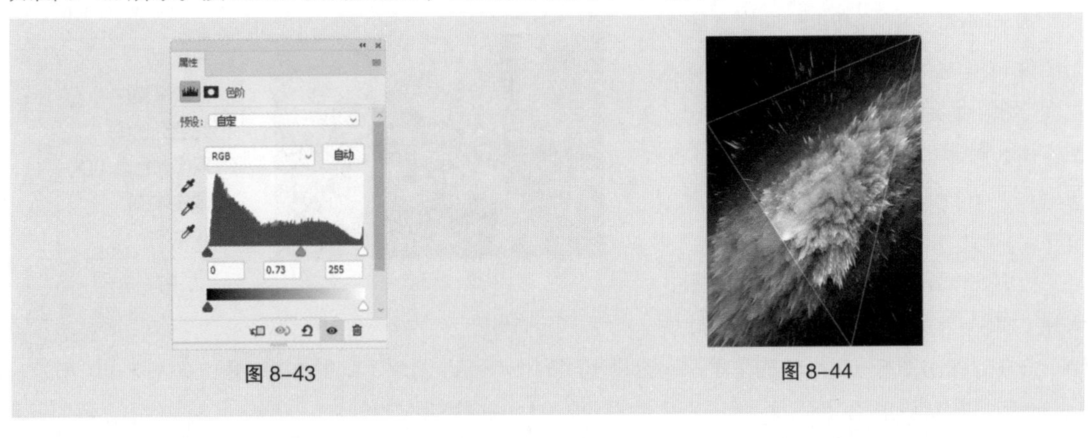

图 8-43
图 8-44

（11）选择“横排文字”工具 T，在适当的位置输入需要的文字并选中文字，在属性栏中选择合适的字体并设置大小，将文本颜色设置为白色，效果如图 8-45 所示。在“图层”控制面板中会生成新的文字图层。用相同的方法添加其他文字，效果如图 8-46 所示。

（12）选择“直排文字”工具 ↓T，在适当的位置输入需要的文字并选中文字，在属性栏中选择合适的字体并设置大小，效果如图 8-47 所示。在“图层”控制面板中会生成新的文字图层。

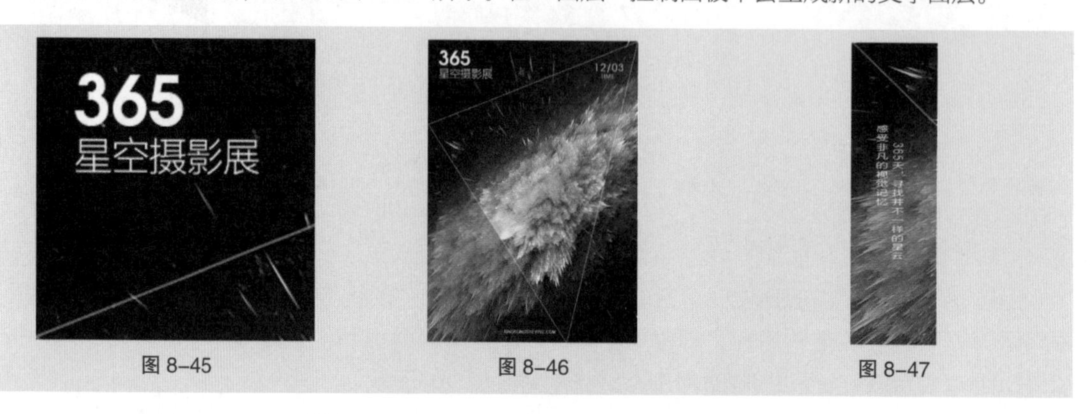

图 8-45　　图 8-46　　图 8-47

（13）选择“矩形”工具 □，在属性栏的“选择工具模式”下拉列表中选择“形状”选项，将“填充”设为黑色。在图像窗口中按住鼠标左键不放，拖曳鼠标绘制矩形，在“图层”控制面板中会生成新的形状图层，将其重命名为“矩形条”。在“图层”控制面板中，将该图层的“不透明度”设为“50%”，将其拖曳到文字图层的下方，效果如图 8-48 所示。酷炫海报制作完成，效果如图 8-49 所示。

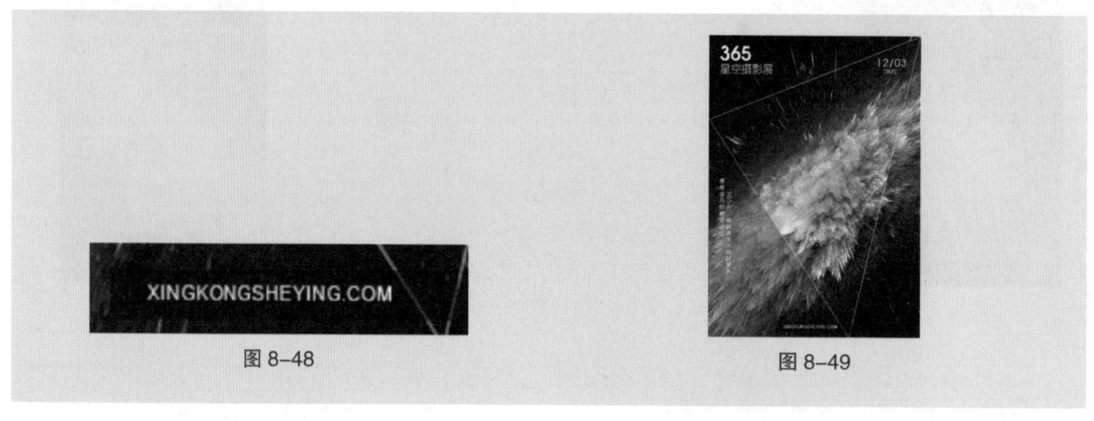

图 8-48　　图 8-49

8.2.2　创建 3D 对象

在 Photoshop 2020 中，可以将平面图像转换为各种预设形状，如平面、双面平面、纯色凸出、双面纯色凸出、圆柱体、球体。只有将某个图层变为 3D 图层后，才能对该图层使用 3D 工具和命令。

图 8-50

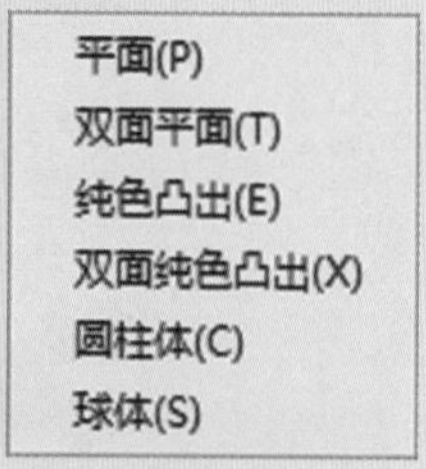

平面(P)
双面平面(T)
纯色凸出(E)
双面纯色凸出(X)
圆柱体(C)
球体(S)

图 8-51

打开一幅图像，如图 8-50 所示。选择“3D > 从图层新建网格 > 深度映射到”命令，弹出图 8-51 所示的子菜单，选择不同的命令可以创建不同的 3D 对象，如图 8-52 所示。

平面

双面平面

纯色凸出

双面纯色凸出

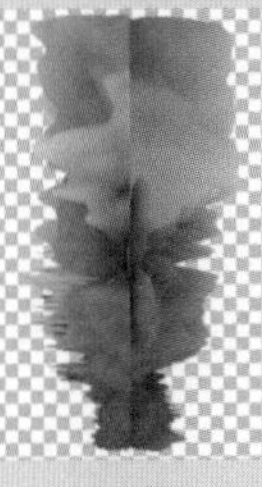

圆柱体

球体

图 8-52

8.3 滤镜菜单及应用

Photoshop 2020 的“滤镜”菜单提供了多种滤镜命令，利用这些滤镜命令可以制作出奇妙的图像效果。选择“滤镜”菜单，弹出图 8-53 所示的下拉菜单。

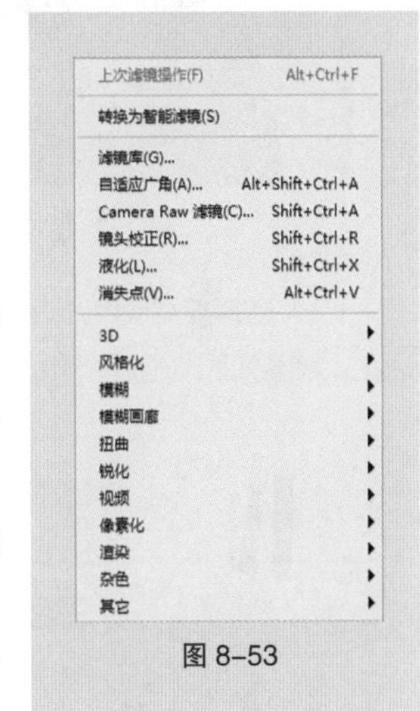

图 8-53

Photoshop 2020 的“滤镜”下拉菜单被横线划分为 4 部分。

第 1 部分为“上次滤镜操作”命令，若没有使用滤镜，此命令为灰色，不可选择。使用任意一种滤镜后，当需要重复使用这种滤镜时，直接选择这个命令或按 Alt+Ctrl+F 组合键即可重复使用。

第 2 部分为“转换为智能滤镜”命令，应用智能滤镜后，可随时对效果进行修改操作。

第 3 部分为“滤镜库”命令和 5 种 Photoshop 滤镜命令，每种滤镜的功能都十分强大。

第 4 部分为 11 个 Photoshop 滤镜组命令，每个滤镜组都包含多种滤镜。

8.3.1 课堂案例——制作水彩风格图片

【案例学习目标】学习使用不同的滤镜命令制作水彩风格图片。

【案例知识要点】使用干画笔滤镜为图像添加特殊效果，使用喷溅滤镜晕染图像，使用图层蒙版和“画笔”工具制作局部遮罩，处理前后的图像如图 8-54 所示。

【效果所在位置】云盘 /Ch08/ 效果 / 制作水彩风格图片 .psd。

图 8-54

（1）按 Ctrl+O 组合键，打开云盘中的“Ch08 > 素材 > 制作水彩风格图片 > 01”文件，如图 8-55 所示。将“背景”图层拖曳到控制面板下方的“创建新图层”按钮 ⊞ 上进行复制，生成新的图层“背景 拷贝”，如图 8-56 所示。

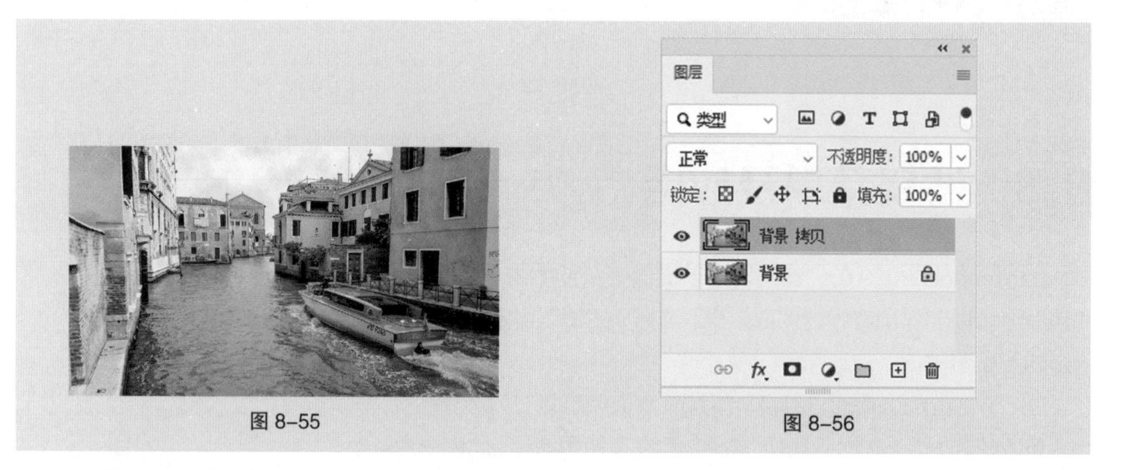

图 8-55　　图 8-56

（2）选择“滤镜 > 滤镜库”命令，在弹出的对话框中进行设置，如图 8-57 所示。单击“确定”按钮，效果如图 8-58 所示。

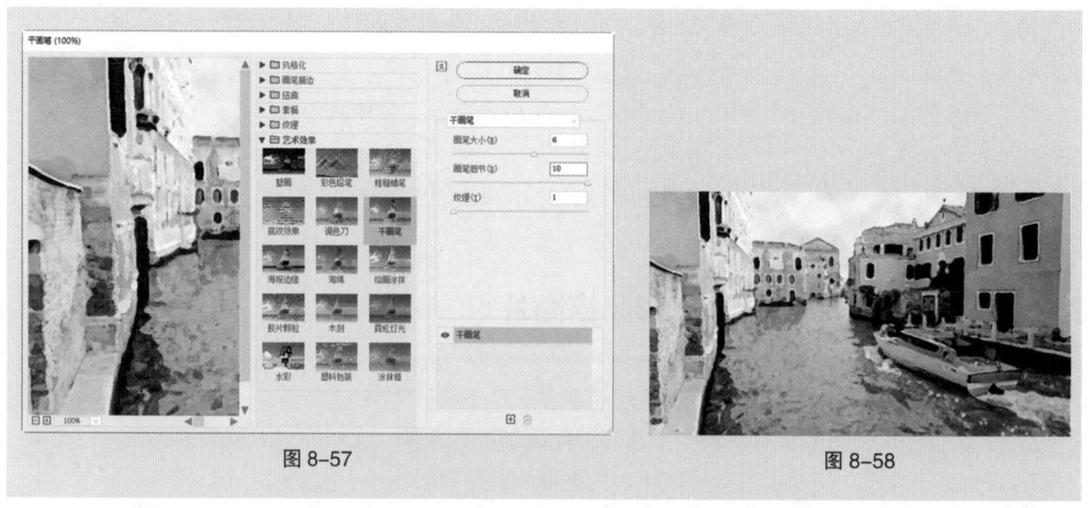

图 8-57　　图 8-58

（3）选择“滤镜 > 模糊 > 特殊模糊”命令，在弹出的对话框中进行设置，如图 8-59 所示。单击“确定”按钮，效果如图 8-60 所示。

图 8-59　　图 8-60

（4）选择“滤镜 > 滤镜库”命令，在弹出的对话框中进行设置，如图 8-61 所示。单击“确定”按钮，效果如图 8-62 所示。

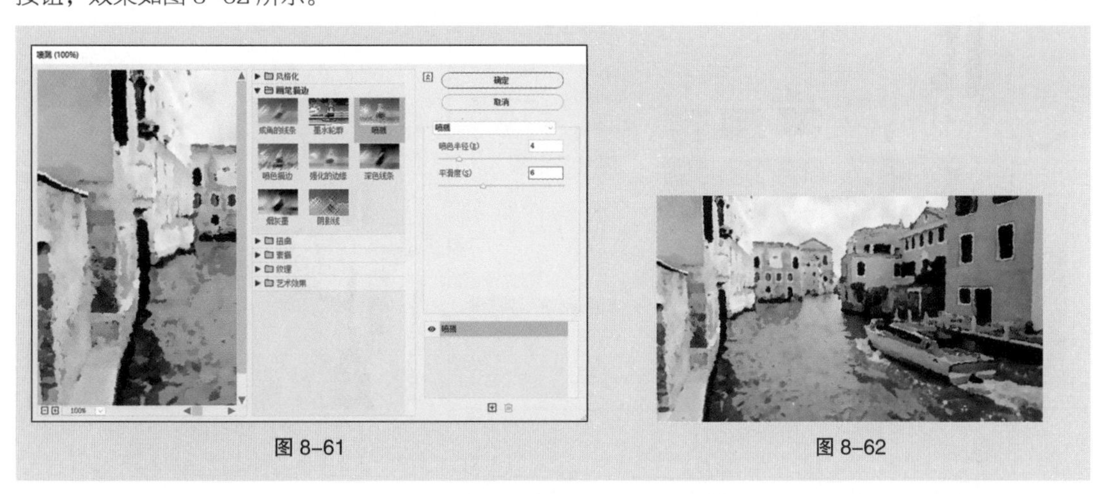

图 8-61　　图 8-62

（5）按 Ctrl+J 组合键，复制“背景 拷贝”图层，生成新的图层并将其重命名为“效果”。选择“滤镜 > 风格化 > 查找边缘”命令，查找图像边缘，图像效果如图 8-63 所示。“图层”控制面板如图 8-64 所示。

图 8-63　　图 8-64

（6）在“图层”控制面板中，将“效果”图层的混合模式设为“正片叠底”、“不透明度”设为“40%”，如图 8-65 所示。按 Enter 键确定操作，图像效果如图 8-66 所示。

图 8-65　　　　图 8-66

（7）在按住 Ctrl 键的同时，选中“效果”图层和“背景 拷贝”图层。按 Ctrl+E 组合键，合并两个图层并将得到的图层重命名为“画”。选择“滤镜 > 滤镜库”命令，在弹出的对话框中进行设置，如图 8-67 所示。单击“确定”按钮，效果如图 8-68 所示。

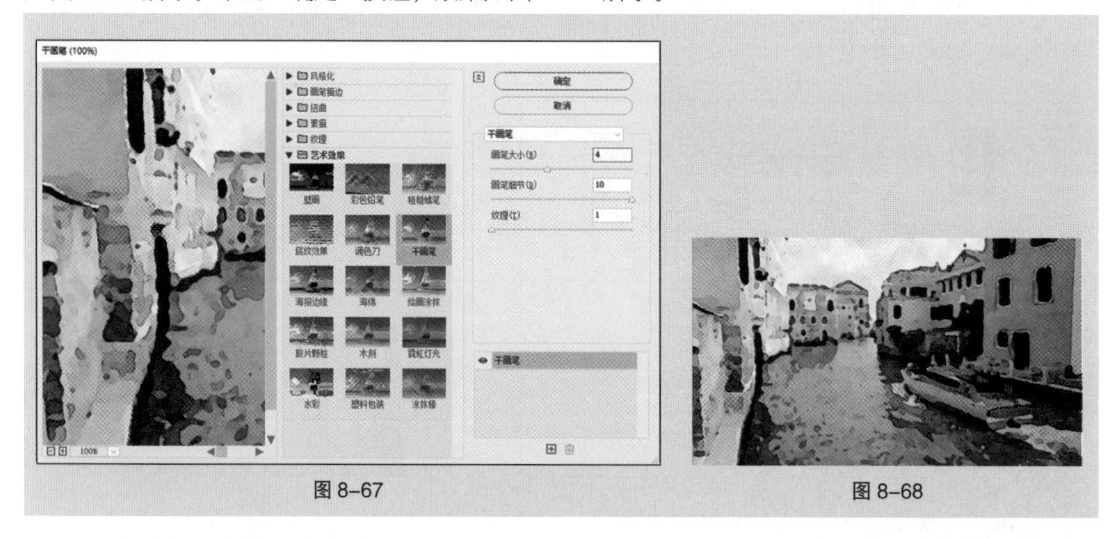

图 8-67　　　　图 8-68

（8）选择“文件 > 置入嵌入对象”命令，弹出“置入嵌入的对象”对话框。选择云盘中的“Ch08 > 素材 > 制作水彩风格图片 > 02”文件，单击“置入”按钮，将图片置入图像窗口中。将其拖曳到适当的位置并调整大小，按 Enter 键确定操作，效果如图 8-69 所示。在“图层”控制面板中会生成新的图层，将其重命名为“纹理”，如图 8-70 所示。

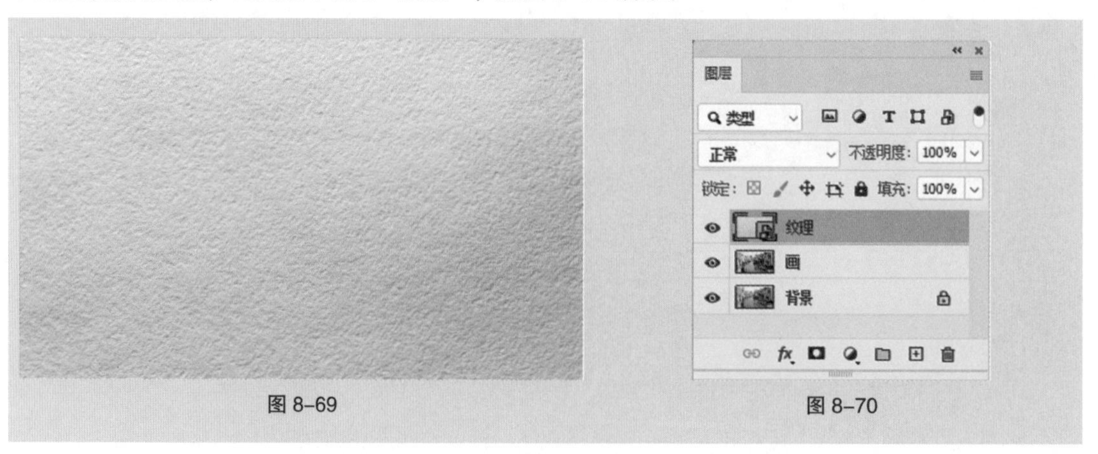

图 8-69　　　　图 8-70

（9）单击“图层”控制面板下方的“添加图层蒙版”按钮，为图层添加图层蒙版，如图 8-71 所示。将前景色设为黑色。选择“画笔”工具，在属性栏中单击“画笔”按钮，弹出画笔面板。单击面板右上方的按钮，在弹出的菜单中选择“导入画笔”命令，弹出“载入”对话框。选择云盘中的“Ch08 > 素材 > 制作水彩风格图片 > 03”文件，单击“确定”按钮。在画笔面板中选择载入的画笔形状，如图 8-72 所示。在属性栏中将“不透明度”设为“80%”。在图像窗口中按住鼠标左键不放，拖曳鼠标擦除不需要的图像，效果如图 8-73 所示。

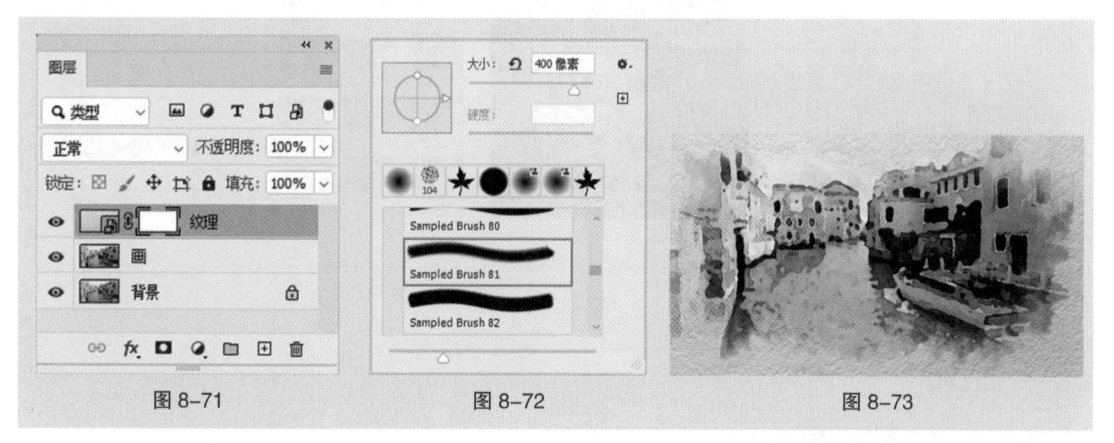

图 8-71　　图 8-72　　图 8-73

（10）选择“横排文字”工具，在适当的位置输入需要的文字并选中文字，在属性栏中选择合适的字体并设置大小，效果如图 8-74 所示。在“图层”控制面板中会生成新的文字图层。

（11）按 Ctrl+T 组合键，图像周围出现变换框。将鼠标指针放在变换框的控制手柄外侧，鼠标指针变为旋转图标。按住鼠标左键不放，拖曳鼠标将图像旋转到适当的角度，按 Enter 键确定操作，效果如图 8-75 所示。用相同的方法添加其他文字，效果如图 8-76 所示。水彩风格图片制作完成，效果如图 8-77 所示。

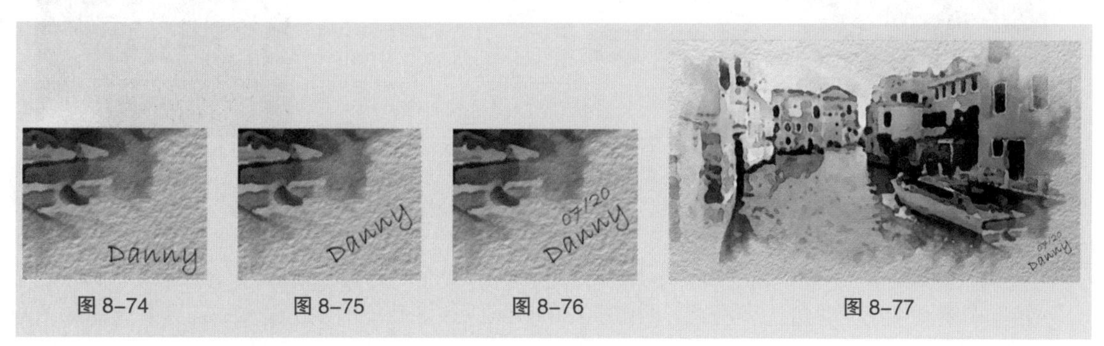

图 8-74　　图 8-75　　图 8-76　　图 8-77

8.3.2　干画笔滤镜

干画笔滤镜用于生成不饱和、不湿润的油画效果。

打开一幅图像，如图 8-78 所示。选择“滤镜 > 滤镜库”命令，弹出图 8-79 所示的对话框。在该对话框中可以设置画笔的大小、细节和纹理，设置如图 8-80 所示。单击“确定”按钮，效果如图 8-81 所示。

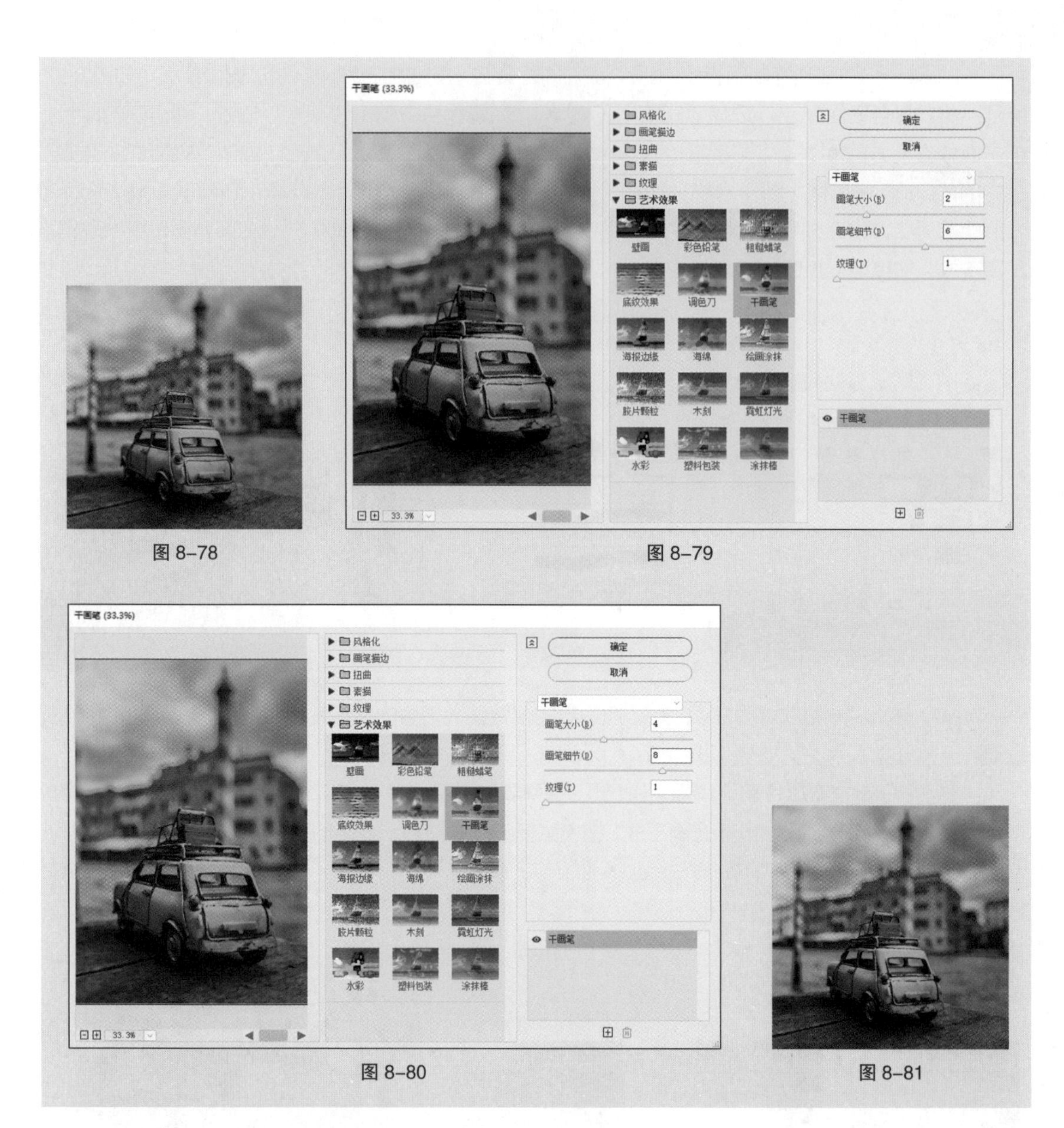

图 8-78　　图 8-79

图 8-80　　图 8-81

8.3.3 特殊模糊滤镜

特殊模糊滤镜用于生成边界清晰、图像模糊的效果。该滤镜能够找出图像的边界并只模糊图像边界内的图像。

8.3.4 喷溅滤镜

喷溅滤镜用于生成画面中颗粒飞溅的效果。它类似于用喷枪在画面中喷出的许多小彩点。该滤镜多用于制作水中镜像效果。

打开一幅图像，如图 8-82 所示。选择“滤镜 > 滤镜库”命令，弹出图 8-83 所示的对话框。在该对话框中可以设置画笔的喷色半径和平滑度，设置如图 8-84 所示。单击“确定”按钮，效果如图 8-85 所示。

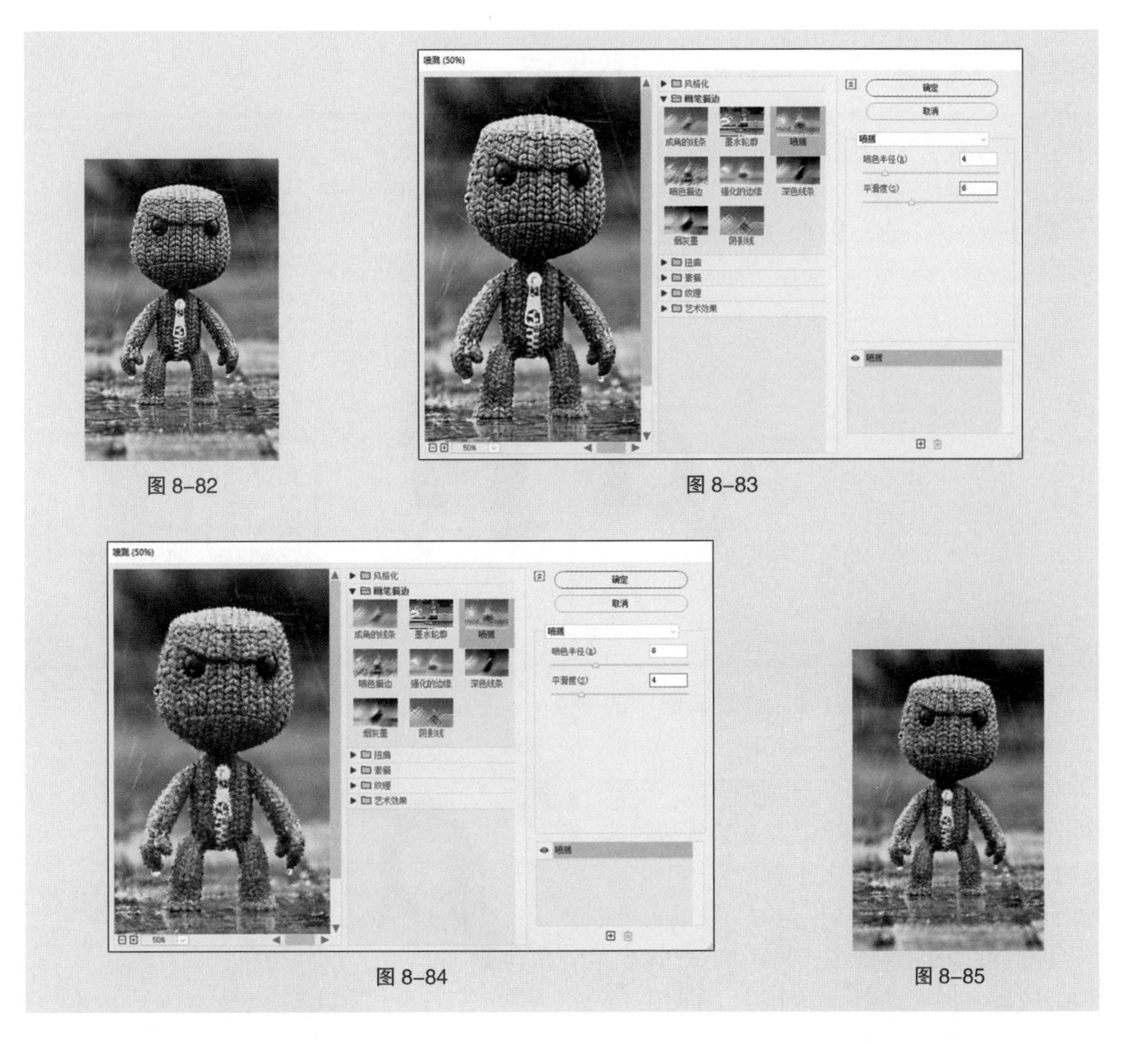

图 8-82 图 8-83

图 8-84 图 8-85

8.3.5 查找边缘滤镜

查找边缘滤镜用于搜寻图像的主要颜色变化区域并强化过渡区域中的像素，从而生成用铅笔勾描图像的效果。

打开一幅图像，如图 8-86 所示。选择“滤镜 > 风格化 > 查找边缘”命令，查找图像边缘，效果如图 8-87 所示。

图 8-86 图 8-87

8.3.6 课堂案例——制作人物特效图片

【案例学习目标】学习使用液化滤镜制作人物特效图片。

【案例知识要点】使用“矩形选框”工具绘制选区，使用“变形”命令调整图像，使用液化滤镜调整脸型，处理前后的图像如图 8-88 所示。

【效果所在位置】云盘 /Ch08/ 效果 / 制作人物特效图片 .psd。

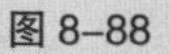
图 8-88

（1）按 Ctrl+O 组合键，打开云盘中的“Ch08 > 素材 > 制作人物特效图片 > 01”文件，如图 8-89 所示。将“背景”图层拖曳到“图层”控制面板下方的“创建新图层”按钮 上进行复制，生成新的图层并将其重命名为“身体”，如图 8-90 所示。

图 8-89　　图 8-90

（2）按 Ctrl+J 组合键，复制“身体”图层，生成新的图层并将其重命名为“头”，如图 8-91 所示。选择“矩形选框”工具 ，在图像窗口中绘制矩形选区，如图 8-92 所示。按 Delete 键，删除选区中的图像。按 Ctrl+D 组合键，取消选区，如图 8-93 所示。

图 8-91　　图 8-92　　图 8-93

（3）按 Ctrl+T 组合键，图像周围出现变换框。在变换框中单击鼠标右键，在弹出的菜单中选择“变形”命令，出现变形框，如图 8-94 所示。在图像窗口中按住鼠标左键不放，拖曳鼠标调整图像，如图 8-95 所示。按 Enter 键确定操作，效果如图 8-96 所示。

图 8–94　　图 8–95　　图 8–96

（4）在“图层”控制面板中，按住 Ctrl 键，同时选中“头”和“身体”图层。按 Ctrl+E 组合键，合并两个图层并将得到的图层重命名为“大头”。选择“滤镜 > 液化”命令，弹出对话框。将“大小”设为“300”、“压力”设为“50”；在预览窗口中按住鼠标左键不放，拖曳鼠标，调整人物脸型，如图 8–97 所示。

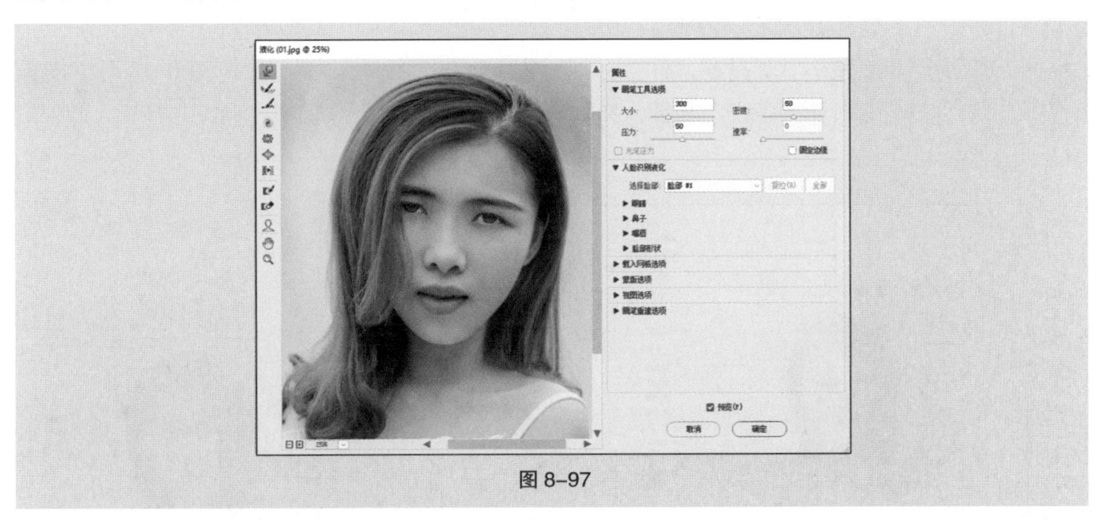

图 8–97

（5）选择“褶皱”工具，将“大小”设为“200”、“压力”设为“1”；在预览窗口中按住鼠标左键不放，拖曳鼠标，调整鼻子和嘴，如图 8–98 所示。

图 8–98

（6）选择“膨胀”工具，将“大小”设为“300”、“压力”设为“1”；在预览窗口中按住鼠标左键不放，拖曳鼠标，调整眼睛，如图 8-99 所示。

图 8-99

（7）选择“向前变形”工具，将“大小”设为“300”、“压力”设为“100”；在预览窗口中按住鼠标左键不放，拖曳鼠标，调整人物服装，如图 8-100 所示。单击“确定”按钮，效果如图 8-101 所示。

图 8-100

图 8-101

（8）选择“横排文字”工具 T，在适当的位置输入需要的文字并选中文字，在属性栏中选择合适的字体并设置大小，效果如图 8-102 所示。在“图层”控制面板中会生成新的文字图层。人物特效图片制作完成，效果如图 8-103 所示。

图 8-102　　图 8-103

8.3.7　液化滤镜

液化滤镜用于制作各种类似液化的图像变形效果。

打开一幅图像，如图 8-104 所示。选择“滤镜 > 液化”命令，或按 Shift+Ctrl+X 组合键，弹出“液化”对话框，如图 8-105 所示。

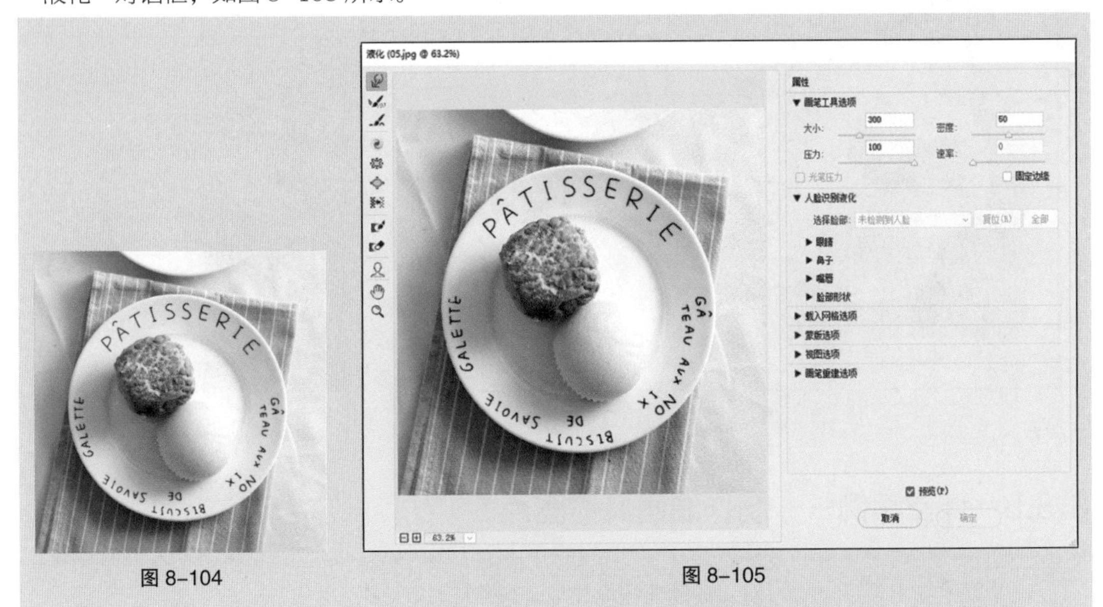

图 8-104　　图 8-105

左侧工具箱中的工具由上到下分别为“向前变形”工具、“重建”工具、“平滑”工具，“顺时针旋转扭曲”工具、“褶皱”工具、“膨胀”工具、“左推”工具、“冻结蒙版”工具、“解冻蒙版”工具、“脸部”工具、“抓手”工具和“缩放”工具。

画笔工具选项：“大小”选项用于设定所选工具的笔触大小；“密度”选项用于设定所选工具的浓密度；“压力”选项用于设定所选工具的压力，压力越小，变形的过程越慢；“速率”选项用于设定所选工具的绘制速度；“光笔压力”复选框用于设定压感笔的压力。

人脸识别液化选项：“眼睛”选项组用于设定眼睛的大小、高度、宽度、斜度和距离；“鼻子”选项组用于设定鼻子的高度和宽度；“嘴唇”选项组用于设定上嘴唇、下嘴唇、嘴唇的宽度和高度等；“脸部形状”选项组用于设定脸部的前额、下巴、下颌和脸部宽度。

载入网格选项：用于载入、使用和存储网格。

蒙版选项：用于选择通道蒙版的形式。单击“无”按钮，不制作蒙版；单击“全部蒙住”按钮，为全部的区域制作蒙版；单击“全部反相”按钮，解冻蒙版区域并冻结剩余的区域。

视图选项：勾选“显示图像”复选框可以显示图像；勾选“显示网格”复选框可以显示网格，“网格大小”选项用于设置网格的大小，“网格颜色”选项用于设置网格的颜色；勾选“显示蒙版”复选框可以显示蒙版，“蒙版颜色”选项用于设置蒙版的颜色；勾选“显示背景”复选框，在“使用”选项的下拉列表中可以选择图层，在“模式”选项的下拉列表中可以选择不同的模式，“不透明度”选项用于设置不透明度。

画笔重建选项：“重建”按钮用于将变形的图像进行重置；“恢复全部”按钮用于将图像恢复到打开时的状态。

在对话框中对图像进行变形操作，如图 8-106 所示。单击“确定”按钮，图像效果如图 8-107 所示。

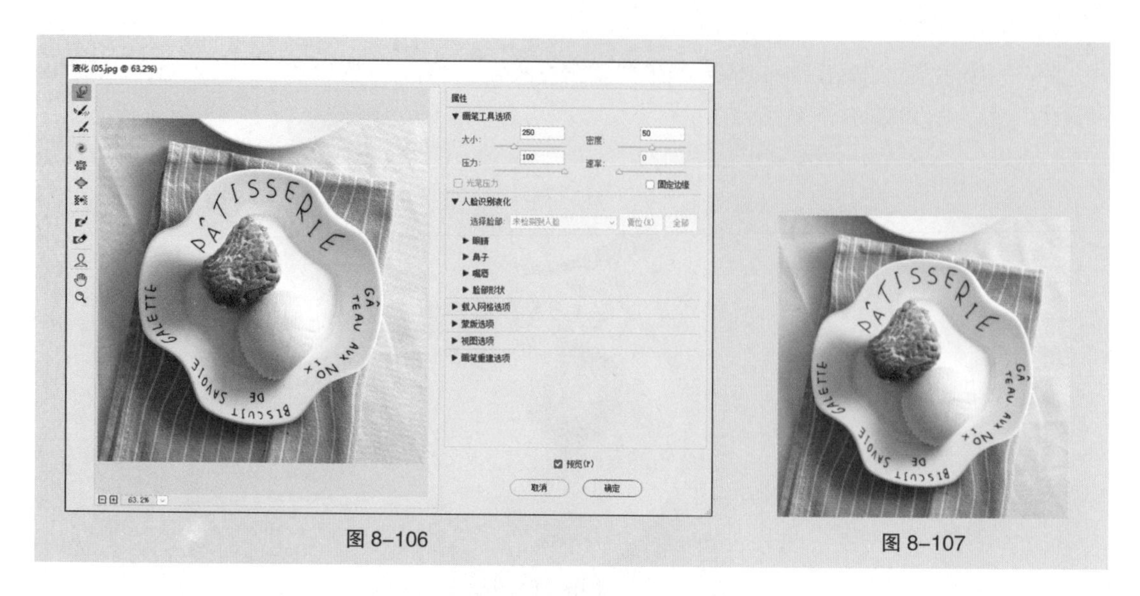

图 8-106　　图 8-107

8.3.8 课堂案例——制作油画风格图片

【案例学习目标】学习使用油画滤镜制作油画风格图片。

【案例知识要点】使用“油画”命令制作油画效果，使用“色阶”对话框调整图像，处理前后的图像如图 8-108 所示。

【效果所在位置】云盘 /Ch08/ 效果 / 制作油画风格图片 .psd。

扫码观看本案例视频

扫码观看扩展案例

图 8-108

（1）按 Ctrl+O 组合键，打开云盘中的“Ch08 > 素材 > 制作油画风格图片 > 01”文件，如图 8-109 所示。将“背景”图层拖曳到“图层”控制面板下方的“创建新图层”按钮 上进行复制，生成新的图层“背景 拷贝”，如图 8-110 所示。

图 8-109　　图 8-110

（2）选择“滤镜 > 风格化 > 油画”命令，在弹出的对话框中进行设置，如图 8-111 所示。单击“确定”按钮，效果如图 8-112 所示。

图 8-111

图 8-112

（3）按 Ctrl+L 组合键，弹出“色阶”对话框，相关选项的设置如图 8-113 所示。单击“确定”按钮，效果如图 8-114 所示。油画风格图片制作完成。

图 8-113

图 8-114

8.3.9　油画滤镜

油画滤镜可以使图像产生油画效果。

打开一幅图像，如图 8-115 所示。选择“滤镜 > 风格化 > 油画”命令，弹出图 8-116 所示的对话框。在该对话框中可以设置画笔的描边样式、描边清洁度、缩放、硬毛刷细节，以及光照角度和亮光情况。设置如图 8-117 所示。单击“确定”按钮，图像效果如图 8-118 所示。

图 8-115　　图 8-116　　图 8-117　　图 8-118

8.3.10　课堂案例——制作网点图片

【案例学习目标】学习使用“彩色半调”命令制作网点图片。

【案例知识要点】使用“彩色半调”“高斯模糊”“半调图案”“光圈模糊滤镜”命令制作网点图片，使用“图层混合”模式制作图片融合，使用“镜头光晕”命令添加光晕效果，处理前后的图像如图 8-119 所示。

【效果所在位置】云盘 /Ch08/ 效果 / 制作网点照片 .psd。

图 8-119

（1）按 Ctrl+O 组合键，打开云盘中的“Ch08 > 素材 > 制作网点图片 > 01”文件，如图 8-120 所示。将“背景”图层拖曳到“图层”控制面板下方的“创建新图层”按钮 ⊞ 上进行复制，生成新的图层并将其重命名为“人物”，如图 8-121 所示。

图 8-120

图 8-121

（2）选择“滤镜 > 像素化 > 彩色半调”命令，在弹出的对话框中进行设置，如图 8-122 所示。单击“确定”按钮，效果如图 8-123 所示。

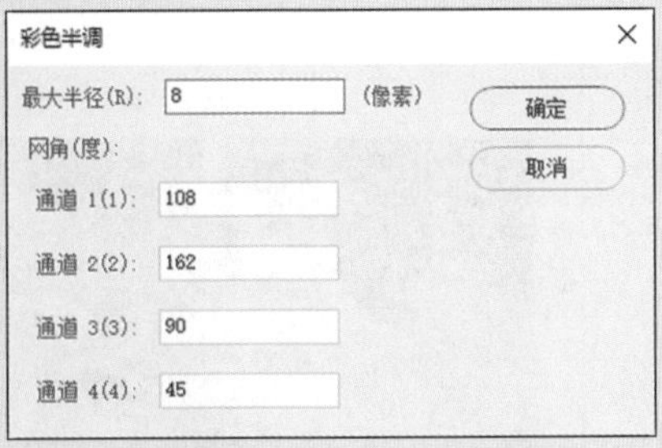

图 8-122

图 8-123

（3）选择“滤镜 > 模糊 > 高斯模糊”命令，在弹出的对话框中进行设置，如图 8-124 所示。单击“确定”按钮，效果如图 8-125 所示。

图 8-124

图 8-125

（4）在“图层”控制面板中，将该图层的混合模式设为“正片叠底”，如图 8-126 所示。图像效果如图 8-127 所示。

（5）按 D 键，恢复默认前景色和背景色。选中“背景”图层，按 Ctrl+J 组合键，复制“背景”图层，生成新的图层并将其重命名为“人物 2”。将“人物 2”图层拖曳到“人物”图层的上方，如图 8-128 所示。

图 8-126

图 8-127

图 8-128

（6）选择“滤镜 > 滤镜库”命令，在弹出的对话框中进行设置，如图 8-129 所示。单击“确定”按钮，效果如图 8-130 所示。

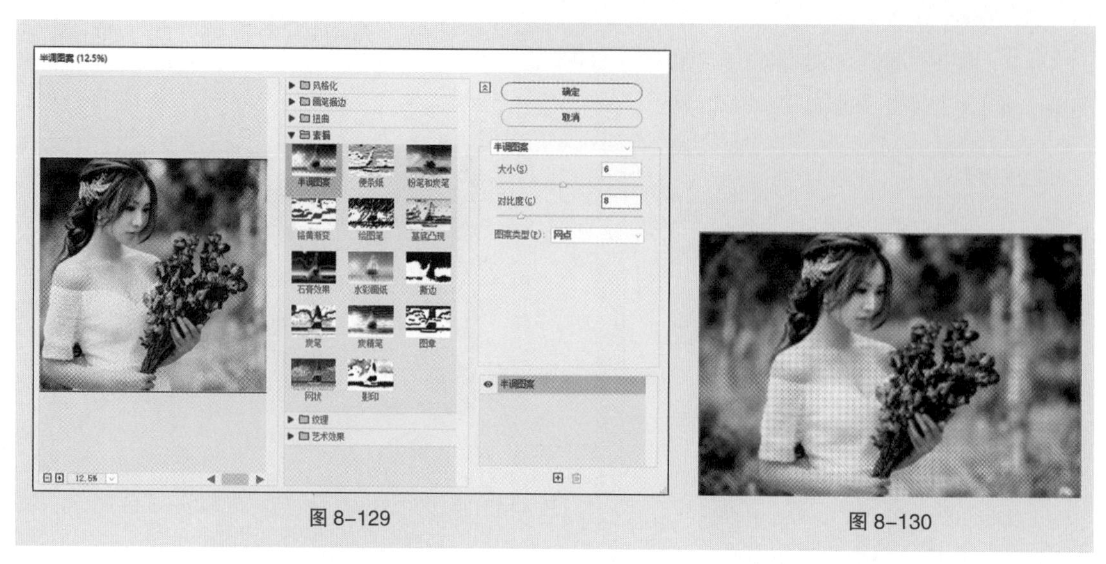

图 8-129

图 8-130

（7）选择“滤镜 > 渲染 > 镜头光晕”命令，在弹出的对话框中进行设置，如图 8-131 所示。单击“确定”按钮，效果如图 8-132 所示。

图 8-131

图 8-132

（8）在“图层”控制面板中，将“人物 2”图层的混合模式设为“强光”，如图 8-133 所示。图像效果如图 8-134 所示。

图 8-133

图 8-134

（9）将“背景”图层拖曳到“图层”控制面板下方的“创建新图层”按钮 上进行复制，生成新的图层“背景 拷贝”。按住 Shift 键，同时选中“人物 2”图层和“背景 拷贝”图层及它们之间的所有图层，按 Ctrl+E 组合键，合并图层并将得到的图层重命名为“效果”，如图 8-135 所示。

（10）选择“滤镜 > 模糊画廊 > 光圈模糊”命令，在弹出的对话框中进行设置，如图 8-136 所示。按 Enter 键确定操作，效果如图 8-137 所示。网点图片制作完成。

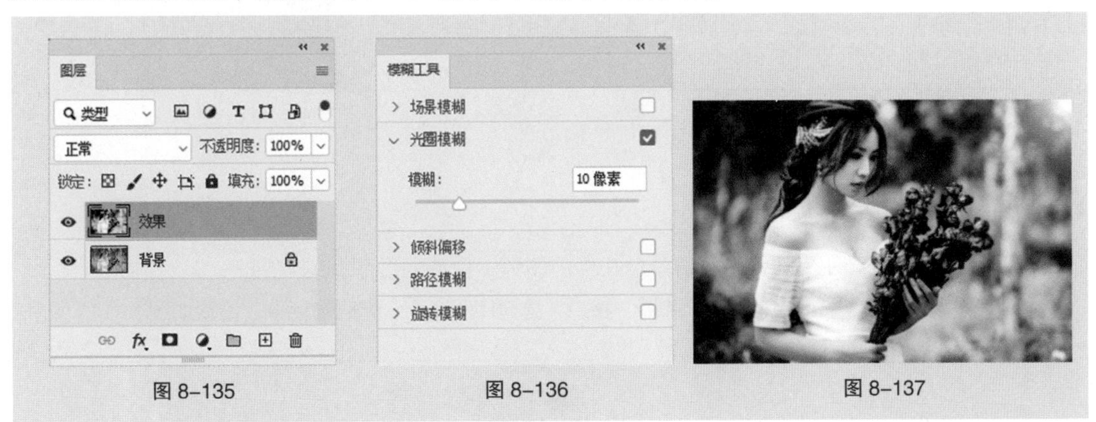

图 8-135　　图 8-136　　图 8-137

8.3.11　高斯模糊滤镜

高斯模糊滤镜产生的模糊效果比较强，它可以在很大程度上对图像进行高斯模糊处理，使图像产生难以辨认的模糊效果。

8.3.12　光圈模糊滤镜

光圈模糊滤镜可以将椭圆焦点范围之外的图像模糊。

8.3.13　彩色半调滤镜

彩色半调滤镜可以使图像产生铜版画的效果。

打开一幅图像，如图 8-138 所示。选择“滤镜 > 像素化 > 彩色半调”命令，弹出图 8-139 所示的对话框。

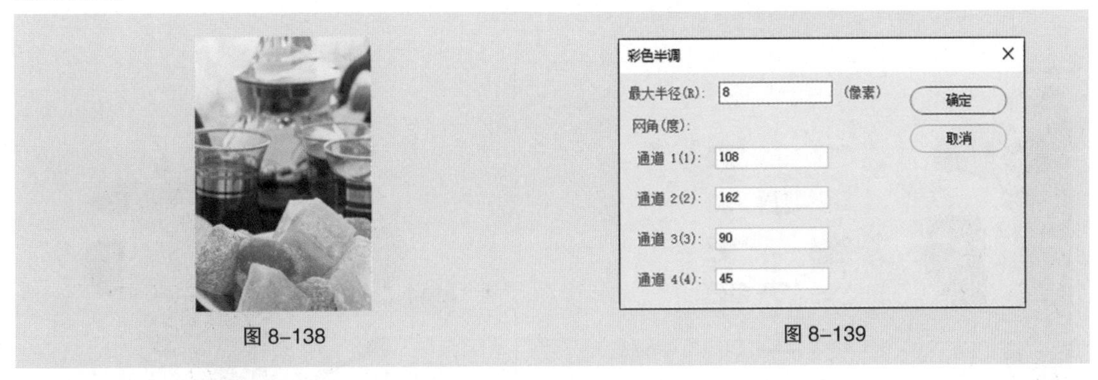

图 8-138　　图 8-139

最大半径：用于设置填充的最大像素，它控制着网格大小。

网角（度）可以为一个或多个通道输入网角值。

对话框的设置如图 8-140 所示。单击“确定”按钮，效果如图 8-141 所示。

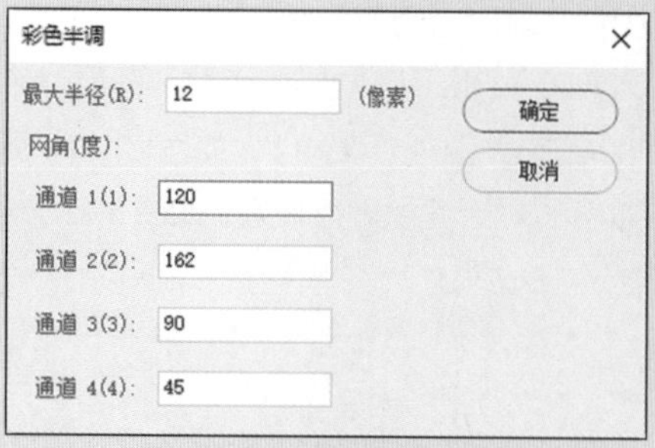

彩色半调

最大半径(R)： 12 （像素）

网角(度)：

通道 1(1)： 120

通道 2(2)： 162

通道 3(3)： 90

通道 4(4)： 45

确定

取消

图 8-140

图 8-141

8.3.14 半调图案滤镜

半调图案滤镜可以使用前景色和背景色在当前图像中生成网板图案的效果。

打开一幅图像，如图 8-142 所示。选择“滤镜 > 滤镜库”命令，弹出对话框。设置如图 8-143 所示。

图 8-142

图 8-143

大小：用于调节网格间距的大小，值越大，生成的网格间距越大。

对比度：用于调节前景色的对比度。

图案类型：用于选择图案的类型。

对话框的设置如图 8-144 所示。单击“确定”按钮，效果如图 8-145 所示。

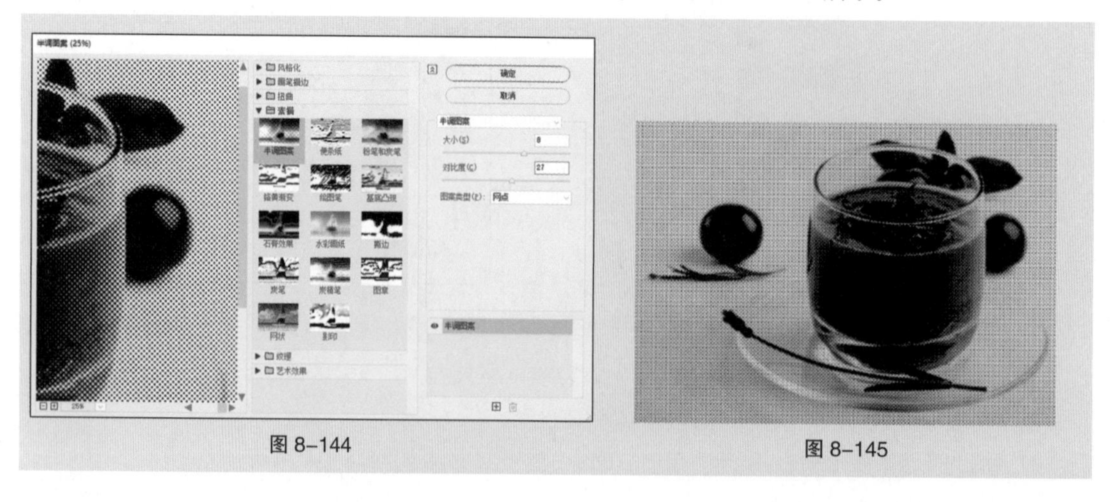

图 8-144

图 8-145

8.3.15 镜头光晕滤镜

镜头光晕滤镜可以生成摄像机镜头眩光的效果，它可自动调节摄像机眩光的位置。

打开一幅图像，如图 8–146 所示。选择“滤镜 > 渲染 > 镜头光晕”命令，弹出图 8–147 所示的对话框。在该对话框中可以拖曳预览框中的光晕中心来设定眩光的位置。

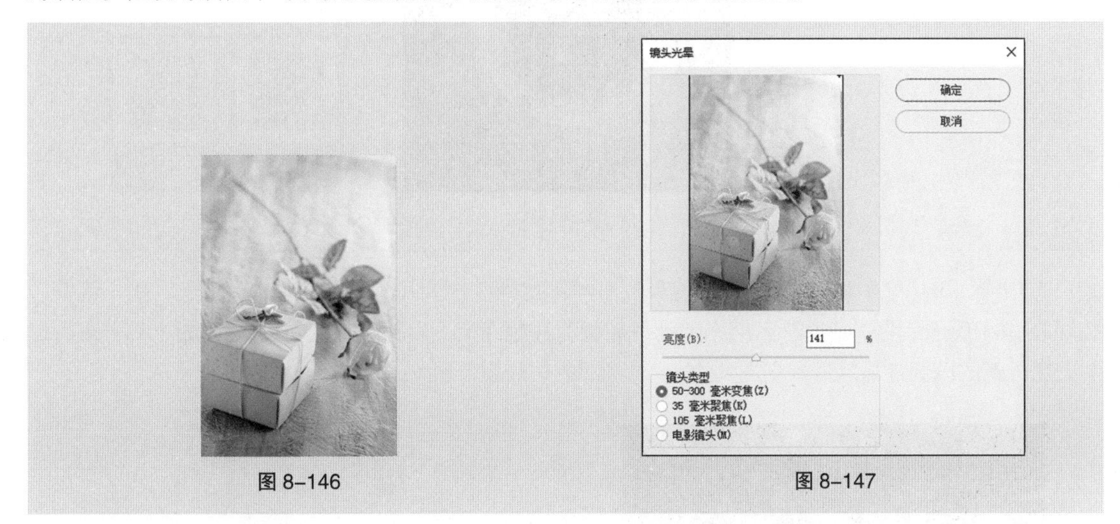

图 8–146　　图 8–147

亮度：用于控制眩光的亮度，此参数值设置过大时，整个画面会变成白色。

镜头类型：用于设定摄像机镜头的类型。

对话框的设置如图 8–148 所示。单击“确定”按钮，效果如图 8–149 所示。

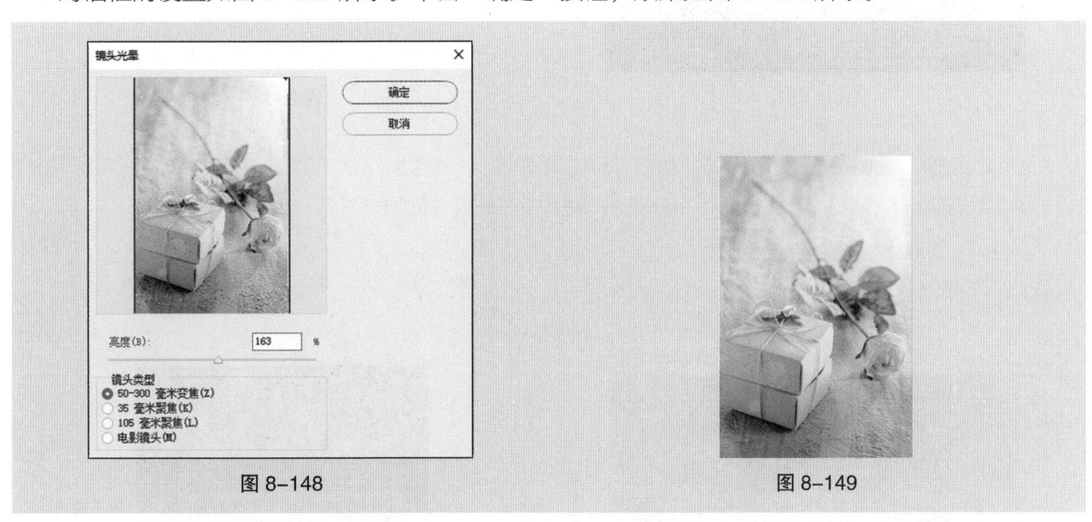

图 8–148　　图 8–149

8.3.16 课堂案例——制作具有震撼效果的图片

【案例学习目标】学习使用“极坐标”命令制作震撼的视觉效果。

【案例知识要点】使用“极坐标”命令扭曲图像，使用“裁剪”工具裁剪图像，使用图层蒙版和“画笔”工具修饰照片，效果如图 8–150 所示。

【效果所在位置】云盘 /Ch08/ 效果 / 制作具有震撼效果的图片 .psd。

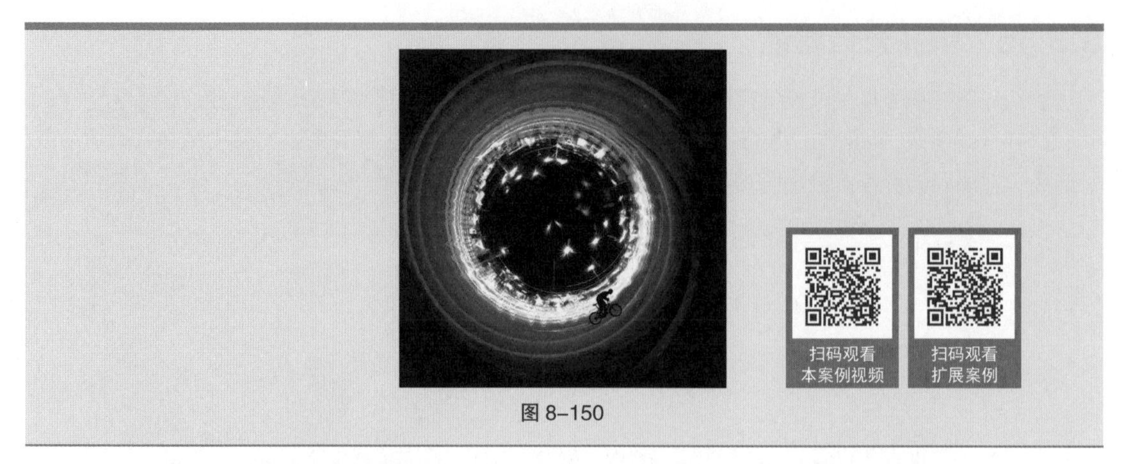

图 8-150

（1）按 Ctrl+O 组合键，打开云盘中的“Ch08 > 素材 > 制作具有震撼效果的图片 > 01”文件，如图 8-151 所示。将“背景”图层拖曳到“图层”控制面板下方的“创建新图层”按钮 上进行复制，生成新的图层并将其重命名为“旋转”，如图 8-152 所示。

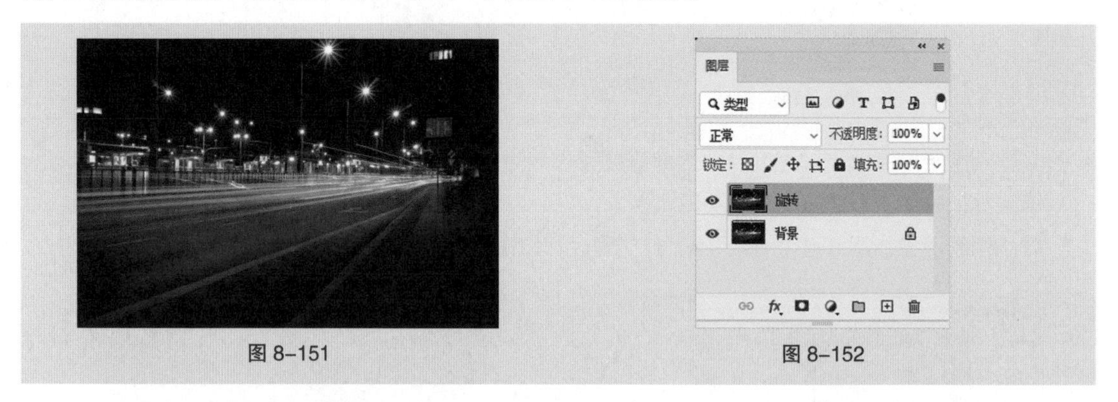

图 8-151　　图 8-152

（2）选择“裁剪”工具 ，属性栏中的设置如图 8-153 所示。在图像窗口中适当的位置拖曳出一个裁切区域，如图 8-154 所示。按 Enter 键确定操作，效果如图 8-155 所示。

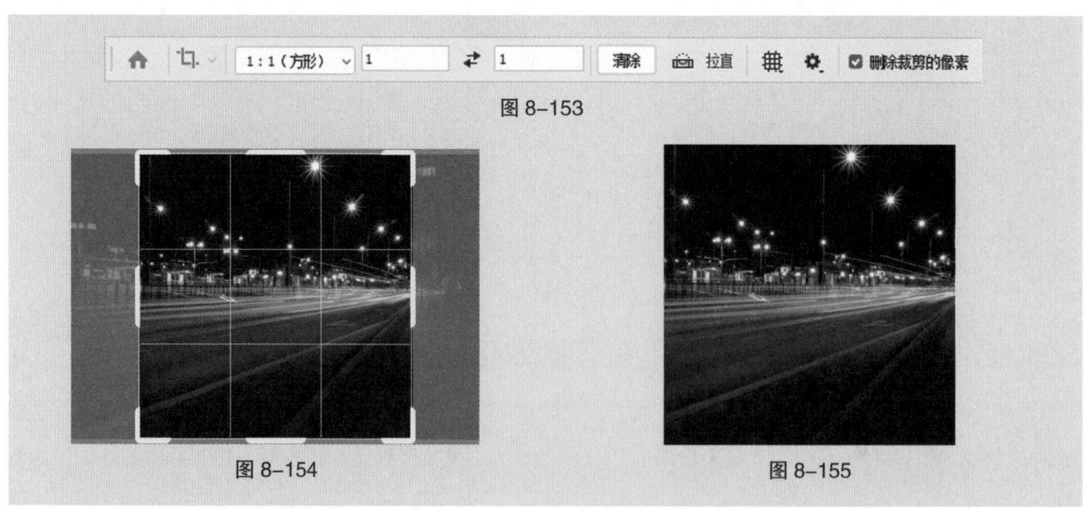

图 8-153

图 8-154　　图 8-155

（3）选择“滤镜 > 扭曲 > 极坐标”命令，在弹出的对话框中进行设置，如图 8-156 所示。单击“确定”按钮，效果如图 8-157 所示。

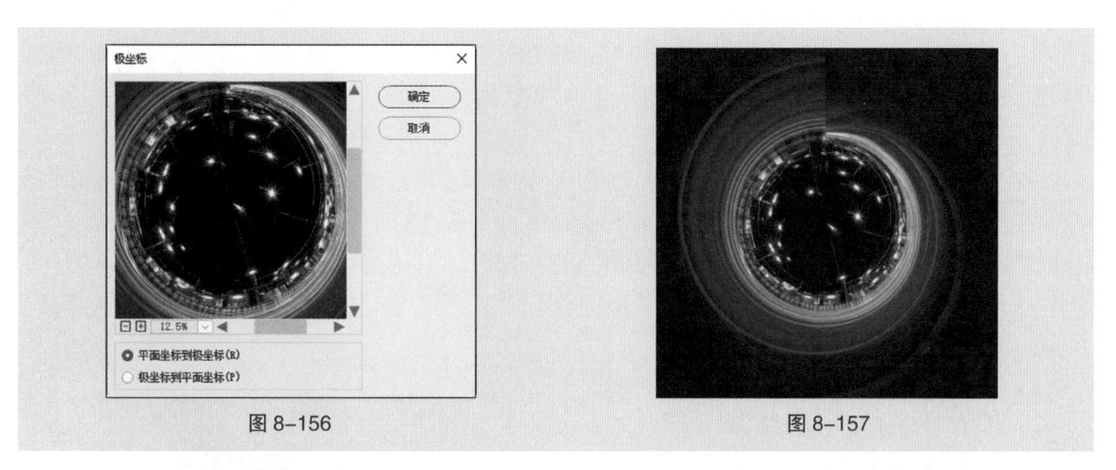

图 8-156　　图 8-157

（4）将“旋转”图层拖曳到“图层”控制面板下方的“创建新图层”按钮 上进行复制，生成新的图层“旋转 拷贝”，如图 8-158 所示。

（5）按 Ctrl+T 组合键，图像周围出现变换框。将鼠标指针放在变换框的控制手柄外侧，鼠标指针变为旋转图标↰。按住鼠标左键不放，拖曳鼠标将图像旋转到适当的角度，按 Enter 键确定操作，效果如图 8-159 所示。

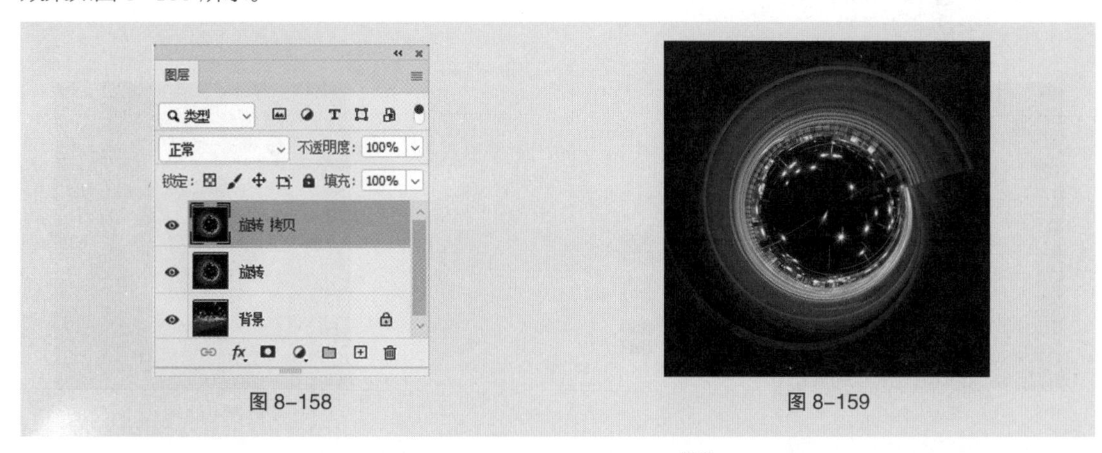

图 8-158　　图 8-159

（6）单击“图层”控制面板下方的“添加图层蒙版”按钮 ，为图层添加图层蒙版，如图 8-160 所示。将前景色设为黑色。选择“画笔”工具 ，在属性栏中单击“画笔”按钮，在弹出的面板中选择需要的画笔形状，设置如图 8-161 所示。在属性栏中将“不透明度”设为“80%”。在图像窗口中按住鼠标左键不放，拖曳鼠标擦除不需要的图像，效果如图 8-162 所示。

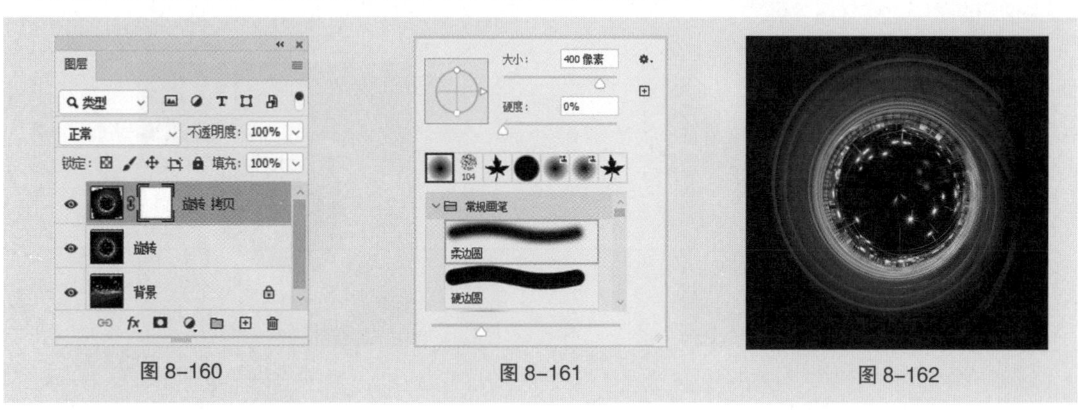

图 8-160　　图 8-161　　图 8-162

（7）按住 Ctrl 键，同时选中“旋转 拷贝”和“旋转”图层。按 Ctrl+E 组合键，合并两个图层并将得到的图层重命名为“底图”。按 Ctrl+J 组合键，复制“底图”图层，生成新的图层“底图 拷贝”，如图 8-163 所示。

（8）选择“滤镜 > 扭曲 > 波浪”命令，在弹出的对话框中进行设置，如图 8-164 所示。单击“确定”按钮，效果如图 8-165 所示。在“图层”控制面板中，将“底图 拷贝”图层的混合模式设为“颜色减淡”，如图 8-166 所示。图像效果如图 8-167 所示。

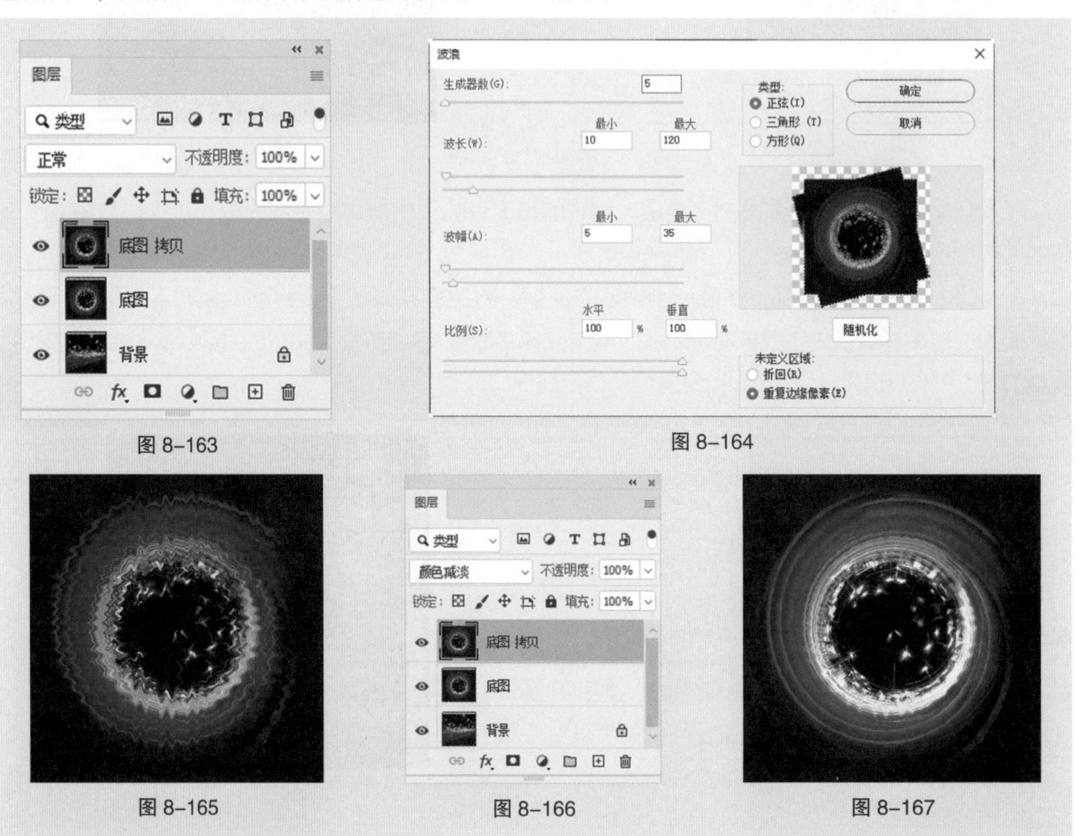

图 8-163　图 8-164

图 8-165　图 8-166　图 8-167

（9）选择“文件 > 置入嵌入对象”命令，弹出“置入嵌入的对象”对话框。选择云盘中的“Ch08 > 素材 > 制作具有震撼效果的图片 > 02”文件，单击“置入”按钮，将图片置入图像窗口中。将其拖曳到适当的位置并调整大小，按 Enter 键确定操作，效果如图 8-168 所示。在“图层”控制面板中会生成新的图层，将其重命名为“自行车”。具有震撼效果的图片制作完成，效果如图 8-169 所示。

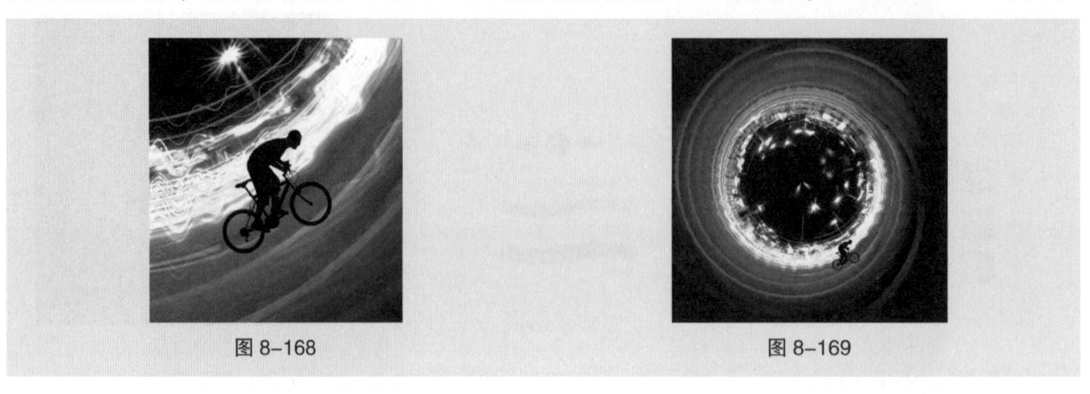

图 8-168　图 8-169

8.3.17 波浪滤镜

波浪滤镜是 Photoshop 2020 中比较复杂的滤镜，它通过选择不同的波长来生成不同的波动效果。

打开一幅图像，如图 8-170 所示。选择“滤镜 > 扭曲 > 波浪”命令，弹出图 8-171 所示的对话框。

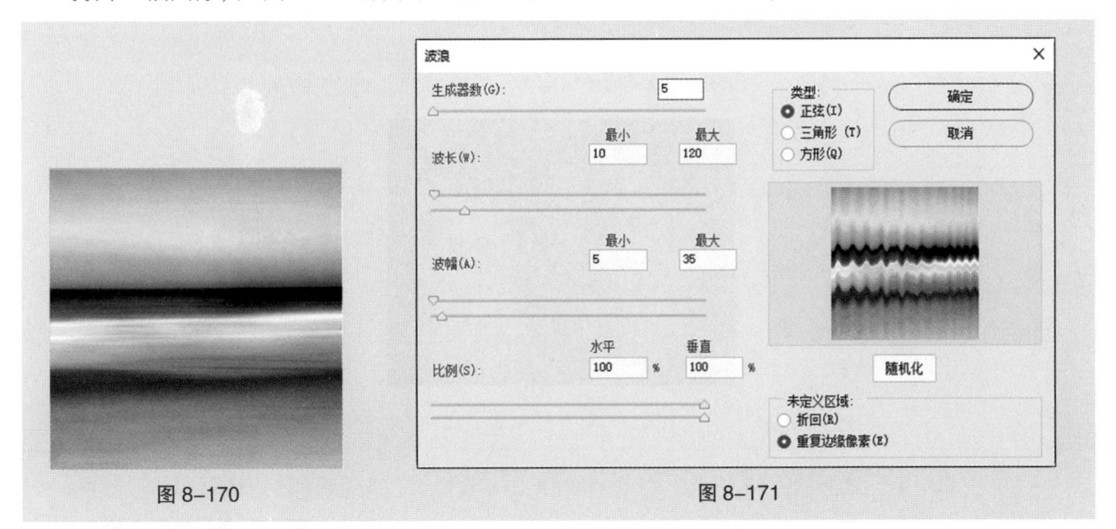

图 8-170　　图 8-171

生成器数：用来控制产生波的总数，此参数值设置得越大，图像越模糊。波长：用于控制波峰的间距，有两个滑块。波幅：用于调节产生波的波幅，有两个滑块，与上一个参数的设置方法相同。比例：用于设置水平、垂直方向的变形程度，它也有两个滑块。类型：用于规定波的形状。未定义区域：用于设定未定义区域的类型。

对话框的设置如图 8-172 所示。单击“确定”按钮，效果如图 8-173 所示。

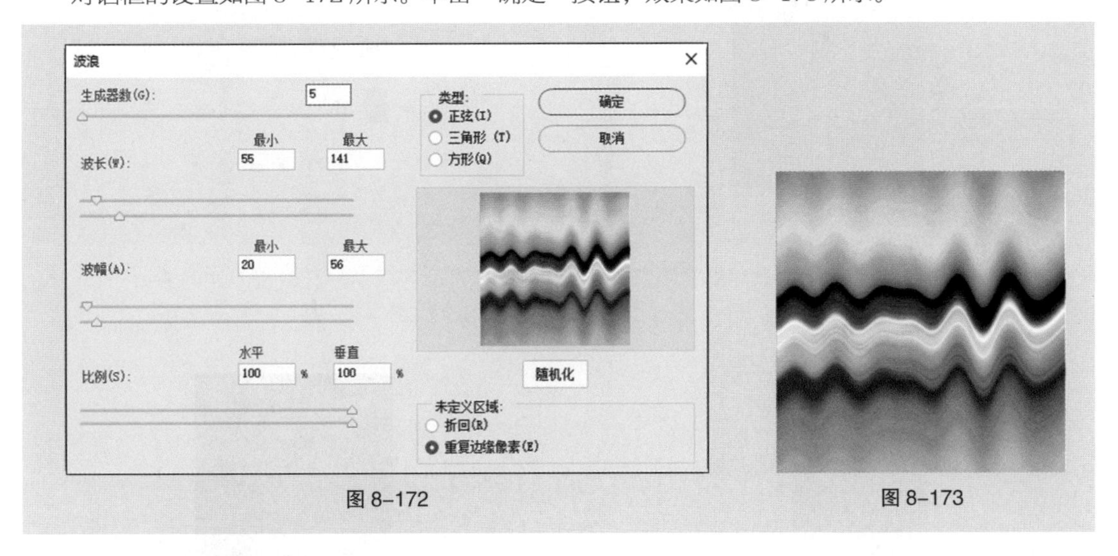

图 8-172　　图 8-173

8.3.18 极坐标滤镜

极坐标滤镜用于生成图像坐标从直角坐标转换为极坐标，或从极坐标转换为直角坐标所产生的效果。它能将直的物体变弯，将弯的物体变直。

8.3.19 课堂案例——把模糊照片变清晰

【案例学习目标】学习使用“USM 锐化”命令锐化照片。

【案例知识要点】使用“USM 锐化”命令调整照片清晰度，使用“色相 / 饱和度”命令和“色阶”命令调整图像色调，处理前后的图像如图 8-174 所示。

【效果所在位置】云盘 /Ch08/ 效果 / 把模糊照片变清晰 .psd。

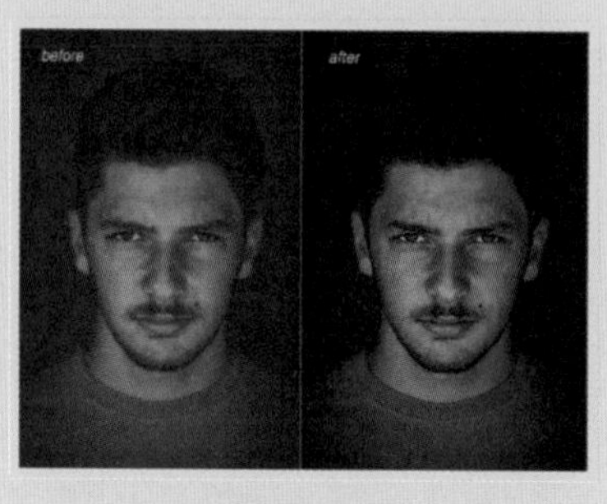

图 8-174

（1）按 Ctrl+O 组合键，打开云盘中的“Ch08 > 素材 > 把模糊照片变清晰 > 01”文件，如图 8-175 所示。按 Ctrl+J 组合键，复制“背景”图层，生成新的图层并将其重命名为“图层 1”，如图 8-176 所示。

图 8-175

图 8-176

（2）选择“滤镜 > 锐化 > USM 锐化”命令，在弹出的对话框中进行设置，如图 8-177 所示。单击“确定”按钮，效果如图 8-178 所示。

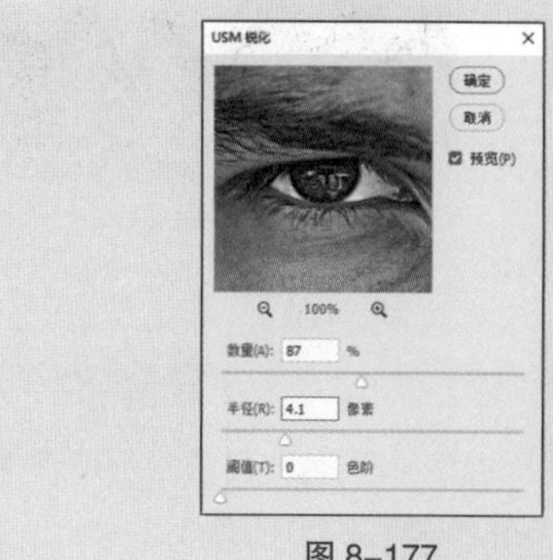

图 8-177

图 8-178

（3）选择“滤镜 > 锐化 > 防抖”命令，在弹出的对话框中进行设置，如图 8–179 所示。单击“确定”按钮，效果如图 8–180 所示。

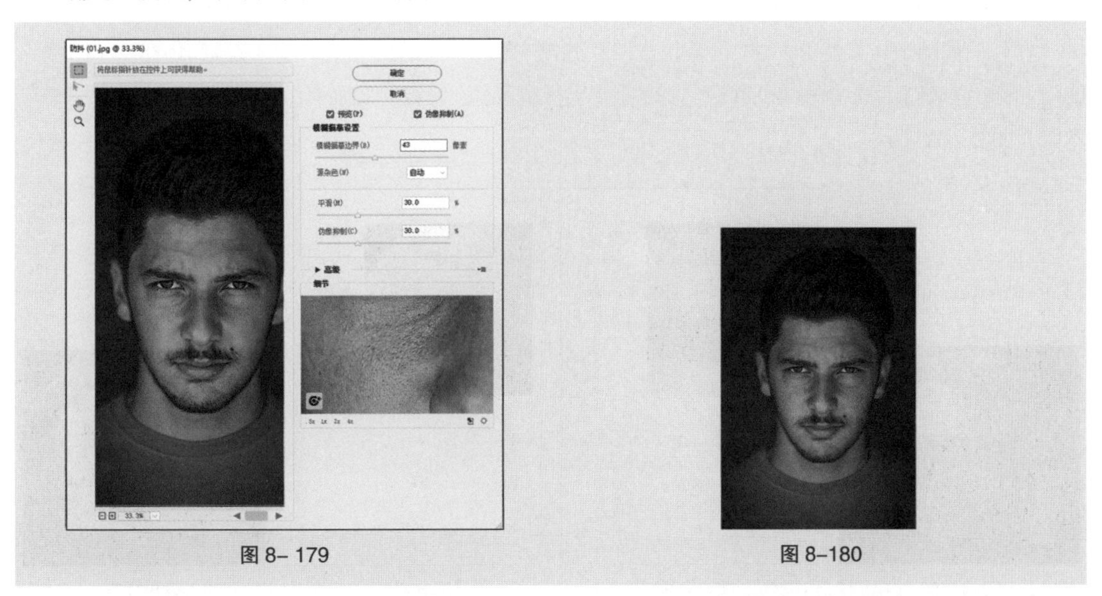

图 8– 179　　　　图 8–180

（4）选择“图像 > 调整 > 色相 / 饱和度”命令，在弹出的对话框中进行设置，如图 8–181 所示。单击“确定”按钮，效果如图 8–182 所示。

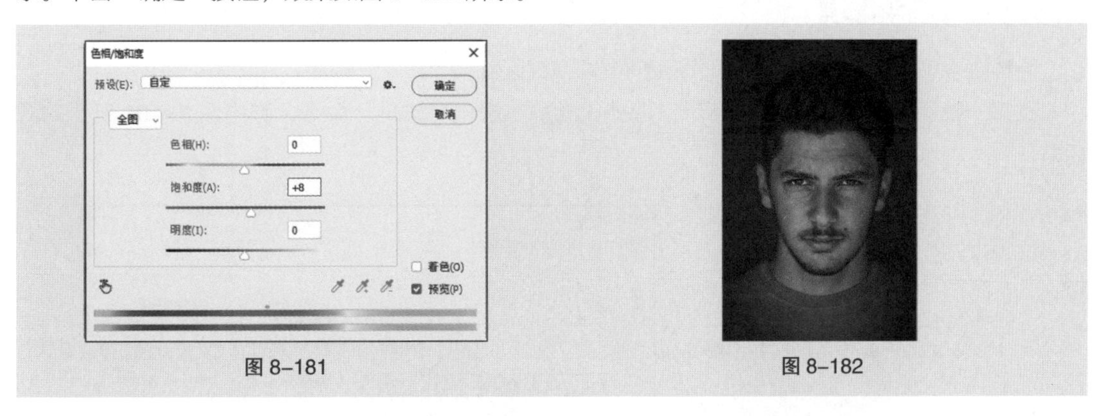

图 8–181　　　　图 8–182

（5）选择“图像 > 调整 > 色阶”命令，在弹出的对话框中进行设置，如图 8–183 所示。单击“确定”按钮，效果如图 8–184 所示。把模糊照片变清晰完成。

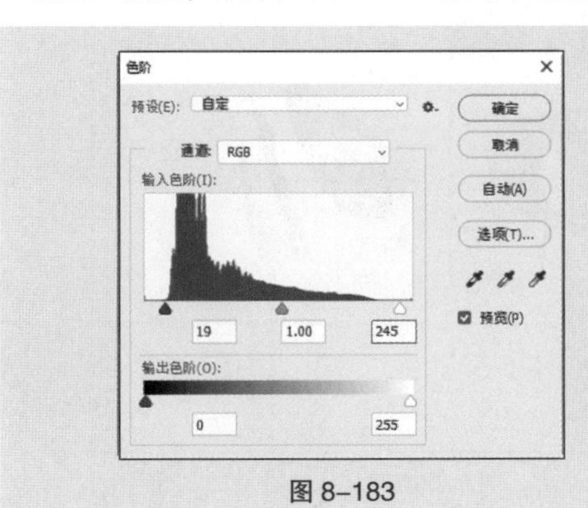

图 8–183

图 8–184

8.3.20 USM 锐化滤镜

USM 锐化滤镜用于生成边缘轮廓锐化的效果。

打开一幅图像，如图 8-185 所示。选择“滤镜 > 锐化 > USM 锐化”命令，弹出图 8-186 所示的对话框。在该对话框中可以设置锐化的数量、半径和阈值。设置如图 8-187 所示。单击“确定”按钮，效果如图 8-188 所示。

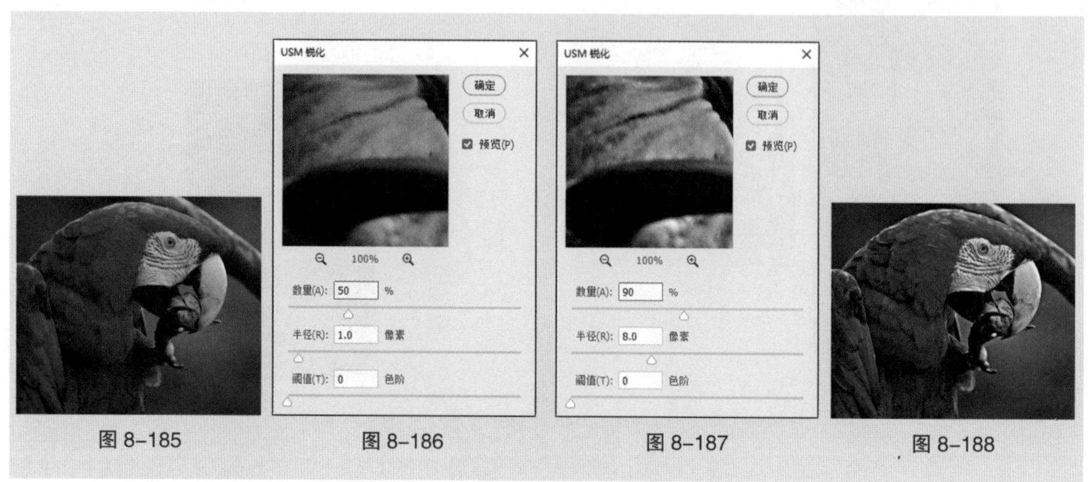

图 8-185 图 8-186 图 8-187 图 8-188

8.3.21 防抖滤镜

防抖滤镜可以减少因相机运动而产生的图像模糊区域。

打开一幅图像，如图 8-189 所示。选择“滤镜 > 锐化 > 防抖”命令，弹出图 8-190 所示的对话框。

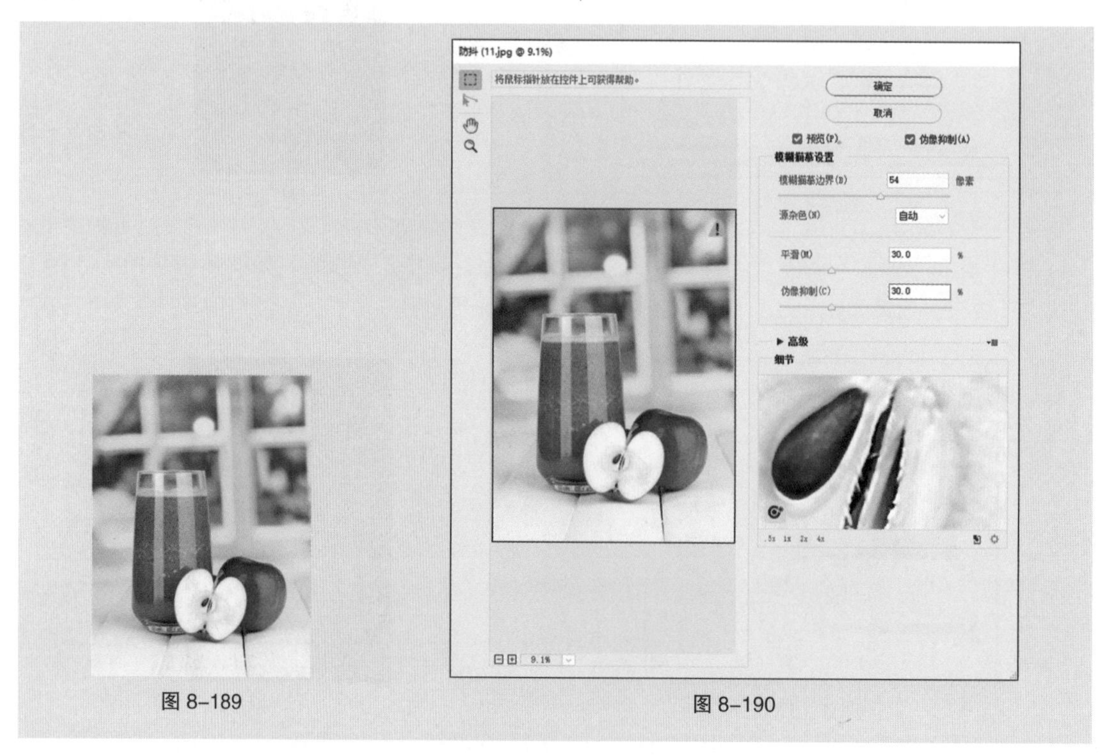

图 8-189 图 8-190

左侧工具箱中的工具由上到下分别为“模糊评估工具”工具、“抓手”工具和“缩放”工具。

模糊描摹边界：用于改变模糊描摹的边界大小。源杂色：用于自动估计图像中的杂色数量。平滑：用于减少或增加高频锐化杂色，一般使用低平滑。伪像抑制：用于抑制锐化图像过程中的明显杂色伪像。

对话框的设置如图 8-191 所示。单击“确定”按钮，效果如图 8-192 所示。

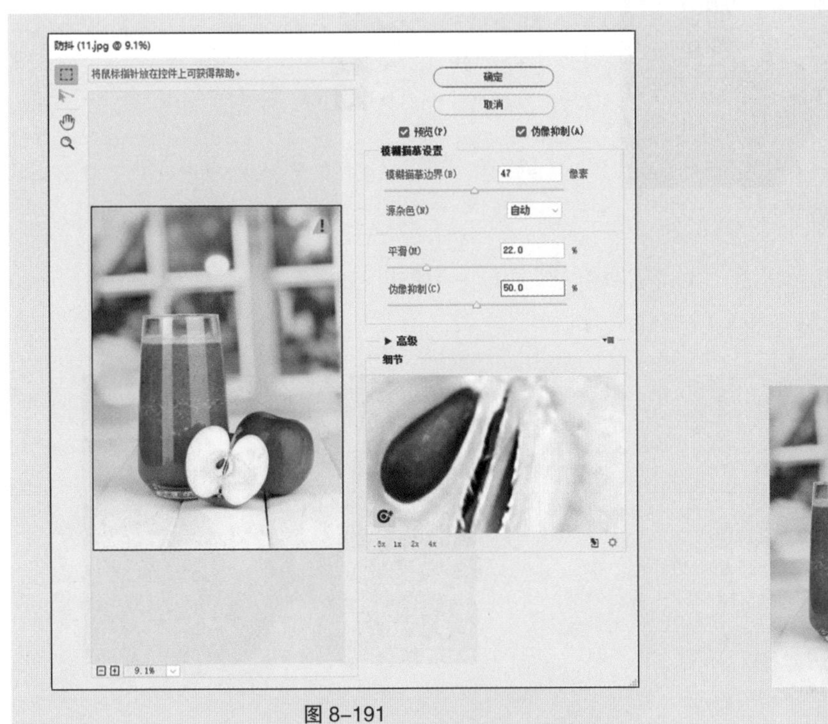

图 8-191

图 8-192

8.3.22 课堂案例——制作艺术图片

【案例学习目标】学习使用“添加杂色”命令制作艺术效果。

【案例知识要点】使用“添加杂色”命令添加杂色，使用“照片滤镜”命令为图像加色，处理前后的图像如图 8-193 所示。

【效果所在位置】云盘 /Ch08/ 效果 / 制作艺术图片 .psd。

扫码观看本案例视频

扫码观看扩展案例

图 8-193

（1）按 Ctrl+O 组合键，打开云盘中的“Ch08 > 素材 > 制作艺术图片 > 01”文件，如图 8-194 所示。按 Ctrl+J 组合键，复制“背景”图层，生成新的图层并将其重命令为“图层 1”，如图 8-195 所示。

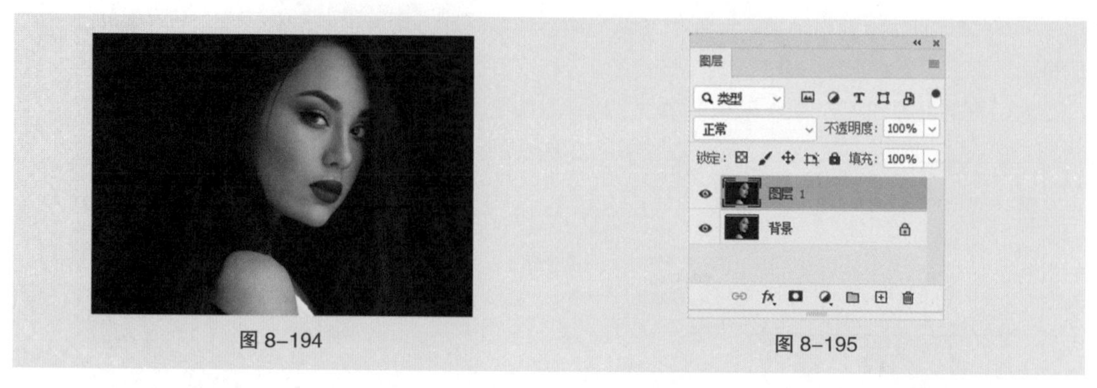

图 8-194　　图 8-195

（2）在“图层”控制面板中，将“图层 1”图层的混合模式设为“柔光”，如图 8-196 所示。图像效果如图 8-197 所示。

图 8-196　　图 8-197

（3）选择“滤镜 > 杂色 > 添加杂色”命令，在弹出的对话框中进行设置，如图 8-198 所示。单击“确定”按钮，效果如图 8-199 所示。

（4）选择“滤镜 > 其他 > 高反差保留”命令，在弹出的对话框中进行设置，如图 8-200 所示。单击“确定”按钮，效果如图 8-201 所示。

图 8-198　　图 8-199　　图 8-200　　图 8-201

（5）选择“图像 > 调整 > 照片滤镜”命令，在弹出的对话框中进行设置，如图 8-202 所示。单击“确定”按钮，效果如图 8-203 所示。艺术图片制作完成。

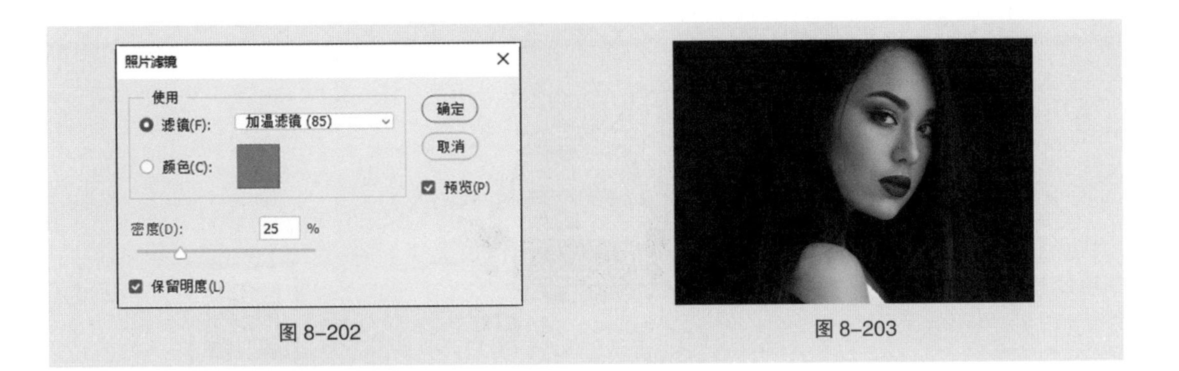

图 8-202　　图 8-203

8.3.23　添加杂色滤镜

添加杂色滤镜可以在处理的图像中增加一些细小的颗粒。

打开一幅图像，如图 8-204 所示。选择“滤镜 > 杂色 > 添加杂色”命令，弹出图 8-205 所示的对话框。

数量：用于设置增加噪波的数量，值越大，效果越明显。分布：用于选择干扰属性。单色：用于设置是否添加单色噪波的像素。

对话框的设置如图 8-206 所示。单击“确定”按钮，效果如图 8-207 所示。

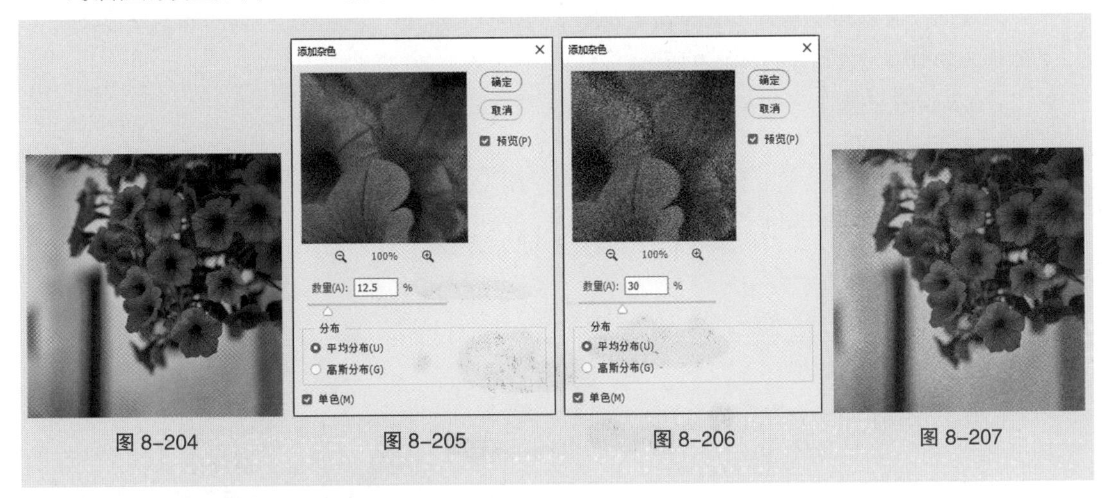

图 8-204　　图 8-205　　图 8-206　　图 8-207

8.3.24　高反差保留滤镜

高反差保留滤镜可以删除图像中亮度变化缓慢的部分，并保留色彩变化最大的部分。

8.4　课堂练习——制作素描图像效果

【练习知识要点】使用“特殊模糊”命令和“反向”命令制作素描图像效果，使用“色阶”命令调整图像颜色，效果如图 8-208 所示。

【效果所在位置】云盘 /Ch08/ 效果 / 制作素描图像效果 .psd。

扫码观看
本案例视频

图 8-208

8.5 课后习题——制作淡彩效果

【习题知识要点】使用“去色”命令将花图片去色，使用“照亮边缘”命令、图层混合模式、“反向”命令和“色阶”命令减淡花图片的颜色，使用“复制图层”命令和图层混合模式制作淡彩效果，效果如图 8-209 所示。

【效果所在位置】云盘 /Ch08/ 效果 / 制作淡彩效果 .psd。

扫码观看
本案例视频

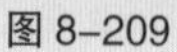

图 8-209

09 第9章 商业案例

本章介绍

本章结合多个应用领域商业案例的实际应用，通过项目背景、项目要求、项目设计、项目要点和项目制作进一步详解 Photoshop 2020 强大的功能和图像处理技巧。通过本章的学习，读者可以快速地掌握商业案例的设计理念和软件的技术要点，设计、制作出专业的作品。

学习目标

- 掌握 Photoshop 2020 基础知识的应用。
- 了解 Photoshop 2020 的常用设计领域。
- 掌握 Photoshop 2020 在不同设计领域的使用技巧。

技能目标

- 掌握图标、界面、标志、宣传单、平面广告、封面等的制作方法。
- 掌握设计和制作的思路。
- 熟练运用 Photoshop 2020 进行设计。

素质目标

- 掌握用 Photoshop 2020 设计制作商业案例的能力。
- 在案例学习过程中提升专业能力。

9.1 制作视频播放图标

9.1.1 项目背景

1. 客户名称

洪城电子科技。

2. 客户需求

洪城电子科技是一家从事电子商务及软件开发的公司。本项目是设计一款视频播放图标，要求设计的图标拟物化，用色大胆，画面色彩丰富。

9.1.2 项目要求

（1）图标拟物化。

（2）运用颜色鲜明的不同图形构成色彩丰富的画面。

（3）要求风格简约。

（4）设计规格为 360mm（宽）×360mm（高），分辨率为 72dpi。

9.1.3 项目设计

本项目设计流程如图 9-1 所示。

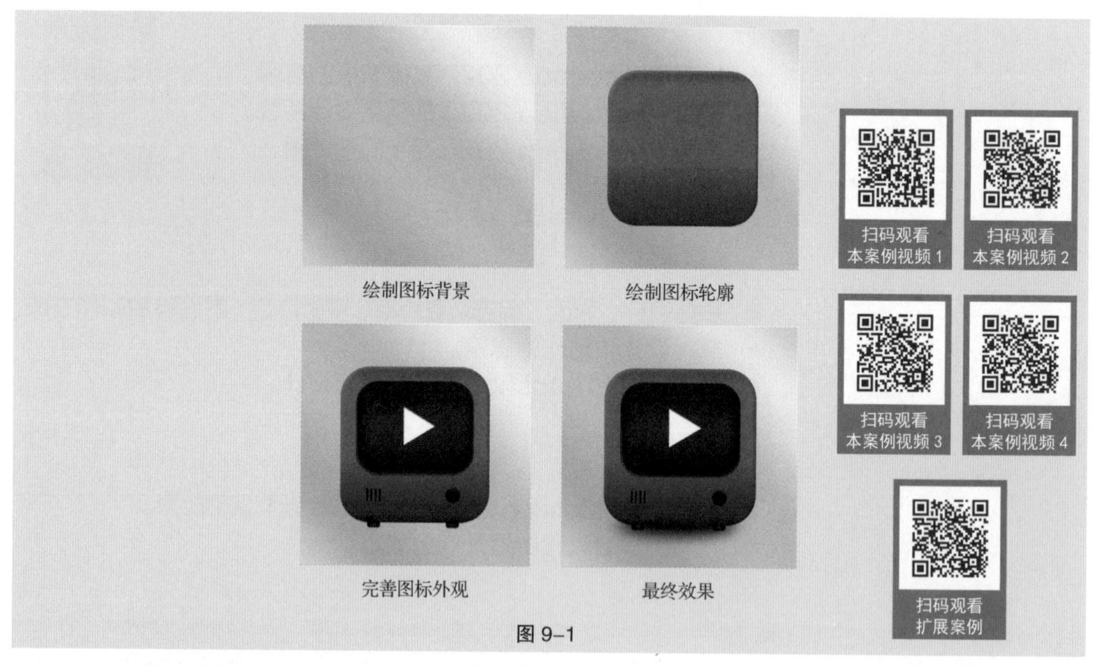

图 9-1

9.1.4 项目要点

使用“渐变”工具添加背景颜色，使用“圆角矩形”工具、“椭圆”工具和组合按钮制作图形，使用“图层样式”命令添加图形效果，使用“滤镜”命令添加图形材质，使用“椭圆选框”工具为图形添加投影效果。

9.1.5 项目制作

1. 绘制图标轮廓（见图 9-2 ～图 9-6）

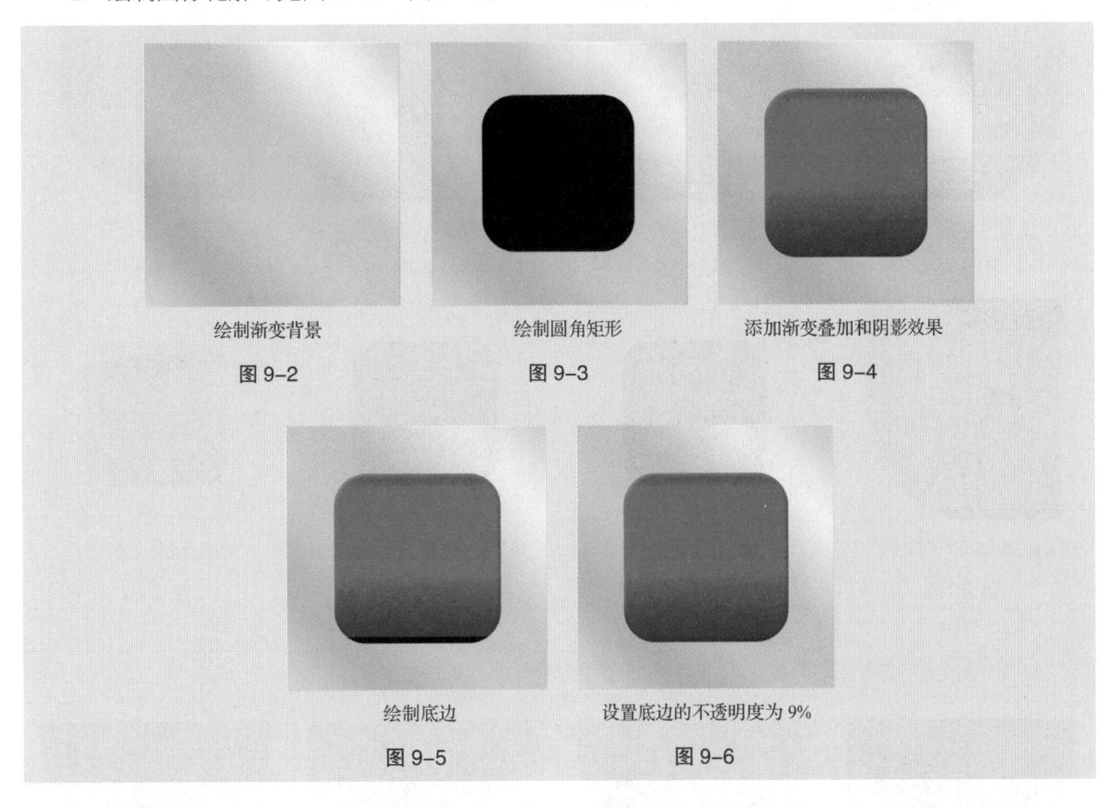

绘制渐变背景

图 9-2

绘制圆角矩形

图 9-3

添加渐变叠加和阴影效果

图 9-4

绘制底边

图 9-5

设置底边的不透明度为 9%

图 9-6

2. 绘制屏幕（见图 9-7 ～图 9-13）

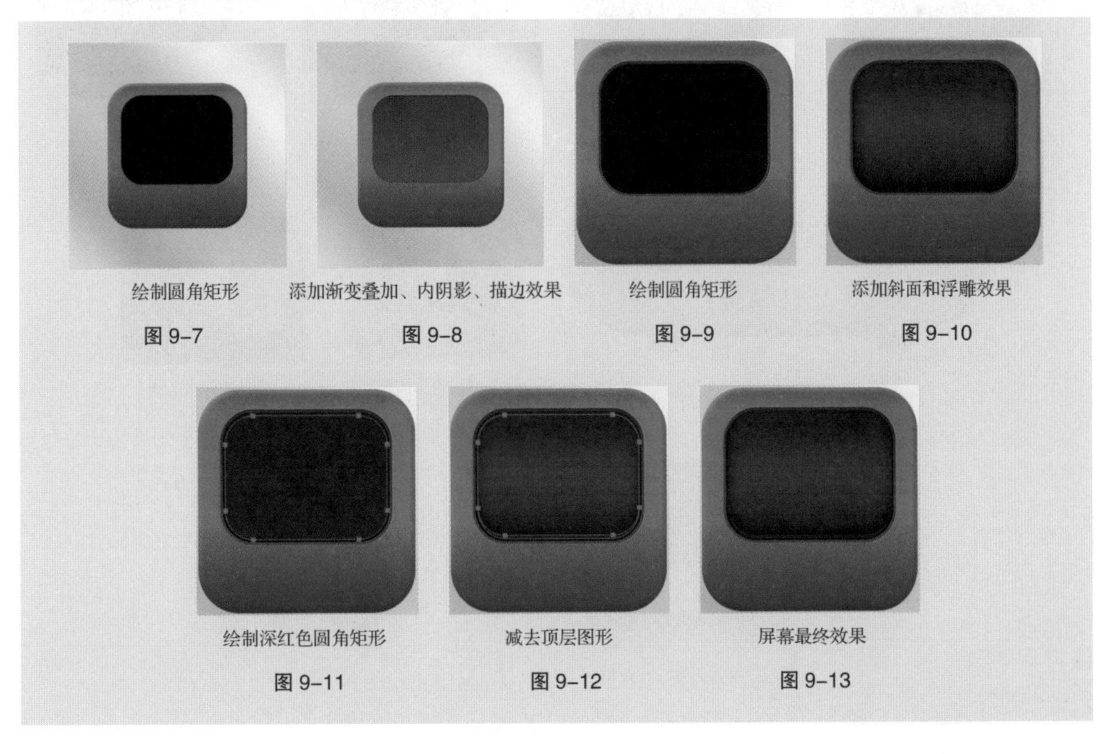

绘制圆角矩形

图 9-7

添加渐变叠加、内阴影、描边效果

图 9-8

绘制圆角矩形

图 9-9

添加斜面和浮雕效果

图 9-10

绘制深红色圆角矩形

图 9-11

减去顶层图形

图 9-12

屏幕最终效果

图 9-13

3. 绘制喇叭并添加材质（见图 9-14 ～图 9-21）

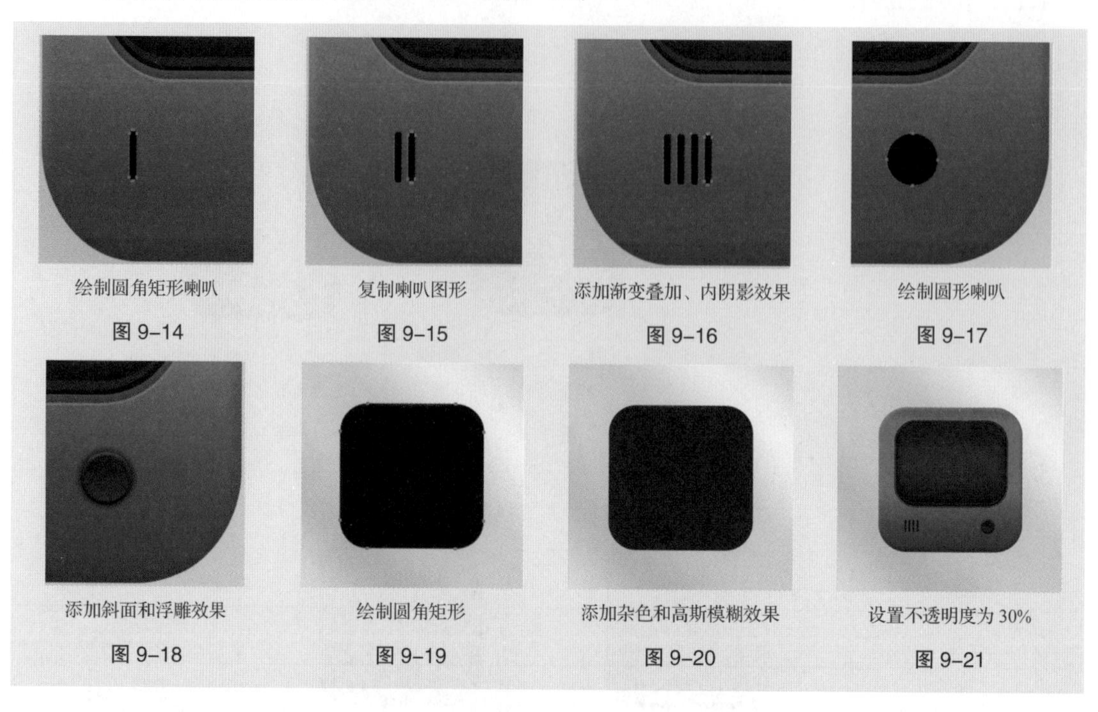

绘制圆角矩形喇叭　图 9-14

复制喇叭图形　图 9-15

添加渐变叠加、内阴影效果　图 9-16

绘制圆形喇叭　图 9-17

添加斜面和浮雕效果　图 9-18

绘制圆角矩形　图 9-19

添加杂色和高斯模糊效果　图 9-20

设置不透明度为 30%　图 9-21

4. 绘制底座和播放按钮（见图 9-22 ～图 9-30）

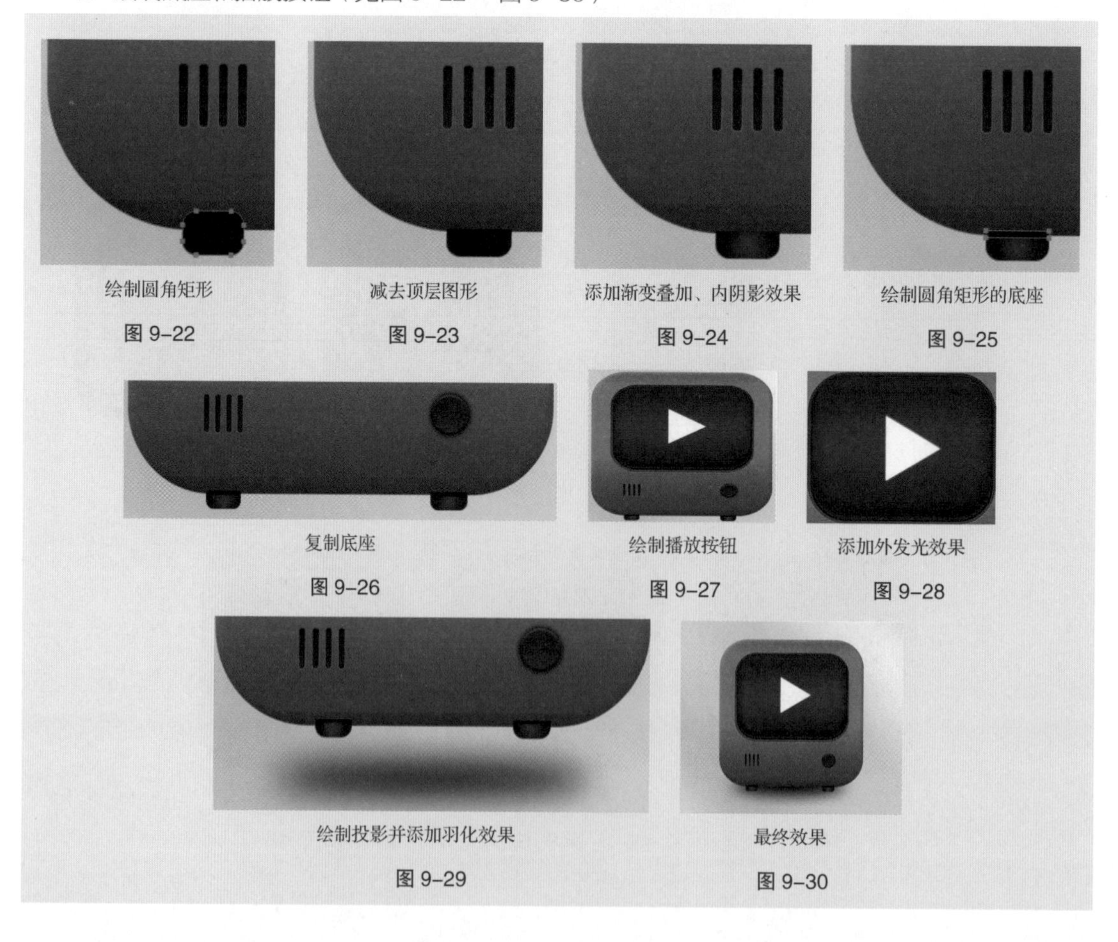

绘制圆角矩形　图 9-22

减去顶层图形　图 9-23

添加渐变叠加、内阴影效果　图 9-24

绘制圆角矩形的底座　图 9-25

复制底座　图 9-26

绘制播放按钮　图 9-27

添加外发光效果　图 9-28

绘制投影并添加羽化效果　图 9-29

最终效果　图 9-30

9.2 制作音乐 App 界面

9.2.1 项目背景

1. 客户名称

小蜗音乐。

2. 客户需求

小蜗音乐是小蜗网为音乐爱好者量身定做的音乐 App。它拥有近乎完美的无线音乐解决方案，设有离线模式，可实现无线收听音乐。现需要根据软件模式及内容设计该 App 的界面，要求界面设计美观精致、功能全面、主题突出。

9.2.2 项目要求

（1）要求界面设计美观精致、功能齐全。

（2）色彩搭配自然大气，使用深色背景搭配浅色文字。

（3）布局合理，符合应用规范。

（4）设计规格为 750 像素（宽）×1624 像素（高），分辨率为 72dpi。

扫码观看
本案例视频

扫码观看
扩展案例

9.2.3 项目设计

本项目设计流程如图 9-31 所示。

绘制界面背景

添加主体信息

添加进度条

最终效果

图 9-31

9.2.4 项目要点

使用“渐变”工具添加背景颜色，使用“新建参考线”命令添加参考线，使用“置入嵌入对象”命令置入图片，使用“圆角矩形”工具、“椭圆”工具和剪贴蒙版制作专辑封面和进度条，使用“横排文字”工具添加文字。

9.2.5 项目制作

1. 制作状态栏和导航栏（见图 9-32 ～图 9-36）

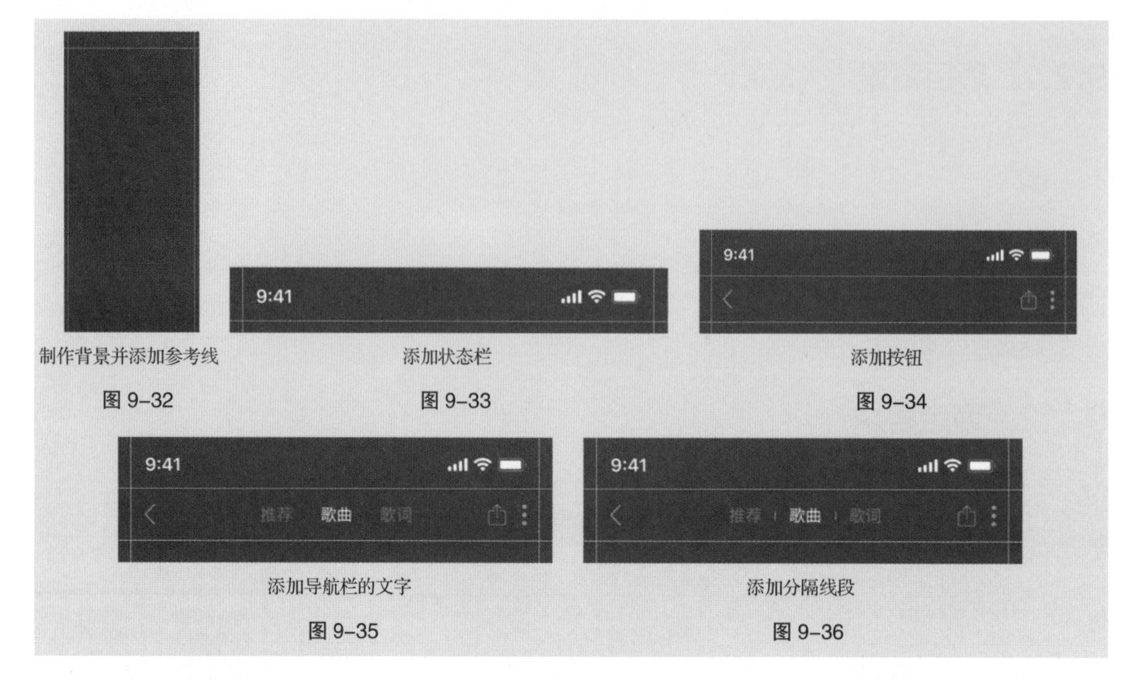

制作背景并添加参考线

图 9-32

添加状态栏

图 9-33

添加按钮

图 9-34

添加导航栏的文字

图 9-35

添加分隔线段

图 9-36

2. 制作内容区（见图 9-37 ～图 9-45）

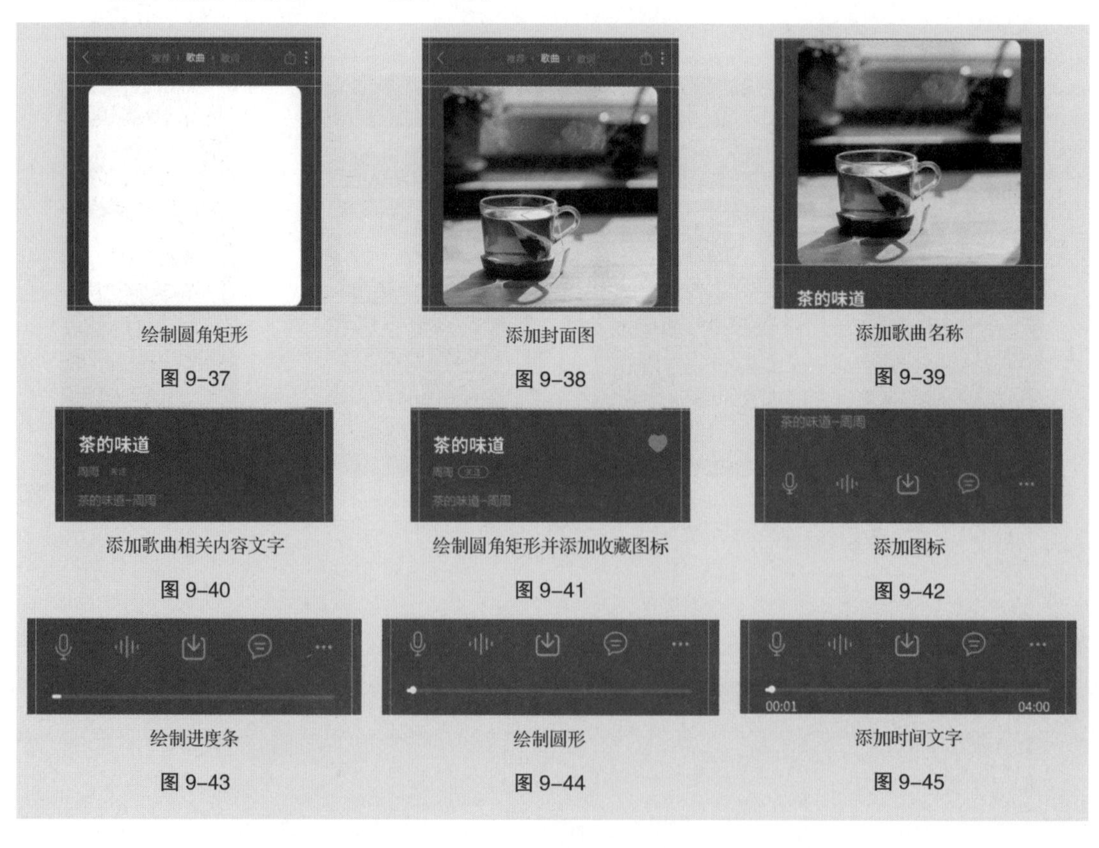

绘制圆角矩形

图 9-37

添加封面图

图 9-38

添加歌曲名称

图 9-39

添加歌曲相关内容文字

图 9-40

绘制圆角矩形并添加收藏图标

图 9-41

添加图标

图 9-42

绘制进度条

图 9-43

绘制圆形

图 9-44

添加时间文字

图 9-45

3. 制作播放器（见图 9-46 ～图 9-48）

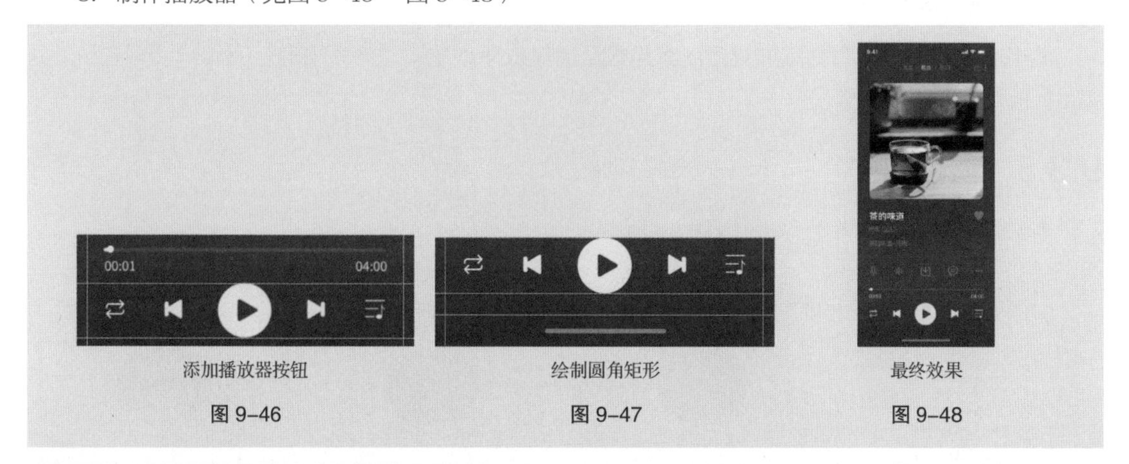

添加播放器按钮　　绘制圆角矩形　　最终效果

图 9-46　　图 9-47　　图 9-48

9.3 制作电玩城标志

9.3.1 项目背景

1. 客户名称

奥美天堂游戏有限公司。

2. 客户需求

奥美天堂游戏有限公司的业务范围涉及网页游戏、手游、动漫、互联网娱乐平台等领域，是一家专业的网络游戏公司。现公司规模扩大，新成立一个电玩城。公司要求根据需求设计电玩城标志，要求设计简单易懂、特征明确、突出主题。

9.3.2 项目要求

（1）要求标志美观精致、识别度高。

（2）拟物化的标志体现出公司的特点。

（3）要求标志色彩大气，同时富有变化。

（4）设计规格为 1181 像素（宽）×1181 像素（高），分辨率为 72dpi。

扫码观看 本案例视频　　扫码观看 扩展案例

9.3.3 项目设计

本项目设计流程如图 9-49 所示。

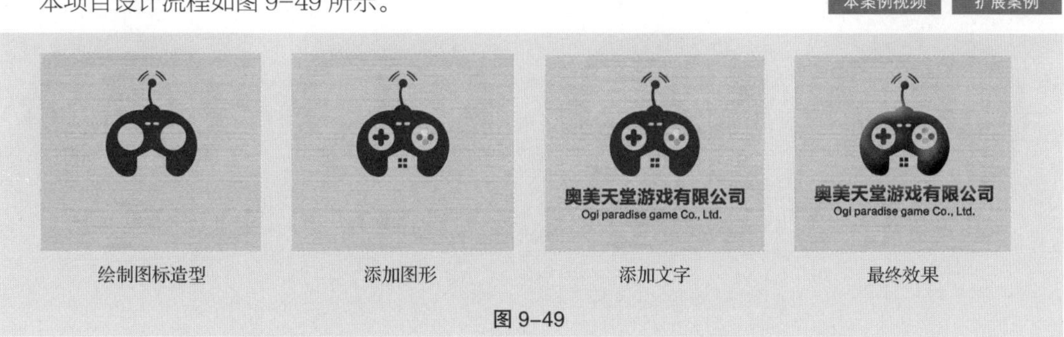

绘制图标造型　　添加图形　　添加文字　　最终效果

图 9-49

9.3.4 项目要点

使用“图层样式”命令添加背景图案样式及图形效果，使用“圆角矩形”工具、“钢笔”工具和路径操作按钮制作图形。

9.3.5 项目制作

本项目制作要点如图 9-50 ~ 图 9-68 所示。

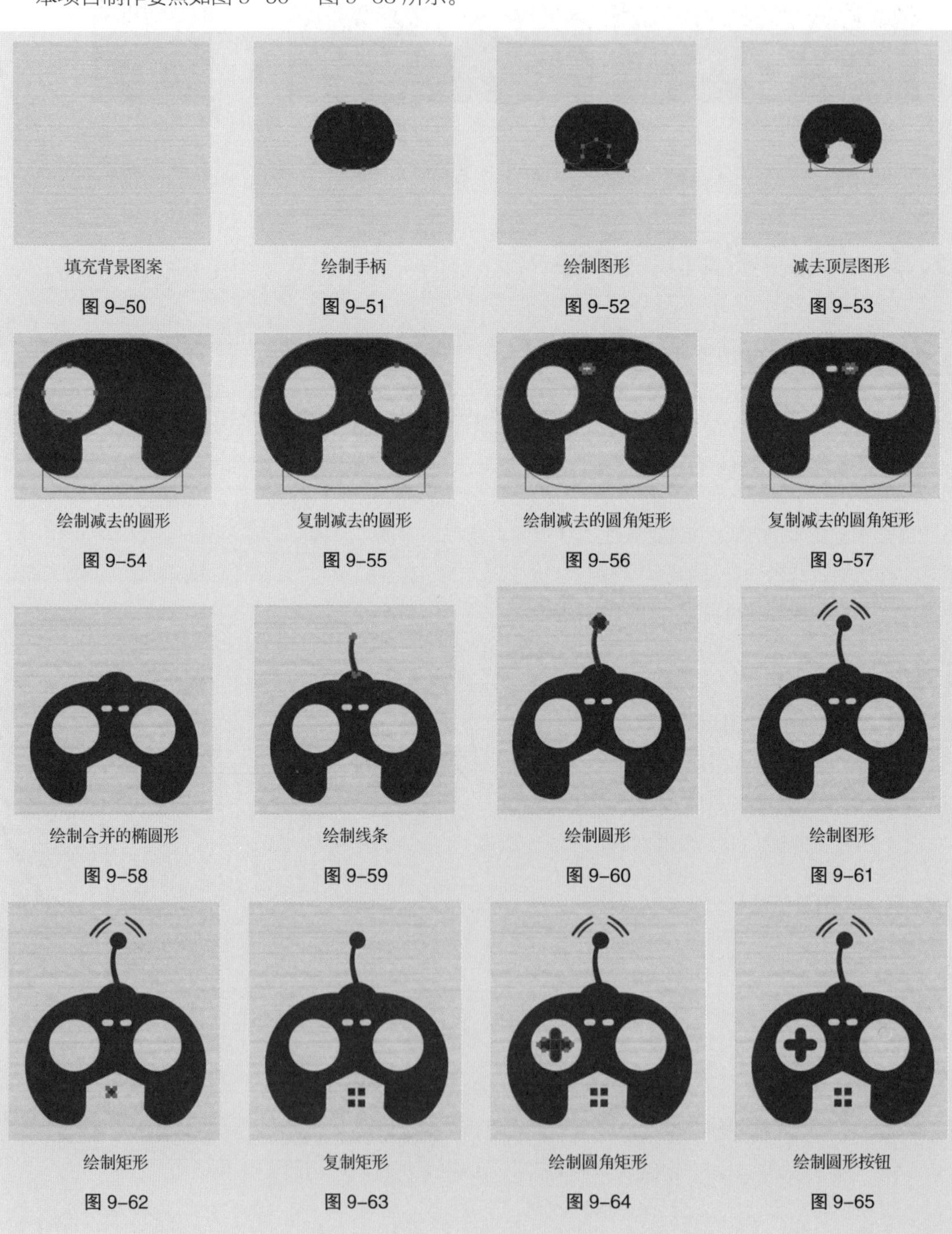

填充背景图案 图 9-50
绘制手柄 图 9-51
绘制图形 图 9-52
减去顶层图形 图 9-53
绘制减去的圆形 图 9-54
复制减去的圆形 图 9-55
绘制减去的圆角矩形 图 9-56
复制减去的圆角矩形 图 9-57
绘制合并的椭圆形 图 9-58
绘制线条 图 9-59
绘制圆形 图 9-60
绘制图形 图 9-61
绘制矩形 图 9-62
复制矩形 图 9-63
绘制圆角矩形 图 9-64
绘制圆形按钮 图 9-65

复制并调整按钮

图 9-66

添加文字

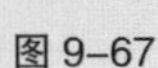

图 9-67

最终效果

图 9-68

9.4 制作旅游宣传单

9.4.1 项目背景

1. 客户名称

红太阳旅行社。

2. 客户需求

红太阳旅行社是一家经营各类旅行业务的旅游公司，其业务范围包括车辆出租、带团旅行等。现旅行社要为暑期旅游制作宣传单，需根据公司经营内容及景区风景制作宣传单，要求设计清新自然、主题突出。

9.4.2 项目要求

（1）要求宣传单背景体现出旅行的特点。

（2）要求色彩自然大气。

（3）风格独特、文字清晰，具有吸引力。

（4）设计规格均为 210mm（宽）× 297mm（高），分辨率为 300dpi。

扫码观看
本案例视频

扫码观看
扩展案例

9.4.3 项目设计

本项目设计流程如图 9-69 所示。

添加背景图片

修饰背景图片

添加宣传内容

最终效果

图 9-69

9.4.4 项目要点

使用“创建新的填充或调整图层”按钮调整图像色调，使用“添加图层蒙版”按钮、“画笔”工具调整图像显示效果，使用“横排文字”工具添加文字信息，使用“椭圆”工具和“矩形”工具添加装饰图形。

9.4.5 项目制作

1．制作背景图片（见图 9-70 ～图 9-80）

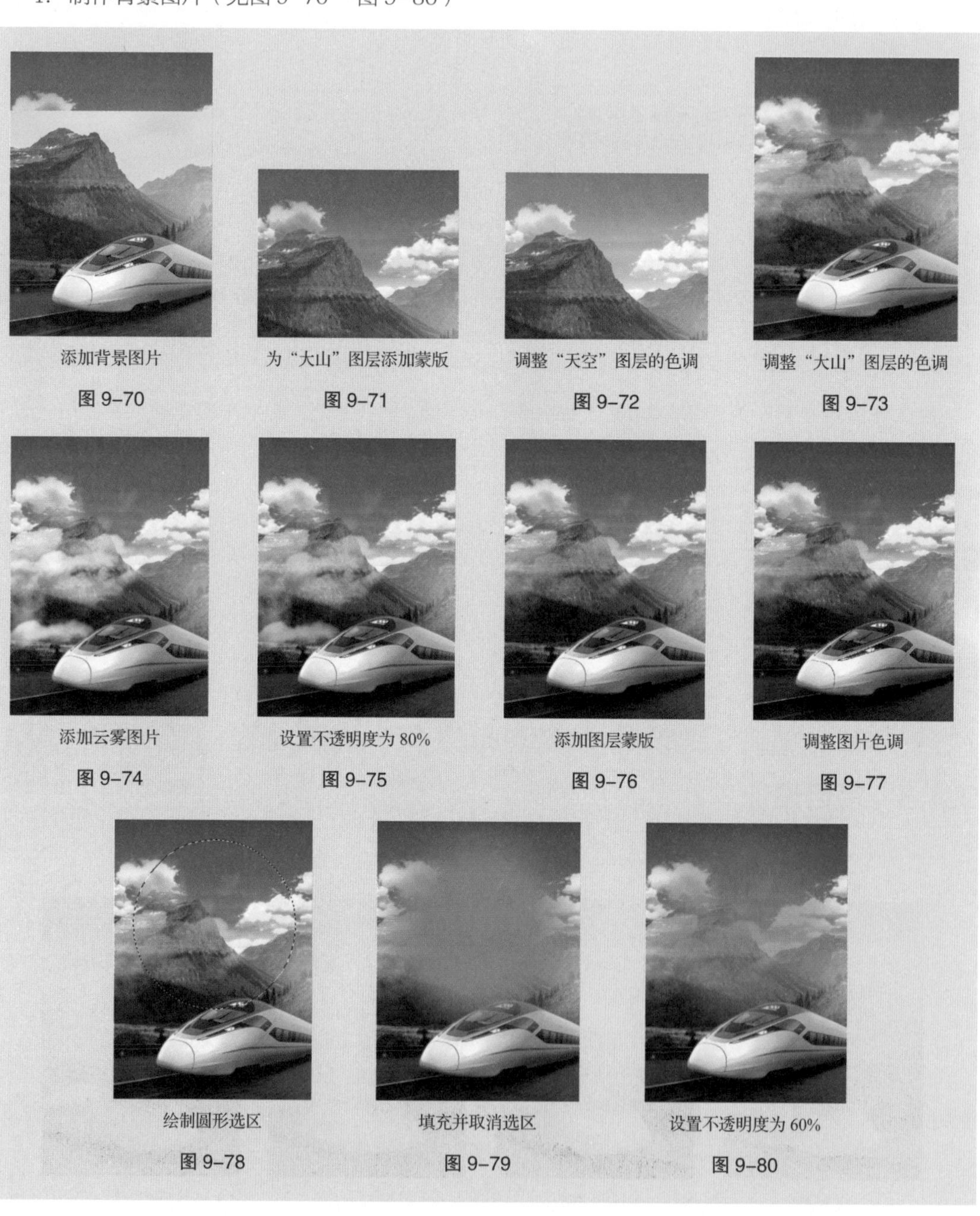

添加背景图片 图 9-70
为“大山”图层添加蒙版 图 9-71
调整“天空”图层的色调 图 9-72
调整“大山”图层的色调 图 9-73
添加云雾图片 图 9-74
设置不透明度为 80% 图 9-75
添加图层蒙版 图 9-76
调整图片色调 图 9-77
绘制圆形选区 图 9-78
填充并取消选区 图 9-79
设置不透明度为 60% 图 9-80

2. 添加文字及装饰图形（见图 9-81 ～图 9-96）

输入文字

图 9-81

设置文字倾斜（1）

图 9-82

输入并调整文字（1）

图 9-83

设置投影（1）

图 9-84

添加太阳

图 9-85

设置投影（2）

图 9-86

输入并调整文字（2）

图 9-87

设置投影（3）

图 9-88

设置文字倾斜（2）

图 9-89

输入并调整文字（3）

图 9-90

绘制圆形

图 9-91

复制圆形

图 9-92

绘制并复制直线

图 9-93

绘制矩形

图 9-94

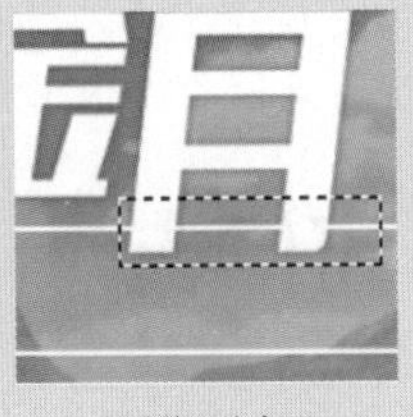

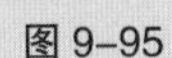

绘制矩形选区

图 9-95

删除选区内图像，取消选区

图 9-96

3. 添加详情文字（见图 9-97 ～图 9-105）

输入并调整文字（4）

图 9-97

设置文字倾斜（3）

图 9-98

设置投影（4）

图 9-99

输入并调整文字（5）

图 9-100

绘制直线

图 9-101

输入并调整文字（6）

图 9-102

添加“红太阳旅行社”的标志

图 9-103

输入并调整文字（7）

图 9-104

最终效果

图 9-105

9.5 制作电商广告

9.5.1 项目背景

1. 客户名称

ELEGANCE 服饰店。

2. 客户需求

ELEGANCE 服饰店是一家女士服饰专卖店，深受女孩们的喜爱。现服饰店要为春季新款服饰制作网页焦点广告，要求设计典雅时尚，体现出店铺的特点。

9.5.2 项目要求

（1）要求以服饰相关的图片为主要内容。

（2）运用颜色鲜明、有现代风格的图片，与文字一起构成丰富的画面。

（3）要求体现本店时尚、简约的风格，给人以活泼清雅的视觉感受。

（4）要求对文字进行具有特色的设计，使顾客快速了解店铺信息。

（5）设计规格为 1920 像素（宽）×600 像素（高），分辨率为 72dpi。

9.5.3 项目设计

本项目设计流程如图 9-106 所示。

图 9-106

9.5.4 项目要点

使用“横排文字”工具添加文字信息，使用“椭圆”工具、“矩形”工具和“直线”工具添加装饰图形。使用“置入嵌入对象”命令置入图像。

9.5.5 项目制作

本项目制作要点如图 9-107 ~ 图 9-116 所示。

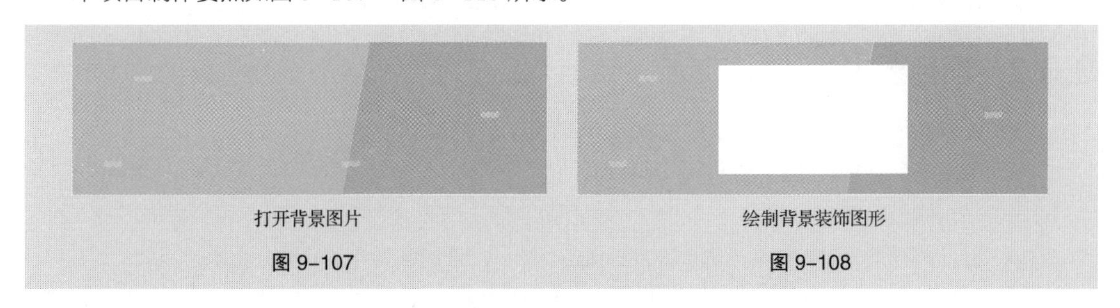

图 9-107　　图 9-108

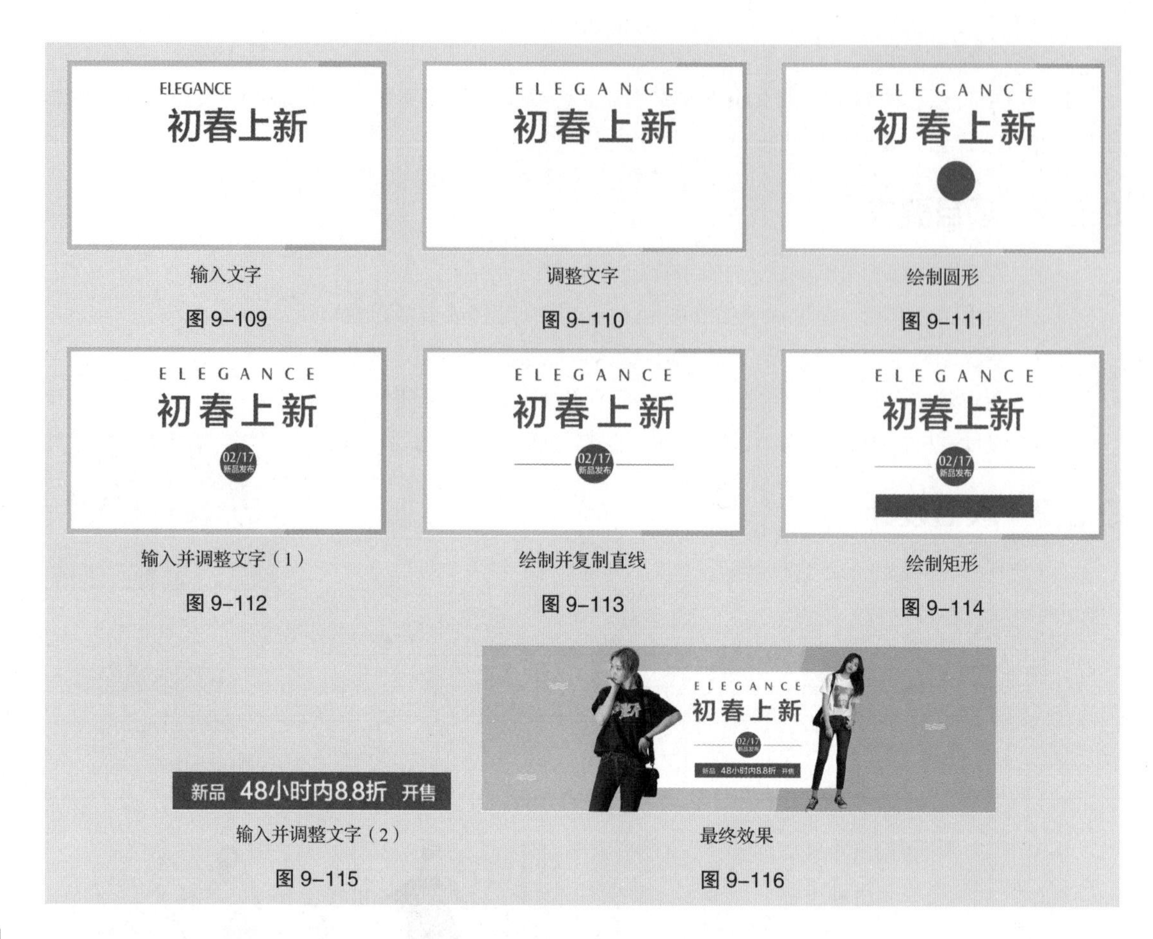

输入文字
图 9–109

调整文字
图 9–110

绘制圆形
图 9–111

输入并调整文字（1）
图 9–112

绘制并复制直线
图 9–113

绘制矩形
图 9–114

输入并调整文字（2）
图 9–115

最终效果
图 9–116

9.6 制作人像杂志封面

9.6.1 项目背景

1. 客户名称

人像世界杂志社。

2. 客户需求

《人像世界》杂志围绕产品线与运作的各个流程环节，分为经营、时尚风向、摄影、制作、器材五大版块，提供影楼行业所需的各方面资讯，同时广泛关注社会潮流与消费趋势。现为新一期杂志设计封面，要求设计新颖别致，突出人像杂志的特色和时尚杂志的特点。

9.6.2 项目要求

（1）要求封面体现出人像杂志和时尚杂志的特点。

（2）图文搭配合理，布局清晰，主题明确。

（3）以人物摄影图片为主体。

（4）设计规格均为 210mm（宽）×285mm（高），分辨率为 150 dpi。

扫码观看
本案例视频

扫码观看
扩展案例

9.6.3 项目设计

本项目设计流程如图 9-117 所示。

添加背景图片

添加杂志名称

添加文字信息

最终效果

图 9-117

9.6.4 项目要点

使用“置入嵌入对象”命令置入人物图像，使用“创建新的填充或调整图层”按钮调整图像色调，使用“横排文字”工具添加文字信息，使用“矩形工具”添加装饰图形，使用“添加图层样式”按钮为文字添加投影效果。

9.6.5 项目制作

本项目制作要点如图 9-118 ~ 图 9-130 所示。

打开背景图片

图 9-118

调整背景图片的色调

图 9-119

输入并调整文字（1）

图 9-120

绘制矩形（1）

图 9-121

输入并对齐文字

图 9-122

调整文字属性

图 9-123

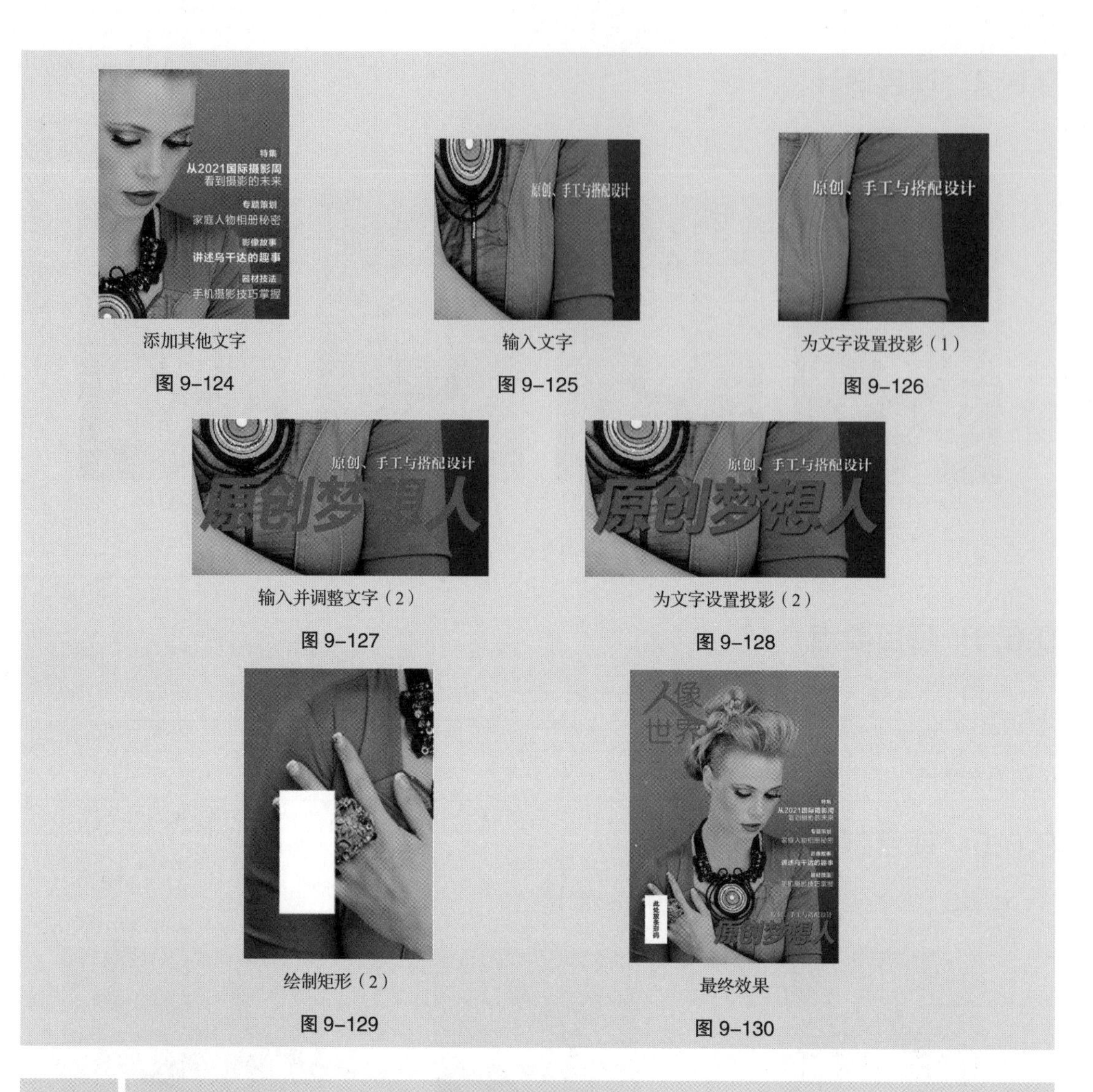

添加其他文字

图 9-124

输入文字

图 9-125

为文字设置投影（1）

图 9-126

输入并调整文字（2）

图 9-127

为文字设置投影（2）

图 9-128

绘制矩形（2）

图 9-129

最终效果

图 9-130

9.7 制作花艺设计图书封面

9.7.1 项目背景

1. 客户名称

花艺工坊。

2. 客户需求

花艺工坊是一家致力于将花艺爱好者培养成花艺设计师的花艺坊。花艺工坊的宗旨是让花艺爱好者感受到花艺的美，让生活充满情调。本项目是为花艺工坊图书设计封面，要求封面新颖别致，体现出花艺设计的特点。

9.7.2 项目要求

（1）要求封面体现出花艺设计的特点。

（2）以实景照片作为封面的背景图，文字与图片搭配合理，具有美感。

（3）要求色彩围绕实景照片进行设计搭配，营造舒适自然的氛围。

（4）要求整体设计时尚美观，并且体现出图书的专业性。

（5）设计规格为 391mm（宽）×266mm（高），分辨率为 150dpi。

9.7.3 项目设计

本项目设计流程如图 9-131 所示。

图 9-131

9.7.4 项目要点

使用“新建参考线”命令添加参考线，使用“置入嵌入对象”命令置入图片，使用剪切蒙版和“矩形工具”调整图像显示效果，使用文字工具添加文字信息，使用“钢笔”工具和“直线”工具添加装饰图案，利用图层混合模式更改图像的显示效果。

9.7.5 项目制作

1. 制作图书封面（见图 9-132 ～图 9-150）

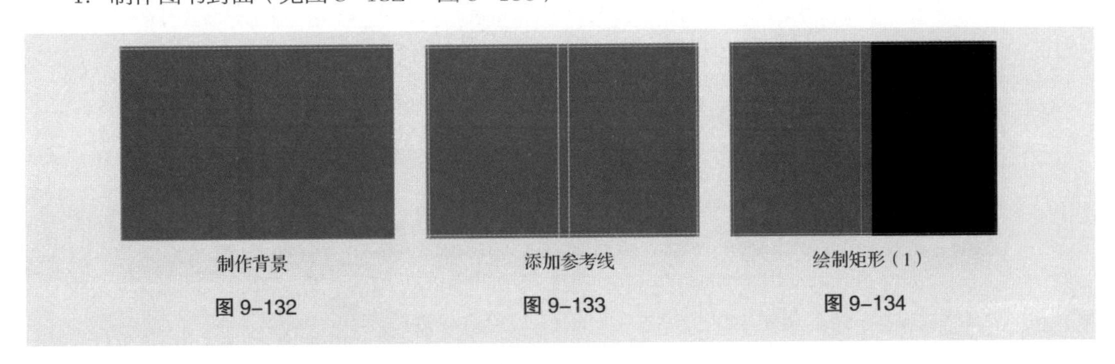

制作背景　　添加参考线　　绘制矩形（1）

图 9-132　　图 9-133　　图 9-134

添加图片并创建剪贴蒙版

图 9-135

栅格化图层并调整色阶

图 9-136

绘制图形

图 9-137

设置图形的不透明度为 80%

图 9-138

输入并调整文字（1）

图 9-139

创建剪贴蒙版

图 9-140

输入并调整文字（2）

图 9-141

绘制直线

图 9-142

输入并调整文字（3）

图 9-143

输入并调整文字（4）

图 9-144

为文字设置投影

图 9-145

绘制圆角矩形

图 9-146

输入并调整文字（5）

图 9-147

添加文字选区

图 9-148

删除选区中的图像

图 9-149

输入并调整文字（6）

图 9-150

2. 制作书脊和封底（见图 9-151 ～图 9-159）

输入并调整文字（7）

图 9-151

复制并移动标志图形

图 9-152

添加图片

图 9-153

设置图层混合模式

图 9-154

添加图层蒙版

图 9-155

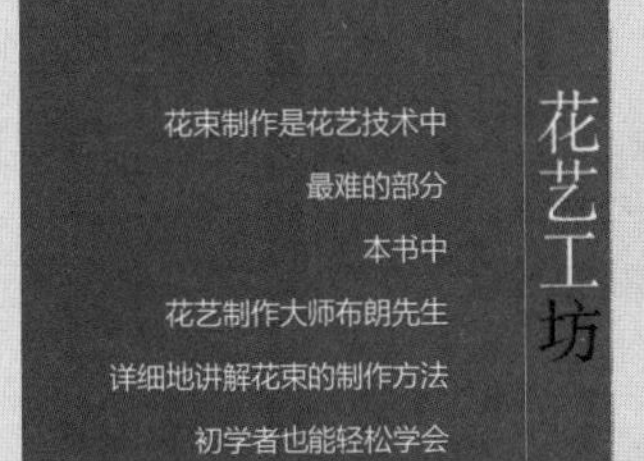

输入并调整文字（8）

图 9-156

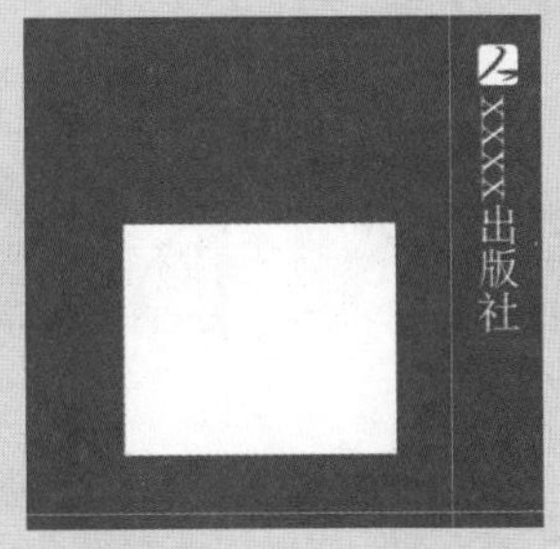

绘制矩形（2）

图 9-157

输入并调整文字（9）

图 9-158

最终效果

图 9-159

9.8 制作饮料广告

9.8.1 项目背景

1. 客户名称

TIANLE 有限责任公司。

2. 客户需求

TIANLE 有限责任公司是一家专门做广告的公司，为各类产品设计和制作精美广告。本项目是为鲜果汁饮料制作广告，要求清晰、明确地体现出鲜果汁饮料的特点。

9.8.2 项目要求

（1）要求体现出鲜果汁饮料的特点。

（2）整体色彩亮丽清新，体现出鲜果汁的口味特点。

（3）以实物产品图片进行展示，向顾客传达真实的信息。

（4）设计规格均为 150mm（宽）× 100mm（高），分辨率为 300dpi。

9.8.3 项目设计

本项目设计流程如图 9-160 所示。

图 9-160

9.8.4 项目要点

使用“置入嵌入对象”命令置入图片，使用“椭圆”工具、“矩形”工具和“钢笔”工具绘制装饰图形，使用“添加锚点”工具、“直接选择”工具、“转换点”工具调整锚点，使用“横排文字”工具添加文字信息。

9.8.5 项目制作

本项目制作要点如图 9−161 ~图 9−174 所示。

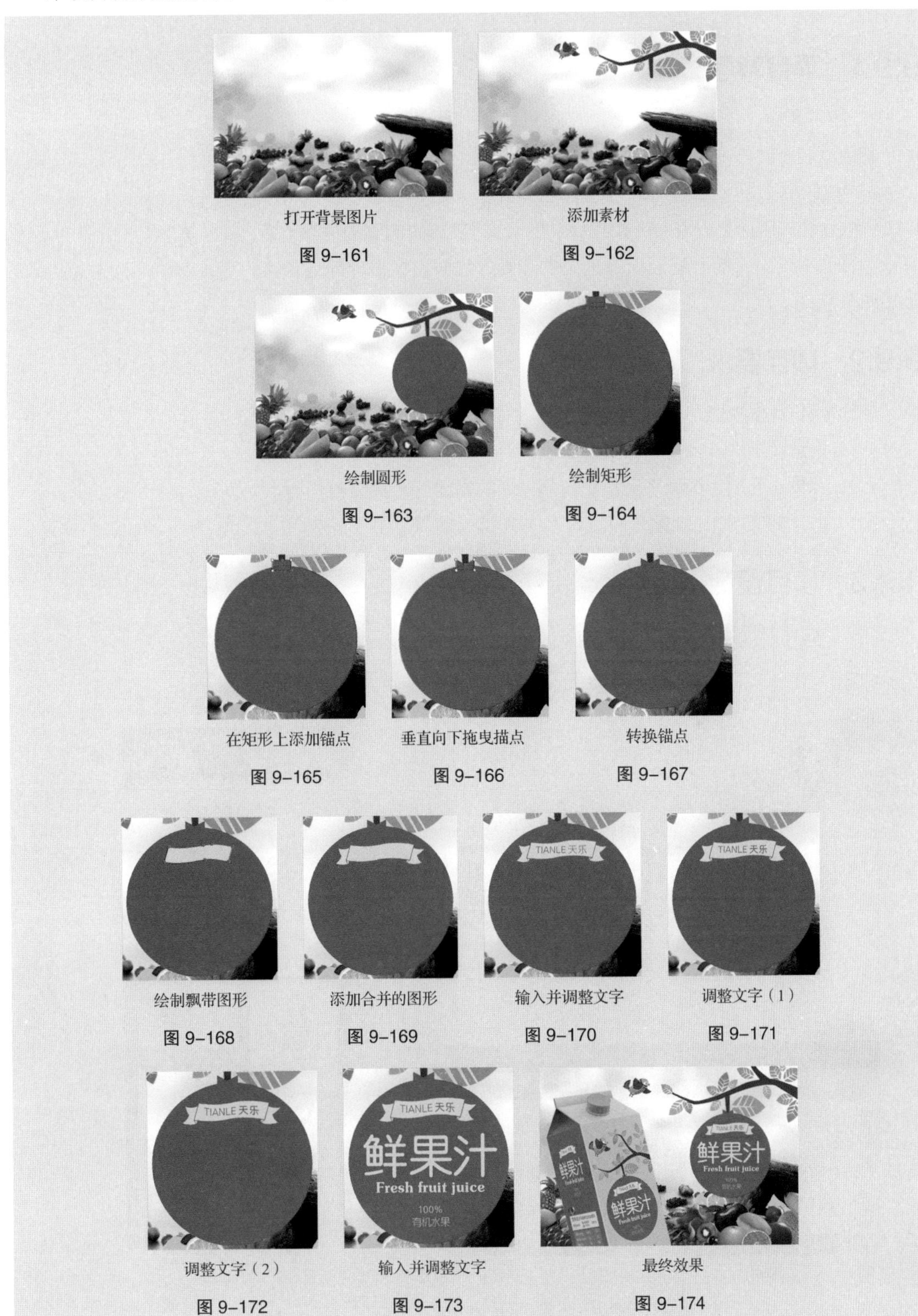

9.9 制作 PC 端春夏女装首页

9.9.1 项目背景

1. 客户名称

雅怡女装旗舰店。

2. 客户需求

雅怡女装旗舰店是一家专门销售女装的网店。其销售的服装种类繁多，适合各个年龄阶段的女性，深受消费者喜爱。目前为配合新品上架的活动，需要重新设计网店首页，要求围绕活动主题，体现出活动内容。

9.9.2 项目要求

（1）网页风格淡雅精致，内容丰富。

（2）设计要求形式多样，注重细节。

（3）以真实的模特图和产品图进行展示，层次分明，具有吸引力。

（4）设计规格为 1920 像素（宽）×8016 像素（高），分辨率为 72 dpi。

9.9.3 项目设计

本项目设计流程如图 9-175 所示。

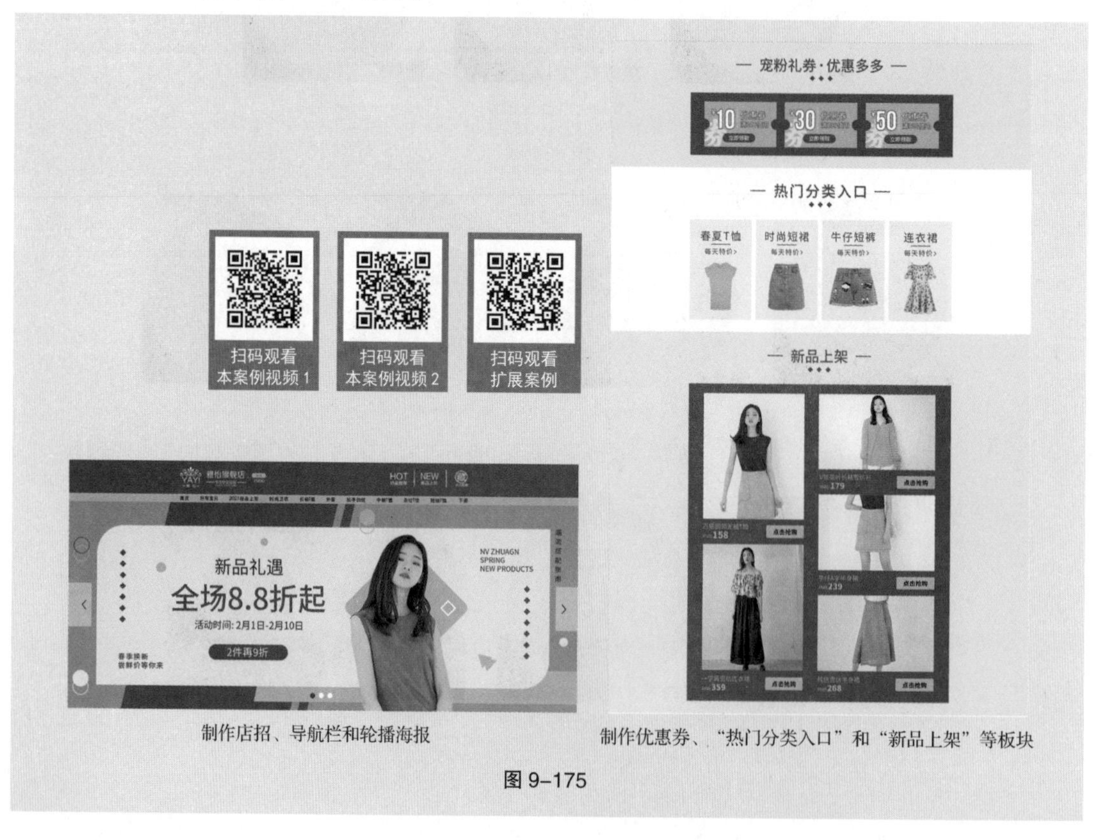

制作店招、导航栏和轮播海报　　制作优惠券、“热门分类入口”和“新品上架”等板块

图 9-175

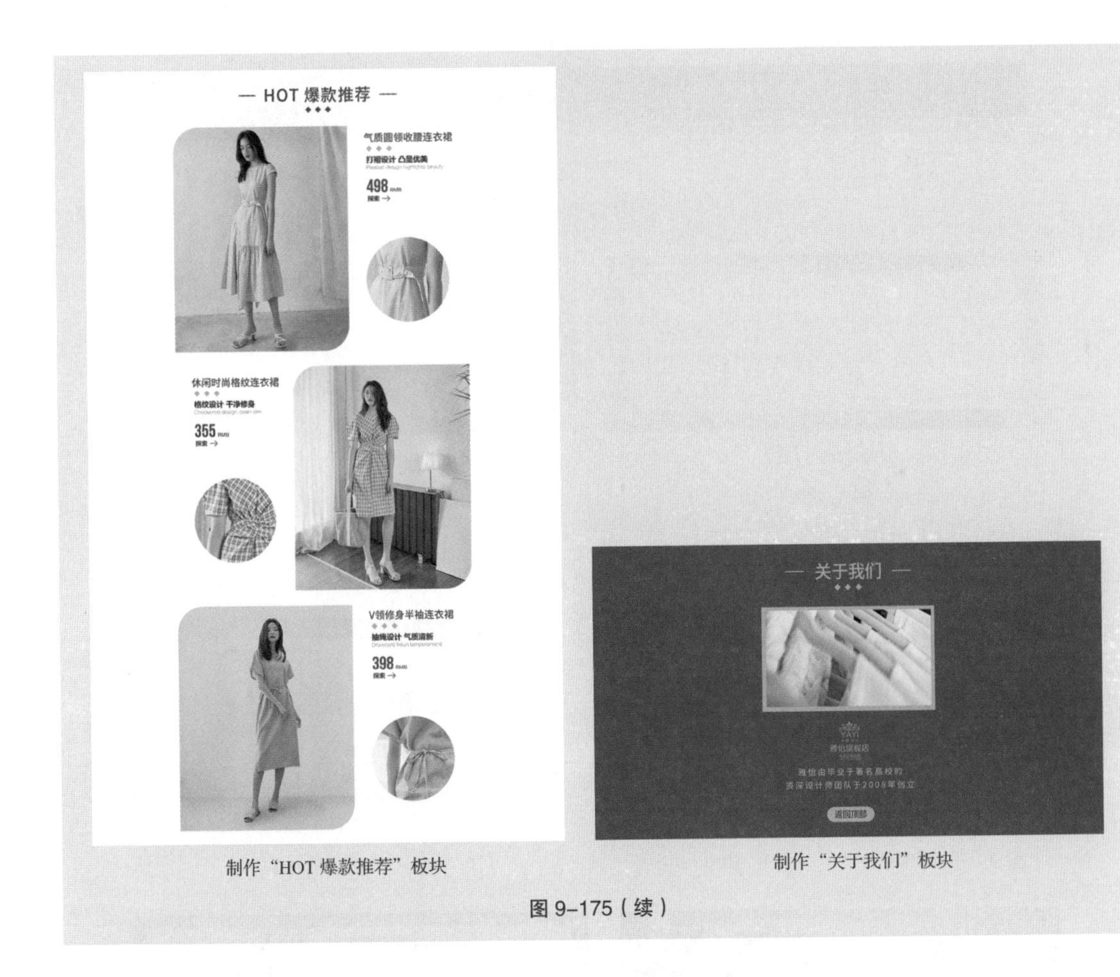

制作“HOT 爆款推荐”板块　　制作“关于我们”板块

图 9-175（续）

9.9.4 项目要点

使用“新建参考线”命令添加参考线，使用“矩形”工具、“圆角矩形”工具、“椭圆”工具和“直线”工具绘制装饰图形，使用“直接选择”工具和“路径选择”工具调整装饰图形，使用“横排文字”工具添加文字，使用“添加图层蒙版”按钮和“添加图层样式”按钮添加特殊效果，使用“置入嵌入对象”命令置入图片。

9.9.5 项目制作

本项目制作要点如图 9-176 ~ 图 9-199 所示。

添加参考线

图 9-176

绘制矩形（1）

图 9-177

添加 Logo、关注按钮及其他信息

图 9-178

制作热卖推荐、新品上架和收藏图标

图 9-179

制作导航栏

图 9-180

绘制 Banner 底图

图 9-181

绘制装饰图形

图 9-182

添加人物图片

图 9-183

添加图层蒙版

图 9-184

添加相关信息

图 9-185

制作轮播 Banner（1）

图 9-186

制作轮播 Banner（2）

图 9-187

绘制滑动按钮

图 9-188

绘制矩形并添加参考线

图 9-189

添加优惠券区的标题

图 9-190

制作优惠券区的内容

图 9-191

添加热门分类区的标题

图 9–192

制作热门分类区的内容

图 9–193

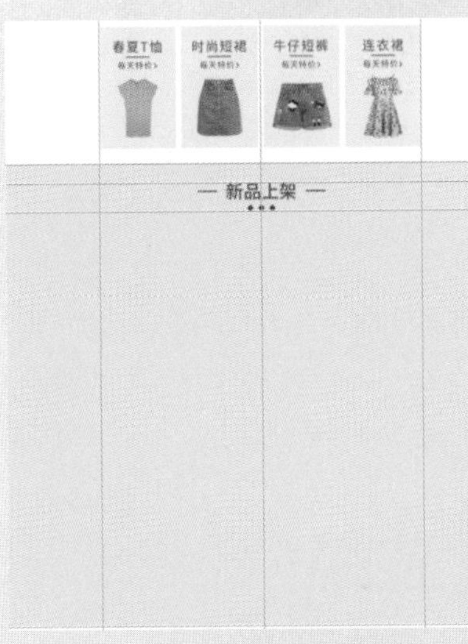

添加“新品上架”区的标题

图 9–194

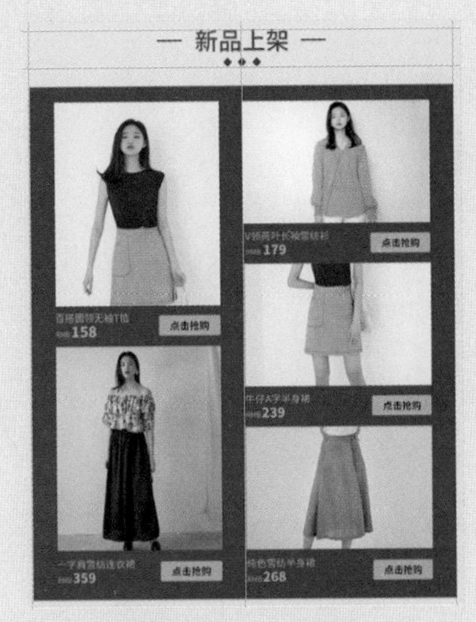

制作“新品上架”区的内容

图 9–195

制作“HOT 爆款推荐”区

图 9–196

绘制矩形（2）

图 9–197

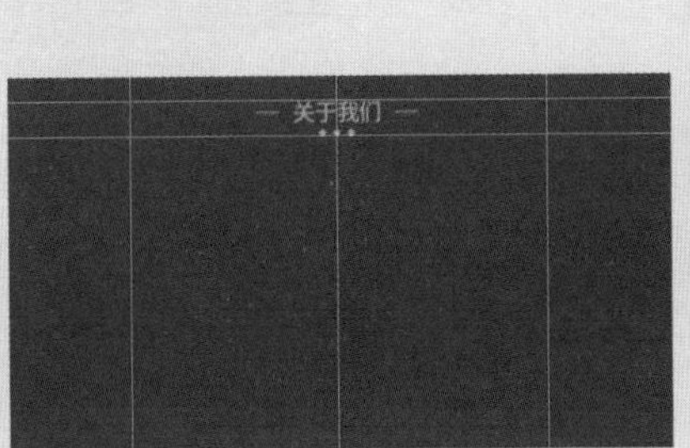

添加“关于我们”区的标题

图 9–198

添加其他相关信息，完成制作

图 9–199

9.10 课堂练习——制作显示器广告

9.10.1 项目背景

1. 客户名称

科影电器。

2. 客户需求

科影电器是一家生产和销售电子设备的公司。其“超大屏幕，超薄机身”的特色深受影视爱好者的喜爱。现公司要求为新推出的“3D 全景显示器”制作广告，要求设计简洁大气、主题突出。

9.10.2 项目要求

（1）风格淡雅精致。

（2）要求形式多样，注重细节。

（3）以实物图片进行展示，突出主题，具有吸引力。

（4）设计规格为 585mm（宽）×312mm（高），分辨率为 72 dpi。

9.10.3 项目设计

本项目设计效果如图 9-200 所示。

最终效果

图 9-200

9.10.4 项目要点

使用“渐变”工具添加底图颜色，使用“钢笔”工具和剪贴蒙版制作电视主体，使用“画笔”工具为电视机添加阴影效果，使用图层蒙版和“渐变”工具增加视觉效果，使用“横排文字”工具添加文字。

9.10.5 项目制作

本项目制作要点如图 9-201 ~图 9-221 所示。

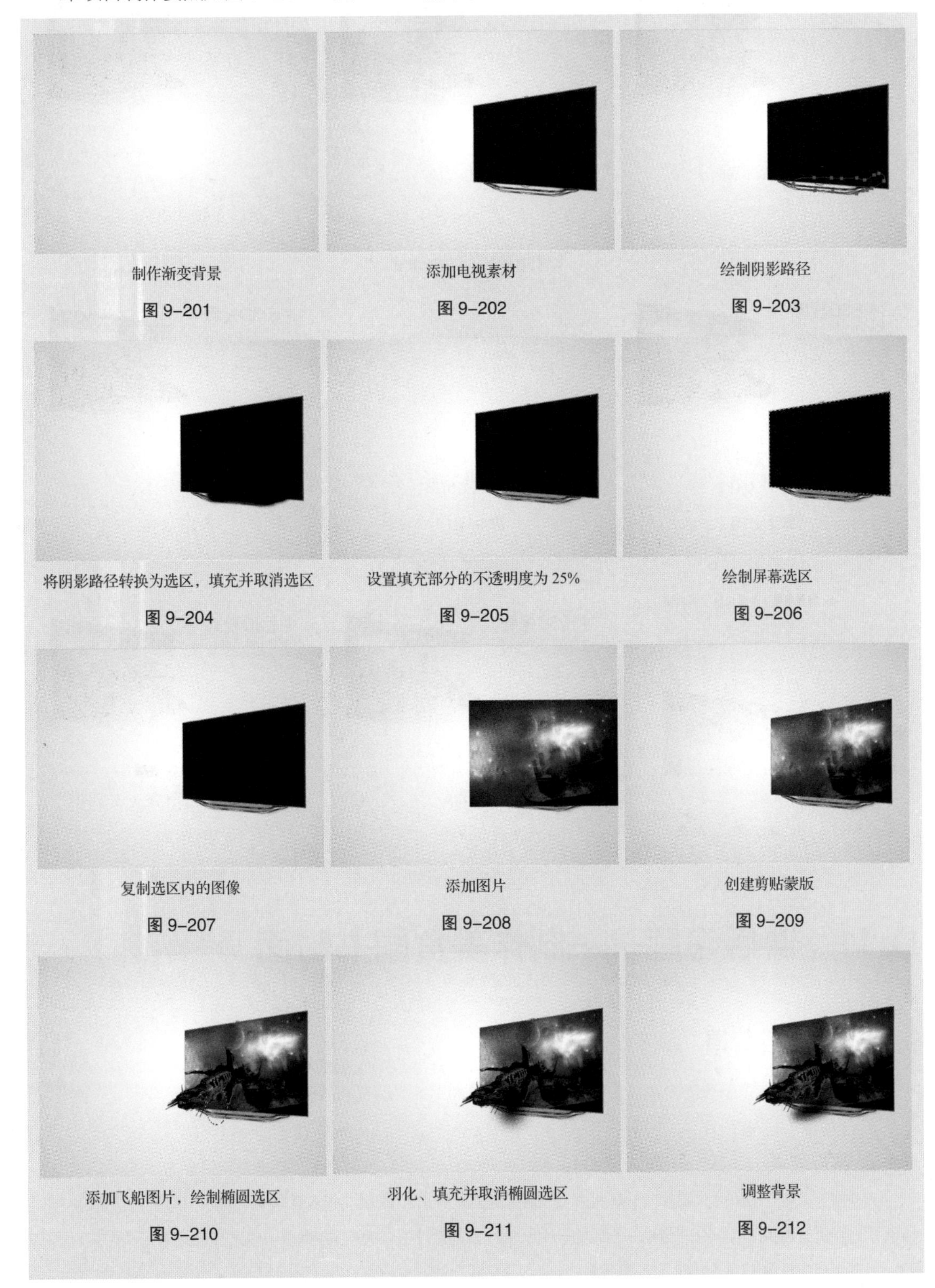

制作渐变背景

图 9-201

添加电视素材

图 9-202

绘制阴影路径

图 9-203

将阴影路径转换为选区，填充并取消选区

图 9-204

设置填充部分的不透明度为 25%

图 9-205

绘制屏幕选区

图 9-206

复制选区内的图像

图 9-207

添加图片

图 9-208

创建剪贴蒙版

图 9-209

添加飞船图片，绘制椭圆选区

图 9-210

羽化、填充并取消椭圆选区

图 9-211

调整背景

图 9-212

调整图像的不透明度
图 9–213

添加图层蒙版
图 9–214

调整图层顺序
图 9–215

输入并调整文字（1）
图 9–216

添加其他信息
图 9–217

添加公司的标志
图 9–218

输入并调整文字（2）
图 9–219

绘制矩形
图 9–220

在矩形中添加相关信息，完成制作
图 9–221

9.11 课后习题——制作美食图书封面

9.11.1 项目背景

1. 客户名称

玉石龙餐饮出版社。

2. 客户需求

《烘焙小屋》是一本以烘焙美食为主要内容的图书，图书涉及的内容广泛，非常适合想要学习烘焙美食的读者阅读。目前该图书即将出版，玉石龙餐饮出版社要制作一款图书封面，要求封面能够让人感受到美食的精致可口、简单易做。

9.11.2 项目要求

（1）封面的背景使用黄绿色，使画面散发出生机和活力，看起来色彩饱满，引起人的食欲。

（2）图文搭配合理，版式设计新颖。

（3）封面的整体风格具有雅致温馨的特点。

（4）设计规格为 376mm（宽）×266mm（高），分辨率为 72dpi。

9.11.3 项目设计

本项目设计效果如图 9-222 所示。

最终效果

图 9-222

9.11.4 项目要点

使用“新建参考线”命令添加参考线，使用“矩形”工具、“椭圆”工具和组合按钮制作装饰图形，使用“钢笔”工具和“横排文字”工具制作路径文字，使用投影命令为图片添加投影效果，使用“自定形状”工具绘制基本形状。

9.11.5 项目制作

1. 制作图书封面（见图 9-223 ～图 9-240）

添加参考线

图 9-223

添加图片（1）

图 9-224

绘制矩形（1）

图 9-225

绘制相减的圆形

图 9-226

绘制其他相减的圆形

图 9-227

绘制椭圆形

图 9-228

复制、收缩图形并填充为绿色

图 9-229

复制、收缩图形并填充为白色

图 9-230

添加小面包图片

图 9-231

输入并调整文字（1）

图 9-232

制作路径文字

图 9-233

输入并调整文字（2）

图 9-234

绘制并复制直线

图 9-235

绘制装饰图形（1）

图 9-236

绘制装饰图形（2）

图 9-237

添加水果图片

图 9-238

添加美食图片

图 9-239

为图片添加投影

图 9-240

2. 制作书脊和封底（见图 9-241 ～图 9-250）

绘制矩形（2）

图 9-241

添加图片（2）

图 9-242

绘制矩形（3）

图 9-243

在矩形中添加说明文字

图 9-244

绘制矩形（4）

图 9-245

添加小面包图片，输入并调整文字

图 9-246

输入并调整文字（3）

图 9-247

绘制星形

图 9-248

输入并调整文字（4）

图 9-249

最终效果

图 9-250